工业和信息化
精品系列教材 · 大数据技术

Hadoop
大数据开发
基础与案例实战

微课版

薛明志 简艳英 唐佐侠 / 主编
王化喆 詹华蕊 张彬 孙春志 / 副主编

Big Data Development
Bwith Hadoop

人民邮电出版社
北 京

图书在版编目（CIP）数据

Hadoop 大数据开发基础与案例实战：微课版 / 薛明志，简艳英，唐佐侠主编. -- 北京：人民邮电出版社，2025. --（工业和信息化精品系列教材）. -- ISBN 978-7-115-65577-6

Ⅰ．TP274

中国国家版本馆 CIP 数据核字第 2024P0W548 号

内 容 提 要

本书较为全面地介绍了 Hadoop 的应用与开发。全书共 11 个项目，主要介绍了大数据的基本概念及其应用领域、Hadoop 的产生及其生态系统、搭建 Hadoop 集群、HDFS、MapReduce 分布式计算、ZooKeeper、Hive 数据仓库、HBase 实战、Flume 实战、Kafka 实战等，还提供了 1 个综合案例分析，通过练习和操作实践，帮助读者巩固所学内容。

本书可以作为高等院校大数据技术专业"Hadoop 大数据开发"课程的教材，也可以作为 Hadoop 大数据开发培训的教材，还适合大数据开发人员、大数据平台运维人员和广大大数据技术爱好者自学使用。

◆ 主　编　薛明志　简艳英　唐佐侠
　　副主编　王化喆　詹华蕊　张　彬　孙春志
　　责任编辑　赵　亮
　　责任印制　王　郁　焦志炜

◆ 人民邮电出版社出版发行　　北京市丰台区成寿寺路 11 号
　　邮编　100164　电子邮件　315@ptpress.com.cn
　　网址　https://www.ptpress.com.cn
　　北京市艺辉印刷有限公司印刷

◆ 开本：787×1092　1/16
　　印张：15.25　　　　　　　　2025 年 3 月第 1 版
　　字数：440 千字　　　　　　　2025 年 3 月北京第 1 次印刷

定价：59.80 元

读者服务热线：**(010)81055256**　印装质量热线：**(010)81055316**
反盗版热线：**(010)81055315**

党的二十大报告提出，必须坚持科技是第一生产力、人才是第一资源、创新是第一动力，深入实施科教兴国战略、人才强国战略、创新驱动发展战略，开辟发展新领域新赛道，不断塑造发展新动能新优势。随着信息时代的深入发展，大数据已成为推动经济社会进步的重要力量之一，Hadoop作为处理大规模数据集的强大工具，在这一进程中扮演着极其重要的角色。Hadoop已发展近20年，相关的开发技术、组件已非常成熟与丰富，与Hadoop相关的应用数量也日益增多，市场占有率不断提高。Hadoop相关课程已成为高等院校大数据技术专业必修的关键性课程之一。

本书贯彻"价值塑造、能力培养、知识传授"三位一体的育人理念，将工匠精神、创新精神、大国风范、职业素养等内容精心融入知识体系中，引导读者将个人价值实现与国家民族发展紧密联系起来。

本书编者有着多年的项目开发经验和丰富的教育教学经验，完成过多轮次、多类型的教育教学改革与研究工作。

本书主要特点如下。

1. 项目开发与理论教学紧密结合

为了使读者能快速地掌握并按项目开发要求熟练运用相关技术，本书在主要项目的知识点介绍后面都根据实际项目设计了相关实训，且在最后一个项目中引入独立的综合案例分析，引导读者进行独立的学习与训练。

2. 内容充实、实用

本书的实训内容紧紧围绕着企业真实项目进行，引导读者自主学习并深入思考，以灵活掌握所学知识。本书根据需要设置了"扩展阅读""课外拓展""知识点拨"等模块，以方便读者深入了解相关内容。对于主要组件，本书在讲解完基本原理之后都引入了相应的操作讲解，以方便读者边学边练，做到学以致用。

3. 校企合作

在编写本书过程中，编者积极开展校企合作，充分发挥学校、企业各自的优势，做到"优势互补，资源共享"。

4. 资源丰富

本书提供微课、配套习题、源代码、多媒体课件等配套资源，读者可登录人邮教育社区

（www.ryjiaoyu.com）下载。

　　本书由薛明志、简艳英、唐佐侠担任主编，王化喆、詹华蕊、张彬、孙春志担任副主编，于金娜、沙龙、唐晓天、翟玉梅、周爱霞、段捷文（河南八六三软件股份有限公司）、王超杰（河南八六三软件股份有限公司）参与编写，薛明志统编全稿。特别感谢河南八六三软件股份有限公司对本教材的大力支持与帮助，为教材提供了大量真实且具有代表性的企业案例，让教材内容更加贴近实际工作场景，赋予了理论知识鲜活的生命力。

　　由于编者水平有限，书中难免存在不妥或疏漏之处，希望广大读者批评指正（E-mail：1357558499@qq.com），编者将不胜感激。

编　者

2024 年 5 月

目 录

项目 五

MapReduce 分布式计算 76

项目 六

ZooKeeper 115

目 录

项目一
走进大数据世界

项目导读

　　大数据时代的到来，为信息技术发展带来了巨大变革，并深刻影响着社会生产的方方面面。无论是在专业领域，还是现实生活中，随处都可以见到大数据技术的影子，其巨大价值日益显现。本项目将介绍大数据的特点及应用领域、常用大数据计算模式、大数据处理流程，以及大数据信息安全等方面的知识。

项目目标

素质目标	知识目标
➤ 通过了解大数据技术在乡村振兴中的应用，体会我国实施乡村振兴战略的意义。 ➤ 通过了解大数据在农业中的应用，体会农业大数据的重要意义。 ➤ 通过对北斗卫星导航系统的了解，体会我国的自立自强。 ➤ 养成事前调研、做好准备工作的习惯。 ➤ 贯彻互助共享的精神	➤ 了解大数据的产生及特点。 ➤ 了解大数据的应用领域、发展历程及发展趋势。 ➤ 了解大数据计算模式。 ➤ 了解大数据处理流程。 ➤ 了解大数据信息安全

课前学习

选择题
1. 下列不属于大数据特点的是（　　）。
   A. 数据体量大　　　　　　B. 数据种类多
   C. 处理速度快　　　　　　D. 价值密度高
2. 大数据处理流程中，不包括（　　）步骤。
   A. 数据采集　　　　　　　B. 程序设计
   C. 数据处理　　　　　　　D. 数据可视化

任务一　认识大数据

📖 任务描述

微课 1-1　认识
大数据

　　2020 年，我国脱贫攻坚战取得决定性胜利。现行标准下农村贫困人口全部脱贫，贫困县全部摘帽，绝对贫困现象得到历史性消除。在脱贫攻坚过程中，大数据技术得到广泛应用，为尽早实现精准脱贫目标提供了可行路径。那么什么是大数据呢？大数据主要应用在哪些领域？

📖 知识链接

一、大数据产生的时代背景

　　信息技术与经济社会的交汇融合引发了数据飞速增长，数据已成为国家基础性战略资源，大数据正日益对全球生产、流通、分配、消费活动以及经济运行机制、社会生活方式和国家治理能力等产生重要影响。

　　当前，数据已成为重要的生产要素。大数据产业作为以数据生成、采集、存储、加工、分析、服务为主的战略性新兴产业，是激活数据要素潜能的关键支撑，是加快经济社会发展质量变革、效率变革、动力变革的重要引擎。面对世界百年未有之大变局、新一轮科技革命和产业变革深入发展的机遇期，世界各国纷纷出台大数据战略，开启大数据产业创新发展新赛道，聚力数据要素多重价值挖掘，抢占大数据产业发展制高点。

　　2015 年，国务院印发《促进大数据发展行动纲要》，明确要求"2018 年底前建成国家政府数据统一开放平台"。2016 年 5 月，国务院办公厅又印发《政务信息系统整合共享实施方案》，进一步推动政府数据向社会开放。2021 年，工业和信息化部发布《"十四五"大数据产业发展规划》，围绕"打造数字经济发展新优势"，做出了培育壮大大数据等新兴数字产业的明确部署。

　　大数据的应用十分广泛，通过对大规模数据的分析，利用数据整体性与涌现性、相关性与不确定性、多样性与非线性及并行性与实时性，研究大数据在公共交通、公共安全、社会管理、农业发展等领域的应用，大数据与云计算、物联网一起使得很多事情成为可能，已成为新的经济增长点。大数据随着以数据科学为核心的计算机技术的迅猛发展，推动了社会科学与自然科学等跨学科研究的发展，因此，大数据研究具有深刻而广泛的意义。人类社会信息技术的发展为大数据时代提供了技术支撑，主要体现在以下 3 点。

1. 信息技术的时代变革

　　现代信息技术的发展已经有 70 多年的历史，先后发生了几次大的时代变革。在 20 世纪 60～70 年代的大型机时代，计算机计算能力不强，体型庞大。20 世纪 80 年代以后，随着微电子和超大规模集成电路技术的不断发展，计算机各类芯片集成度越来越高，微型机迅速崛起，计算机成为时代主流。20 世纪末，随着互联网技术的飞速发展和信息技术的广泛应用，越来越多的人能够接触并使用互联网，人类迈入网络经济时代。

　　进入 21 世纪后，随着智能设备的兴起，全球互联网使用人数激增，人们的生活已经被数字信息所包围。随着智能化设备的不断普及，科技发达、信息流通，社会高速发展，世界已迈入大数据时代。

　　移动互联网和社交网络等新型应用的飞速发展呈现爆炸式增长，存储设备的速度和容量也必须得到相应提高。微电子领域会进行周期性的更新换代，计算能力和性能不断提高。同时，低速带宽远远达不到人们对网速的期待，各种高速高频带宽不断投入使用，光纤、5G 传输带宽的增长速度甚至超越了存储设备性能的提高速度。

物联网的广泛应用、智能设备的普及、网络带宽的飞速增长、存储设备性能的空前提高都是信息技术的进步。它们为大数据提供了流通和存储的技术基础。

2. 云计算技术兴起

云计算技术是互联网行业的新兴技术。它的出现使互联网行业产生了巨大的变革。人们日常使用的各种网络云盘，就是云计算技术的体现。云计算技术就是使用云端共享的软件资源（如应用软件、集成开发环境等）、硬件资源（服务器、存储器、CPU 等）来得到想要的操作结果，而操作过程则由"云"完成。通常所说的云端就是"数据中心"，现在国内各大银行、大型互联网公司、电信运营商等都建立了自己的"数据中心"，云计算技术已经在各行各业得到普及，并进一步占据优势地位。

云空间是数据存储的新兴网络发展成果，只需一台计算机或者一个账号就可以通过网络来了解需要的一切。云计算技术将原本分散的数据通过互联网集中在数据中心，为庞大数据的计算和分析提供了可能。云计算为数据存储和分散的用户访问提供了必需的空间和途径，是大数据诞生的技术基础。

3. 数据资源化趋势

各大互联网公司早已开始积累和争夺数据。Google 依靠世界上最大的网页数据库，充分挖掘数据资产的潜在价值，打破了微软的垄断；Meta（原 Facebook）发布了基于人际关系网的搜索产品，推出了 Graph Search 图谱搜索引擎；在国内，淘宝和京东等电商平台也利用大数据评估对手的战略动向、促销方案等。工业大数据更多的是借鉴网络大数据的概念和技术，并结合物联网的概念，把面向个人用户的数据运用到企业领域，众多传统制造企业利用大数据成功实现数字转型。随着"智能制造"的快速普及，工业与互联网深度融合创新，工业大数据技术及应用将成为未来提升制造业生产力、竞争力、创新能力的关键要素。

二、大数据概念

根据国务院在 2015 年印发的《促进大数据发展行动纲要》，大数据是以容量大、类型多、存取速度快、应用价值高为主要特征的数据集合，正快速发展为对数量巨大、来源分散、格式多样的数据进行采集、存储和关联分析，从中发现新知识、创造新价值、提升新能力的新一代信息技术和服务业态。

知名咨询公司麦肯锡给出的定义是：一种规模大到在获取、存储、管理、分析方面大大超出了传统数据库软件工具能力范围的数据集合，即大数据。

知名咨询公司高德纳给出了这样的定义：大数据是需要新处理模式才能具有更强的决策力、洞察发现力和流程优化能力来适应海量、高增长率和多样化的信息资产。

目前，国际学术研究领域对于大数据还没有一个公认的统一概念和说法。综合相关信息可以这样认为：大数据是指规模（体量）和复杂度（多样性）超出了现有数据管理软件和传统数据处理技术在可接受的时间内收集、存储、管理、检索、分析、挖掘和可视化（价值）能力的数据集聚合。

大数据技术的战略意义不在于掌握庞大的数据信息，而在于对这些有意义的数据进行专业化处理。换言之，如果把大数据比作一种产业，那么这种产业实现盈利的关键在于提高对数据的"加工能力"，通过"加工"实现数据的"增值"。

从技术上看，大数据与云计算的关系就像一枚硬币的正面与反面一样密不可分。大数据必然无法用单台计算机进行处理，必须采用分布式架构；大数据实现的对海量数据进行分布式数据挖掘，需要依托云计算的分布式处理、分布式数据库和云存储、虚拟化技术。云计算中的分布式计算为大数据技术提供了技术支撑。大数据技术与云计算技术二者之间的关系非常微妙，既有区别又密不可分，因此，不能把大数据技术和云计算技术割裂开来。

扩展阅读

乡村振兴

2017 年，党的十九大提出乡村振兴战略后，中央农村工作会议全面分析"三农"工作面临的形势和任务，研究实施乡村振兴战略的重要政策并进行部署，并在 2018 年的中央一号文件中提出"乡村振兴战略三步走"的战略部署。实施乡村振兴战略，是实现第二个百年奋斗目标的关键保证。以大数据技术为手段，可为乡村振兴提供精准扶贫分析、粮食经济作物种植情况分析，来年粮食产量预测、经济作物价格预测，电商农产品销售情况分析、农产品销售决策支持等。根据监测到的乡村空气质量、水质情况、土壤成分等，建立数学模型，并提出整改措施等，为农业数字化、决策科学化、治理精准化、公共服务优质化提供科学指导，是建设农业农村现代化、实施乡村振兴战略的有力抓手。

2021 年 4 月 29 日，第十三届全国人民代表大会常务委员会第二十八次会议通过《中华人民共和国乡村振兴促进法》。2021 年 5 月 18 日，司法部印发《"乡村振兴 法治同行"活动方案》。2022 年全国两会调查结果出炉，"乡村振兴"关注度位居第八位。

三、大数据特点

大数据具有数据量大（Volume）、数据类型繁多（Variety）、处理速度快（Velocity）、价值密度低（Value）4 个特点，简称 4V。

1. 数据量大

大数据的特征首先就体现为"大"。随着信息技术的高速发展，数据开始"爆发式"增长，社交网络，移动网络，各种智能工具、服务工具等，都成为数据的来源。这迫切需要智能的算法、强大的数据处理平台和新的数据处理技术来统计、分析、预测和实时处理大规模的数据。

2. 数据类型繁多

大数据的结构类型丰富多样，由结构化数据和非结构化数据组成，约 10%的结构化数据存储在数据库中，约 90%的非结构化数据与人类信息密切相关。结构化数据是可以以固定格式存储、访问和处理的数据，主要通过关系型数据库进行存储和管理；非结构化数据是数据结构不规则或不完整、没有预定义，不方便用数据库二维逻辑表来表现的数据，包括办公文档、文本、图片、XML 文件、HTML 文件、报表、图像、音频、视频等。

大数据来源的广泛性，决定了大数据形式的多样性。例如，目前应用比较广泛的推荐系统，相应平台都会对用户的日志数据进行分析，从而进一步推荐用户喜欢的内容。日志数据是结构化明显的数据；还有一些数据结构化不明显，例如图片、音频、视频等，这些数据因果关系弱，就需要人工对其进行标注。

3. 处理速度快

从数据的生成到消费，时间窗口非常小，可用于生成决策的时间非常少，这一点也是大数据技术和传统数据技术本质的不同。

大数据的产生非常迅速，主要通过互联网传输，这些数据是需要及时处理，因为花费大量资本去存储价值较小的历史数据代价非常大。对一个平台而言，保存的数据也许只是过去几天或者一个月之内的，再久远的数据就要及时清理，不然代价太大。基于这种情况，大数据对处理速度有非常严格的要求，服务器中大量的资源都用于处理和计算数据，很多平台都需要做到实时分析。数据随时都在产生，谁的速度更快，谁就有优势。

大数据时代的很多应用都需要基于快速生成的数据给出实时分析结果，用于指导生产和生活实践。因此，数据处理和分析的速度通常要达到秒级响应，这一点和传统的数据技术有着本质的区别，传统的数据技术通常不要求给出实时分析结果。

为了实现快速分析海量数据的目的，新兴的大数据分析技术通常采用集群处理和独特的内部设计。

4. 价值密度低

价值密度低也是大数据的核心特征之一。现实世界所产生的数据中，有价值的数据所占比例很小。相比于传统的数据，大数据最大的价值在于通过从大量不相关的各种类型数据中挖掘出对未来趋势与模式预测分析有价值的数据，并通过人工智能方法等进行深度分析，发现新规律和新知识，并运用于农业、金融、医疗等各个领域，从而最终达到改善社会治理、提高生产效率、推进科学研究的效果。以视频为例，在连续不间断的监控过程中，可能有用的数据仅有一两秒，但是具有很高的商业价值。

四、大数据的应用领域

随着大数据技术的飞速发展，大数据技术应用到了生活中的各个领域。

1. 大数据在环境行业的应用

借助于大数据技术，天气预报的准确性和时效性大大提高，同时对重大自然灾害的预报更加准确。例如，通过大数计算平台，人们可更加精确地了解龙卷风的运动轨迹和危害等级，并提高应对自然灾害的能力。

2. 大数据在教育行业的应用

信息技术已在教育行业有了越来越广泛的应用，例如，助力于教学、考试、师生互动、校园安全、家校关系等。通过大数据的分析来优化教育机制，也可以做出更科学的决策，这将带来潜在的教育革命。个性化学习终端将会更多地融入学习资源云平台，平台可根据每个学生的不同兴趣爱好和特长推送相关领域的前沿技术、资讯、资源乃至辅助规划学生的未来职业发展方向等。

3. 大数据在医疗行业的应用

医疗行业拥有大量的病例、病理报告、治愈方案、药物报告等，通过大数据技术对这些数据进行整理和分析将会极大地辅助医生提出治疗方案，帮助病人早日康复。医疗行业可以构建大数据平台来收集不同病例和治疗方案以及病人的基本特征，建立针对疾病特点的数据库，帮助医生进行疾病诊断。

医疗行业的大数据应用一直在进行，但是数据并没有完全打通，许多还是孤岛数据，尚未进行大规模的应用。未来医疗行业可以将这些数据采集起来纳入统一的大数据平台，为人类健康造福。

4. 大数据在零售行业的应用

零售行业的大数据应用有两个层面，一个层面是零售行业可以了解客户的消费喜好和趋势，进行商品的精准营销，降低营销成本；另一个层面是依据客户购买的产品，为客户推荐可能购买的其他产品，以扩大销售额。

5. 大数据在金融领域的应用

大数据技术在金融领域起着非常重要的作用。金融交易每天都会产生大量的交易记录、业绩报表、研究报告、信贷分析报告等，大数据技术为金融业提供了决策支持。

6. 大数据在智慧城市中的应用

在智慧城市建设过程中产生的各种数据呈指数级增长，而此时的大数据技术就像城市血液一样遍布于智慧城市交通、医疗、生活等城市建设的各个方面，使得城市的管理从"城市经验治理"向"城市科学治理"方向发展。

通过大数据技术政府可以了解经济发展情况、各产业发展情况、消费支出和产品销售情况等，依据分析结果，科学地制定宏观政策，平衡各产业发展，避免产能过剩，有效利用自然资源和社会资源，提高社会生产效率。大数据技术也能帮助政府进行支出管理，透明、合理的财政支出将有利于提高政府公信力和监督财政支出。

7．大数据在通信行业中的应用

电信运营商可以运用大数据技术对客户进行分类，掌握每个客户的消费行为，并且可以预测客户的行为，发现行为趋势，找出存在缺陷的环节从而及时采取措施。

电信运营商可以运用大数据技术透过数以千万计的客户资料分析出多种使用者行为和趋势，这是全新的资料经济。

电信运营商通过大数据分析，可以对全业务进行针对性的监控、预警、跟踪。系统在第一时间自动捕捉市场变化，再以最快捷的方式推送给指定负责人，使负责人在最短时间内获知市场行情。

扩展阅读

农业强国

1．大数据加速作物育种

传统的育种成本往往较高，工作量大，常需要花费多年时间。而大数据加快了此进程，"生物信息爆炸"促使基因组织学研究实现突破性进展。

过去的生物调查习惯于在温室和田地进行，现在已经可以通过计算机运算进行，海量的基因信息流可以在云端被创造和分析，同时进行假设验证、试验规划、定义和开发。在此之后，只需要有相对很少一部分作物经过一系列的实际大田环境验证，这样一来育种专家就可以高效确定品种的适宜区域和抗性表现。这项新技术的发展不仅有助于实现更低的成本、更快的决策，而且能探索很多以前无法完成的事。

2．以数据驱动的精准农业操作

农业很复杂，作物、土壤、气候以及人类活动等各种要素相互影响。种植者通过选取不同作物品种、生产投入量和环境，在上百个农田、土壤和气候条件下进行田间小区试验，就能将作物品种与地块进行精准匹配。

通过遥感卫星和无人机可以管理地块和规划作物种植适宜区，预测气候、自然灾害、病虫害、土壤等环境因素，监测作物长势，指导灌溉和施肥，预估产量。种植者们可以跟踪作物流动，引导和控制设备，监控农田环境，精细化管理整个土地的投入，以提高生产力和盈利能力。在数据快速积累的同时，如果没有大数据分析技术，数据将会变得十分庞大和复杂。数据本身并不能创造价值，只有通过有效分析，才能帮助种植者做出有效决策。

3．大数据实现农产品可追溯

农产品的整个生命周期，包括种植生产、加工、销售、物流、售后等都可以进行数据化，然后利用统计、在线分析、机器学习等大数据技术从海量复杂异构的数据中找到有用的模式和趋势，提取隐藏于其中的价值信息，再利用训练数据优化模型并通过测试数据进行检验，最终实现农产品溯源。

农产品溯源平台通过向上追踪可以查询到产品的源头信息，包括种植信息、供应商的资质、制造商的生产加工信息以及质量检测信息等；通过向下追踪可以查询到产品的流通信息，包括产品的销售信息、物流信息以及售后情况等。同时，可将数据库中产品的产地信息、生产信息、运输信息等集成到二维码中，消费者通过相应的识别设备即可进行查询。当有异常的数据出现时，消费者可通过产品溯源平台向监管部门进行投诉；监管部门也同样可以通过二维码技术对产品数据进行核实，并进行相应的处理和反馈。

五、大数据的发展历程和发展趋势

1. 大数据的发展历程

（1）萌芽时期（20世纪80年代至20世纪末）。

在这一时期，大数据术语被提出，相关技术概念得到一定程度的传播，但没有得到实质性发展。同一时期，随着数据挖掘理论和数据库技术的逐步成熟，一批商业智能工具和知识管理技术开始被应用，如数据仓库、专家系统、知识管理系统等。1980年，未来学家阿尔文·托夫勒（Alvin Toffler）在其所著的《第三次浪潮》一书中，首次提出"大数据"一词，将大数据称赞为"第三次浪潮的华彩乐章"。

这一时期可以看作大数据发展的萌芽时期，在当时，大数据还只是作为一种构想或者假设被极少数的学者进行研究和讨论，其含义也仅限于数据量的巨大，相关学者并没有更进一步探索有关数据的收集、处理和存储等问题。

（2）发展时期（21世纪初至2010年）。

21世纪初，互联网行业迎来了飞速发展，计算机技术也不断地推陈出新，大数据最先在互联网行业得到重视。2006年，Hadoop技术诞生，并成为数据分析的主要技术。2007年，数据密集型科学的出现，不仅为科学界提供了全新的研究范式，还为大数据的发展提供了科学上的基础。2008年9月，《自然》杂志推出了"大数据"封面专栏。2010年，美国信息技术顾问委员会（PITAC）发布了一篇名为"规划数字化未来"的报告，详细叙述了政府工作中对大数据的收集和使用。

大数据市场迅速成长，互联网数据呈爆发式增长，大数据技术逐渐被大众熟悉和使用。2010年2月，肯尼思·库克尔（Kenneth Cukier）在《经济学人》上发表长达14页的大数据专题报告"数据，无所不在的数据"。2012年，牛津大学教授维克托·迈尔-舍恩伯格（Victor Mayer-Schönberger）的著作《大数据时代》开始风靡，推动了大数据的发展。

这一时期被看作大数据的发展时期，大数据作为一个新兴名词开始被理论界所关注，其概念和特点得到进一步的丰富，相关的数据处理技术相继出现，大数据开始展现活力。

这一时期非结构化数据大量产生，传统处理方法难以应对，大数据解决方案逐渐走向成熟，形成了并行计算与分布式系统两大核心技术。

（3）兴盛时期（2011年至今）。

2011年，IBM公司研制出了沃森超级计算机，其以每秒扫描并分析4TB的数据量打破世界纪录，大数据计算迈向了一个新的高度。紧接着，麦肯锡公司发布了题为"海量数据，创新、竞争和提高生成率的下一个新领域"的研究报告，详细介绍了大数据在各个领域中的应用情况，以及大数据的技术架构，提醒各国政府为应对大数据时代的到来，应尽快制定相应的战略。2012年，世界经济论坛在瑞士达沃斯召开，会上讨论了一系列大数据相关问题，发布了名为"大数据，大影响"的报告，向全球正式宣布大数据时代到来。另外，国内外学术界也针对大数据进行了一系列的研究，《纽约时报》《自然》《人民日报》等都大篇幅对大数据的应用、现状和趋势进行报道，同时哲学与社会科学界也出现了许多有影响力的著作，如城田真琴的《大数据的冲击》等。

这一时期大数据应用渗透各行各业，数据驱动决策，信息社会智能化程度大幅提高，出现跨行业、跨领域整合数据，甚至是整合全社会的数据，并从各种各样的数据中找到对于社会治理、产业发展更有价值的应用。大数据价值不断凸显，数据驱动决策，社会智能化程度大幅提高，大数据产业迎来快速发展和大规模应用时期。2019年5月，《2018全球大数据发展分析报告》显示，我国大数据产业发展和技术创新能力有了显著提升，学术界在大数据技术与应用方面的研究创新也不断取得突破。

2．大数据的发展趋势

党的十八届五中全会提出了"实施国家大数据战略"，国务院印发《促进大数据发展行动纲要》，大数据技术和应用处于创新突破期，国内市场需求处于爆发期，我国大数据产业面临重要的发展机遇。

目前，我国在大数据发展和应用方面已具备一定基础，拥有市场优势和发展潜力，但也存在政府数据开放共享不足、产业基础薄弱、缺乏顶层设计和统筹规划、法律法规建设滞后、创新应用领域不广等问题。

大数据与5G、云计算、人工智能、区块链等新技术加速融合，推动大数据技术架构、产品形态和服务模式加快转变。大数据深度融入各行业、各领域，推动基于大数据的管理和决策模式日益成熟，加快相关企业数字化转型进程。大数据应用的发展趋势如下。

（1）数据的资源化。

数据的资源化是指大数据成为企业和社会关注的重要战略资源，已成为大家争相抢夺的新焦点。因而，企业必须要提前制定大数据营销战略，抢占市场先机。

（2）与云计算的深度结合。

大数据离不开云计算，云计算平台为大数据提供了弹性可拓展的基础设备，是产生大数据的平台之一。大数据技术和云计算技术紧密结合，未来两者关系将更为密切。除此之外，物联网、移动互联网等新兴计算形态也将一并助力大数据，让大数据技术发挥出更大的影响力。

（3）科学理论的突破。

就像计算机和互联网一样，大数据是新一轮的技术革命。随之兴起的数据挖掘、机器学习和人工智能等相关技术可能会改变数据世界里的很多算法和基础理论，实现科学理论的突破。

（4）数据科学和数据联盟的成立。

数据科学将成为一门专门的学科，被越来越多的人所认知。各大高校将设立专门的数据科学类专业，也会催生一批与之相关的新的就业岗位。与此同时，基于数据这个基础平台，也将建立跨领域的数据共享平台，数据共享将扩展到企业层面，并且成为未来产业的核心环节。

（5）数据管理成为核心竞争力。

当"数据资产是企业核心资产"的概念深入人心之后，企业对数据管理便有了更清晰的界定，将数据管理作为企业核心竞争力，持续发展、战略性规划与运用数据资产成为企业数据管理的核心。数据资产管理效率与主营业务收入增长率、销售收入增长率显著正相关。此外，对具有互联网思维的企业而言，数据资产的管理效果将直接影响企业的财务。

（6）数据质量是商业智能成功的关键。

采用自助式商业智能工具进行大数据处理的企业将会脱颖而出。很多数据源会带来大量低质量数据，企业需要理解原始数据与数据分析之间的差距，从而消除低质量数据。

（7）数据生态系统复合化程度加强。

大数据的世界不只是一个单一的、巨大的计算机网络，而是一个由大量活动构件与多元参与者——终端设备提供商、基础设施提供商、网络服务提供商、网络接入服务提供商、数据服务使能者、数据服务提供商、触点服务和数据服务零售商等共同构建的生态系统。数据生态系统的基本雏形形成后，接下来的发展将趋向于系统内部角色的细分（也就是市场的细分）、系统机制的调整（也就是商业模式的创新）、系统结构的调整（也就是竞争环境的调整）等，从而使得数据生态系统复合化程度逐渐增强。

扩展阅读

北斗卫星导航系统

北斗卫星导航系统（简称北斗系统）是我国着眼于国家安全和经济社会发展需要，自主建设运行的全球卫星导航系统，是为全球用户提供全天候、全天时、高精度的定位以及导航和授时服务的国家重要时空基础设施。

北斗系统提供服务以来，已在交通运输、农林渔业、水文监测、气象测报、通信授时、电力调度、救灾减灾、公共安全等领域得到广泛应用，服务国家重要基础设施，产生了显著的经济效益和社会效益。基于北斗系统的导航服务已被电子商务、移动智能终端制造、位置服务等厂商采用，广泛进入大众消费、共享经济和民生领域，新模式、新业态、新经济不断涌现，深刻改变着人们的生产、生活方式。我国将持续推进北斗应用与产业化发展，服务国家现代化建设和百姓日常生活，为全球科技、经济和社会发展做出贡献。

北斗系统秉承"中国的北斗、世界的北斗、一流的北斗"发展理念，愿与世界各国共享北斗系统建设发展成果，促进全球卫星导航事业蓬勃发展，为服务全球、造福人类贡献中国智慧和力量。

任务二 认识大数据计算模式

任务描述

随着数据处理业务量的不断增加，传统的计算方式已经不能满足数据业务需求。为了解决这个问题，将采用大数据技术处理不断增加的海量业务数据，此时该如何制定大数据计算模式呢？

知识链接

大数据处理的问题复杂多样，单一的计算模式无法满足不同类型的大数据计算需求。常见的大数据计算模式有批处理计算、流计算、图计算、查询分析计算等。

批处理计算模式主要用于大规模数据的批量处理。流计算模式是一种面向动态数据的细粒度处理模式，基于分布式内存，对不断产生的动态数据进行处理，其处理的数据源源不断且实时到来。许多数据以大规模图或网络的形式呈现，此时一般采取图计算模式；此外，许多非图结构的大数据也常常会被转换为图模型后再进行处理分析。查询分析计算模式是为了解决对大规模数据的关联与查询分析问题而产生的，主要用于超大规模数据的存储管理和查询分析。

一、批处理计算

批处理计算主要针对大规模数据的批量处理，也是日常大数据分析工作中较为常见的一类数据处理需求。MapReduce 是最具有代表性和影响力的大数据批处理技术，可以执行大规模数据处理任务，用于处理规模数据集的并行运算。MapReduce 极大地方便了分布式编程工作，它将复杂的、运行于大规模集群上的并行计算过程高度抽象成 Map 和 Reduce 两个函数。编程人员在不理解分布式并行编程的情况下，也可以很容易地将自己的程序运行在分布式系统上，完成针对海量数据集的计算。

二、流计算

流数据也是大数据分析中的重要数据类型。流数据是指在时间分布和数量上无限的一系列动态数据集合体，数据的价值随着时间的流逝而降低，因此，必须采用实时计算的方式给出秒级响应。流计算可以实时处理来自不同数据源、连续到达的流数据，经过实时分析处理，给出有价值的分析结果。目前，业内已涌现出许多的流计算框架与平台，第一类是商业级的流计算平台，包括 IBM InfoSphere Streams 和 IBM StreamBase 等；第二类是开源流计算框架，包括 Twiter Storm、Yahoo S4（Simple Scalable Streaming System）、Spark Streaming 等；第三类是公司为支持自身业务开发的流计算框架，如 Meta 使用 Puma 和 HBase 相结合来处理实时数据，百度开发了通用实时流数据计算系统 DStream，淘宝开发了通用流数据实时计算系统——银河流数据处理平台。

实时数据处理，也称为实时流式计算，或者实时计算、流式计算，是一种时间复杂性较低的计算。实时流式计算具有无限数据、无界数据处理、低延迟等特征。

- 无限数据：指一种不断增长的、无限的数据，通常被称为"流数据"，而与之相对的是有限数据。

- 无界数据处理：一种持续的数据处理模式，能够通过处理引擎重复去处理无限数据，突破有限数据处理引擎的瓶颈。

- 低延迟：实时流式计算业务对延迟有较高要求，延迟越低，越能保证数据的实时性和有效性。

三、图计算

在大数据时代，许多数据以大规模图的形式呈现，如社交网络、传染病传播途径、交通事故对路网的影响等相关数据；此外，许多非图结构的大数据也常会被转换为图模型后再进行处理分析。针对大型图的计算，需要采用图计算模式，目前已经出现了不少相关图计算产品。Pregel 是一种基于整体同步进行（Bulk Synchronous Parallel，BSP）模型实现的并行图处理系统。为了解决大型图的分布式计算问题，Pregel 搭建了一个可扩展的、有容错机制的平台，该平台提供了一套非常灵活的应用程序接口（Application Program Interface，API），可以描述各种各样的图计算。Pregel 主要用于图遍历、最短路径、PageRank 计算等。

四、查询分析计算

针对超大规模数据的存储管理和查询分析，需要提供实时或准实时的响应，才能很好地满足企业经营管理需求。Google 公司开发的 Dremel 是一种可扩展的、交互式的实时查询系统，用于只读嵌套数据的分析。通过结合多级树状执行过程和列式数据结构，它能做到几秒内完成对上万亿张表的聚合查询。Dremel 的目标是解决大规模数据存储和查询的问题，其可以在几秒钟内处理百亿条记录。此外，Cloudera 公司参考 Dremel 系统开发了实时查询引擎 Impala，它支持 SQL 语义，能快速查询存储在 Hadoop 分布式文件系统（Hadoop Distributed File System，HDFS）和 HBase 中的 PB 级数据。

知识链接

传统数据与大数据的处理方式有何不同？

在扩展性方面，传统数据采用纵向扩展，在需要处理更多负载时通过提高单个系统处理能力的方法来解决问题；大数据采用横向扩展，将服务分割为众多的子服务并在负载均衡等技术的协助下，通过增加服务器数量来解决问题。

在数据存储方面，传统数据采用集中式存储，把各种信息存入庞大的数据库中；大数据采用分布式存储，通过网络连接集群中的每台计算机，并将这些分散的存储资源构成一个虚拟的存储设备，将数据分散存储在多台服务器上。

在数据计算方面，传统数据采用资源集中式计算；大数据采用分布式计算。

在计算模型方面，传统数据计算模型采用移动数据到程序端方式，输入/输出（Input/Output，I/O）设备和网络的使用率都非常高；大数据计算模型采用移动程序到数据端方式，I/O 设备和网络的使用率都非常低，且多节点存储、多节点计算。

任务三　认识大数据处理流程

任务描述

大数据处理流程包括大数据采集、大数据预处理、大数据存储、大数据分析处理、大数据可视化等。数据质量贯穿于整个大数据处理过程，每个数据处理环节都会对大数据的质量产生影响。

知识链接

大数据处理流程如图 1-1 所示。

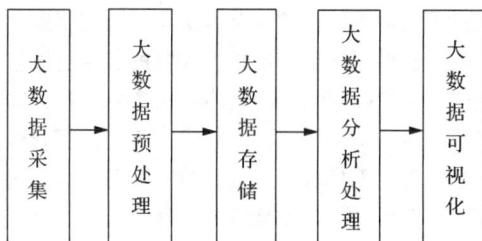

图 1-1　大数据处理流程

一、大数据采集

在大数据采集过程中，数据源会影响大数据质量的真实性、完整性、一致性、准确性和安全性。大数据采集是数据分析生命周期的重要一环，它基于传感器数据、社交网络数据、移动互联网数据等获得各种类型的结构化和非结构化的海量数据。

二、大数据预处理

大数据预处理一方面保证大数据的正确性和有效性；另一方面通过对数据格式和内容的调整，使数据更符合大数据处理的需要。因此，在进行大数据处理之前，需要对收集的原始数据进行预处理，以达到改进数据质量、提高大数据处理准确率的目的。大数据预处理是在进行数据分析之前，对收集到的原始数据进行"清洗、集成、变换、规约、一致性查验"等一系列操作，旨在提高数据质量，为后期的分析处理奠定基础。

大数据预处理的主要流程包括数据清洗、数据集成、数据变换与数据规约，如图 1-2 所示。

- 数据清洗：消除数据中存在的噪声以及纠正数据不一致的问题，对"脏"数据进行处理，填补遗漏的数据值、识别并除去异常值等。

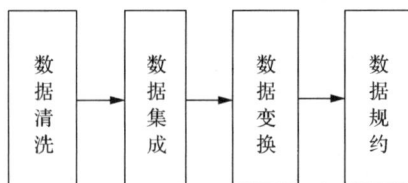

图1-2 大数据预处理的主要流程

- 数据集成：将不同数据源中的数据兼并存放到一致数据库中，着重解决模式匹配、数据冗余、数据值冲突检测与处理3个问题。
- 数据变换：对抽取出来的不一致数据进行处理的过程，依据事务规律对异常数据进行清洗，以确保后续分析处理的准确性。
- 数据规约：在最大限度保持数据原貌的基础上，最大限度精简数据量，以得到较小数据集的操作，包含数据方集合、维规约、数据压缩、数值规约、概念分层等。

三、大数据存储

在对大数据进行分析处理之前，需要考虑大数据的存储问题。大数据存储是指将相关数据集持久化到计算机中。利用分布式文件系统、数据仓库、非关系型数据库、云数据库、关系型数据库等，可实现对结构化、半结构化和非结构化海量数据的存储和管理。

四、大数据分析处理

大数据分析处理是大数据处理与应用的关键环节，决定了大数据集合的价值性和可用性，以及分析预测结果的准确性。在大数据分析处理环节，应根据大数据应用情境与决策需求，选择合适的数据分析技术，提高大数据分析处理结果的可用性、价值性和准确性。

通过数据抽取和集成环节，可从异构的数据源中获得用于大数据处理的原始数据，用户可以根据自己的需求对这些数据进行分析处理，例如数据挖掘、机器学习、数据统计等。大数据分析处理结果可以用于决策支持、商业智能、推荐系统、预测系统等。通过大数据分析处理，能够掌握大数据中的信息。

五、大数据可视化

大数据可视化是指将大型数据集中的数据以图形图像形式表示，并利用数据分析和开发工具发现其中未知信息的处理过程。大数据可视化技术的基本思想是将数据库中每一个数据项作为单个图元素表示，大量的数据集构成数据图像，同时将数据的各个属性值以多维数据的形式表示，从不同的维度观察数据，从而对数据进行更深入的观察和分析。

20世纪50年代，随着计算机的出现和计算机图形学的发展，人们可以利用计算机技术在计算机屏幕上绘制出各种图形图表，可视化技术进入了全新的发展阶段。最初，可视化技术被大量应用于统计学领域，用来绘制统计图表，例如圆环图、柱状图、饼图、直方图、时间序列图、等高线图、散点图等，后来又逐步应用于地理信息系统、数据挖掘分析、商务智能工具等，有效促进了人类对不同类型数据的分析与理解。

随着大数据时代的到来，每时每刻都有海量数据在不断生成，人们需要对数据进行及时、全面、快速、准确的分析，以呈现数据背后的价值。这就更需要可视化技术协助人们更好地理解和分析数据，可视化成为大数据分析的最后一环，对用户来说也是重要的一环。

常见的数据可视化工具有以下几种。

1. Excel

Excel 是日常数据分析工作中最常见的工具，简单易用，用户不需要进行复杂的学习就可以轻松使用 Excel 提供的各种图表功能。

2. ECharts

ECharts 是由百度商业前端数据可视化团队研发的图表库，是一款基于 JavaScript 的数据可视化图表库，可提供直观、生动、可交互、可个性化定制的数据可视化图表，包括常规的折线图、柱状图、散点图、饼图、K 线图、盒形图、地图、热力图、线图等，并且支持图与图的混搭，可满足绝大部分用户分析数据时的图表制作需求。

3. Power BI

Power BI 是微软公司推出的一款智能商业数据分析软件。Power BI 可以连接多数据源，简化数据并提供即时查询。Power BI 整合了 Power Query、Power Pivot、Power View 和 Power Map 等一系列工具。

4. Tableau

Tableau 是桌面系统中比较简单的商业智能工具软件，适合企业和组织制作日常数据报表和进行数据可视化分析工作。Tableau 实现了数据运算与美观图表的完美结合，用户只要将大量数据拖放到数字"画布"上，就能创建出各种图表。

任务四　认识大数据信息安全

📖 任务描述

大数据技术具备对海量数据的处理和分析能力，与此同时，数据汇聚、数据分析等安全问题也带来前所未有的挑战。通过对移动支付数据的挖掘可以得出精准的国民消费等数据，这些数据可能会影响到国家的金融安全。个人信息被广泛收集利用，行为、习惯、社交关系等均被记录下来，一旦信息泄露，轻则造成财产受损，重则可能会影响到个人的身心健康和人身安全。通过对本任务的学习，读者将对大数据安全的概念、大数据面临的威胁和大数据安全技术有初步的了解。

📖 知识链接

在大数据时代，各行业数据规模呈指数级增长，拥有高价值数据源的企业在大数据产业链中占有至关重要的核心地位。在实现大数据集中后，如何确保网络数据的完整性、可用性和保密性，不受到信息泄露和非法篡改等安全威胁，已成为各行各业信息化健康发展所要考虑的核心问题。在我国数字经济进入快车道的时代背景下，如何开展数据安全治理、提升全社会的"安全感"已成为普遍关注的问题。

2016 年 12 月，国家互联网信息办公室发布《国家网络空间安全战略》，提出要实施国家大数据战略，建立大数据安全管理制度，支持大数据、云计算等新一代信息技术创新和应用，为保障国家网络安全夯实产业基础。

作为全国首部大数据安全管理的地方性法规，《贵阳市大数据安全管理条例》于 2018 年 10 月 1 日正式施行。该条例分别在大数据安全定义、防风险安全保障措施、监测预警与应急处置、投诉举报等方面做出规定。

大数据面临的安全问题如下。

1. 大数据遭受异常流量攻击

大数据的数据量巨大，往往采用分布式进行存储，这种存储方式存储的路径视图相对清晰。而数据量过大，导致数据保护相对简单，黑客可较为轻易地利用相关漏洞实施不法操作，造成安全问题。

2. 大数据信息泄露风险

在对大数据进行数据采集和信息挖掘的时候，要注重用户隐私数据的安全问题。在不泄露用户隐私数据的前提下进行数据挖掘，需要考虑在分布式计算的信息传输和数据交换时保证各个存储节点内的用户隐私数据不被非法泄露和使用。

3. 大数据传输过程中的安全隐患

数据生命周期安全问题。在大数据传输生命周期的各个环节，越来越多的安全隐患逐渐暴露出来。在大数据传输处理环节，除数据非授权使用和被破坏的风险外，数据集存在因关联分析而造成个人信息泄露的风险。

个人隐私安全问题。在大数据时代，人们面临的威胁不仅限于个人隐私泄露，还在于基于大数据传输对个人的状态和行为的预测，大数据传输未被妥善处理会对用户隐私造成极大的侵害。

4. 大数据的存储管理风险

在大数据的存储平台上，数据量以指数级速度增长，对各种类型和各种结构的数据进行数据存储，可能会造成数据存储错位和数据管理混乱，为大数据存储和后期的处理带来安全隐患。

大数据安全的防护技术有大数据安全审计、大数据脱敏系统、大数据脆弱性检测、大数据资产梳理、大数据应用访问控制等。

（1）大数据安全审计可以对用户的登录、授权、文件操作、数据库表操作等行为进行审计溯源，并对危及到安全的风险事件告警。

（2）大数据脱敏系统是一种用于保护敏感数据的技术工具。它的主要作用是在处理大规模数据时，对其中的敏感信息进行脱敏处理，以降低数据和隐私泄露风险。

大数据脱敏系统通常采用各种算法和技术来对数据进行脱敏处理，以确保在数据分析和共享过程中，不会泄露个人身份、敏感信息或商业机密等。

（3）大数据平台组件可周期性地进行漏洞扫描和基线检测，扫描大数据平台漏洞以及基线配置安全隐患，包含风险展示、脆弱性检测、报表管理和知识库等功能模块。

（4）大数据资产梳理是一种敏感数据处理技术，是数据库安全治理的基础。通过对大数据资产的梳理，可以确定敏感数据在整个系统内部的分布情况、当前账号授权状况等。

（5）大数据平台组件能够对大数据平台账户进行统一的管控和集中授权管理，为大数据平台用户和应用程序提供细粒度级的授权及访问控制。

项目小结

本项目首先介绍了大数据产生的时代背景、大数据概念、大数据特点、大数据的应用领域，以及大数据的发展历程和发展趋势；接下来介绍了大数据计算模式，包括批处理计算、流计算、图计算和查询分析计算；然后介绍了大数据处理流程，包括大数据采集、大数据预处理、大数据存储、大数据分析处理和大数据可视化；最后介绍了大数据信息安全的相关知识。

项目考核

简答题

1. 简述大数据处理流程。
2. 简述大数据的4个基本特征。
3. 举例说明大数据的具体应用。
4. 结合生活实际情况，谈谈大数据信息安全对生活的重要性。

项目二
走进Hadoop世界

项目导读

Hadoop 是一个能够对大量数据进行分布式处理的软件框架，其以一种可靠、高效、可伸缩的方式进行数据处理。本项目将介绍 Hadoop 的产生与发展，Hadoop 的特性、Hadoop 版本变迁、Hadoop 应用现状、Hadoop 生态系统和 Spark 技术。

项目目标

素质目标	知识目标
➤ 通过对"天河一号"的了解，体会我国的自立自强。 ➤ 养成事前调研、做好准备工作的习惯。 ➤ 贯彻互助共享的精神	➤ 了解 Hadoop 的产生、发展及特征。 ➤ 了解 Hadoop 版本变迁。 ➤ 了解 Hadoop 生态系统。 ➤ 了解 Spark 计算框架

课前学习

选择题

1. Hadoop的特性不包括（　　　）。
   - A. 高可靠性
   - B. 高扩展性
   - C. 高效性
   - D. 高成本

2. 以下属于Hadoop生态圈的是（　　　）。
   - A. MySQL
   - B. Hive
   - C. MongoDB
   - D. Oracle

任务一　认识 Hadoop

任务描述

Hadoop 是一款由 Apache 软件基金会开发的分布式系统框架，用户可以在不了解分布式底层细节的情况下开发分布式程序，充分利用集群进行高速运算和存储。Hadoop 2.0 框架最核心的设计就是 HDFS、MapReduce 和 YARN：HDFS 用于海量数据存储，MapReduce 用于海量数据计算，YARN 用于统一资源管理和调度。

微课 2-1　认识 Hadoop

知识链接

Hadoop 自 2006 年诞生以来，改变了数据存储、处理和分析的过程，加速了大数据技术的发展，形成了自己的生态系统。同时，Hadoop 得到非常广泛的应用。

一、Hadoop 概述

Hadoop 起源于 2002 年的 Apache Nutch 项目，是创始人道格·卡廷（Doug Cutting）使用 Java 开发的一个开源的网络搜索引擎。Hadoop 是一个允许使用简单编程模型跨计算机集群分布式处理大型数据集的系统，通过它可以方便地管理分布式集群，将海量数据分布式地存储在集群中，并使用分布式并行程序来处理这些数据。

Hadoop 是对 Google 的文件系统（Google File System，GFS）和分布式计算框架 MapReduce 等核心技术的开源实现。Hadoop 架构的核心包括用于海量文件存储的 HDFS、用于海量数据计算的 MapReduce 和用于统一资源管理和调度的 YARN。

"Hadoop"这一名称并没有什么深奥的含义，同时也并不是一串英文单词的首字母缩写。道格·卡廷曾经这样描述过这个名称："这是我的孩子给他的黄色毛绒小象玩具起的名字。简短易于读写，没有具体意义且没有被别人使用过，这就是我对于项目命名的原则。"

Hadoop 目前主要有以下几种发行版本。

1. Apache Hadoop

Apache Hadoop 最原始的开源版本由 Apache 软件基金会维护和开发，包括 HDFS、MapReduce、YARN 和 Hadoop Common 等核心组件。

2. Cloudera CDH

Cloudera 是一家基于 Hadoop 的商业公司，提供经过打包和优化的 Hadoop 发行版本 Cloudera CDH，包括 Cloudera Manager 等管理工具。

3. Hortonworks Data Platform（HDP）

Hortonworks 也是一家基于 Hadoop 的商业公司，提供自己的 Hadoop 发行版本 Hortonworks Data Platform（HDP）以及 Ambari 等管理工具。

4. MapR Distribution

MapR 也是一家基于 Hadoop 的商业公司，提供自己的 Hadoop 发行版本 MapR Distribution，包括 MapR-FS 和 MapR-DB 等自主研发的组件。

本书后续主要基于 Apache Hadoop 进行讲解和演示。

二、Hadoop 的产生与发展

2002 年，道格·卡廷等人创建了开源的网络搜索引擎 Nutch，该引擎提供网页抓取、索引、查询等功能。但这种单机架构的搜索引擎框架无法有效地扩展和处理规模量巨大的数据。

2003 年，Google 公司发表了一篇关于分布式文件系统的论文，论文名为"The Google File System"。该论文介绍了 Google 搜索引擎网页相关数据的存储架构，该架构可解决 Nutch 遇到的在网页抓取和索引过程中产生的超大文件存储需求问题。

2004 年，Google 发表了关于分布式计算框架 MapReduce 的论文，受到启发的道格·卡廷等人开始尝试实现 MapReduce 计算框架，并将它与 Nutch 分布式文件系统（Nutch Distributed File System，NDFS）结合，以支持 Nutch 引擎的主要算法。

2005 年，Nutch 的主要算法被移植到了由 NDFS 和 MapReduce 构建的新框架中，NDFS 和 MapReduce 在 Nutch 引擎中有着良好的应用，其在 20 个节点上可以稳定运行。

2006 年，Hadoop 项目正式从 Apache Lucene 项目中独立出来，成为 Apache 软件基金会下的独立项目。

2011 年，Hadoop 1.0 发布，标志着 Hadoop 进入了一个相对稳定的发展阶段。

2013 年，Hadoop 2.0 发布，引入了 YARN（Yet Another Resource Negotiator），显著提升了资源管理和调度能力，并且支持更多的计算模型。Hadoop 生态系统不断丰富，涌现出 Spark、Hive、Kafka 等众多相关技术。

2017 年，Hadoop 3.0 发布，并保持稳定更新，其聚焦于性能优化、云原生能力、安全性等关键领域。

三、Hadoop 的特性

Hadoop 是一个能够让用户轻松驾驭和使用的分布式计算平台，用户可以在不了解 Hadoop 分布式底层细节的情况下开发分布式程序，充分利用集群资源进行高速运算和存储，轻松地在 Hadoop 上开发和运行处理海量数据的应用程序。Hadoop 主要有以下几个优点。

1. 高可靠性

Hadoop 采用多副本机制，确保能够针对失败的节点进行重新分布处理，当其中一个副本发生故障时，其他副本也可以保证集群正常对外提供服务。Hadoop 能够自动保存数据的多个副本，并且能够自动将失败的任务重新分配，当其中一个副本出现故障时，不影响集群的整体运行。

2. 高扩展性

Hadoop 实现了线性扩展，可以从单个服务器扩展到数千台计算机，并且每台计算机都可提供数据存储功能和计算功能。

3. 高效性

Hadoop 是高效的，它以并行的方式工作，通过并行处理加快处理速度。

4. 高可用性

Hadoop 的名称节点（NameNode）会发生单点故障问题，为解决该问题，Hadoop 中引入了高可用集群。高可用集群中的 NameNode 包括 Active 和 Standby 两种状态，通过故障转移机制，可保证 HDFS 的高可用性。

5. 低成本

Hadoop 使用普通计算机搭建集群，从而可降低硬件成本，普通用户也可以使用自己的个人计算机搭建和运行 Hadoop。

四、Hadoop 版本变迁

Hadoop 作为一种开源的大数据处理架构，在业内得到了广泛的应用。但是，Hadoop 在诞生之初，其在架构设计和应用性能方面仍然存在一些不尽如人意的地方。Hadoop 的优化与发展主要体现在两个方面。一方面是 Hadoop 自身两大核心组件 HDFS 和 MapReduce 的架构设计改进；另一方面是 Hadoop 生态系统其他组件的不断丰富。通过这些优化和提升，Hadoop 可以支持更多的应用场景，提供更高的集群可用性，同时也带来了更高的资源利用率。Hadoop 2.0 引入了新一代资源管理调度框架 YARN。

目前，Apache Hadoop 已有 3 个系列的版本，分别为 Hadoop 1.X、Hadoop 2.X 和 Hadoop 3.X。

1. Hadoop 1.X

该版本的核心组件是 HDFS 和 MapReduce。其中 HDFS 负责数据的存储；MapReduce 不仅负责数据的计算，还负责集群作业调度和资源管理。

Hadoop 1.0 即第一代 Hadoop，由分布式存储系统 HDFS 和分布式计算框架 MapReduce 组成。其中 HDFS 由一个 NameNode 和多个数据节点（DateNode）组成，MapReduce 由一个 JobTracker 和多个 TaskTracker 组成。

（1）0.20.X 系列。

0.20.2 版本发布后，有几个重要的特性没有基于"trunk"的主代码线，而是在 0.20.2 版本的基础上继续研发。含 Security 特性的分支以 0.20.203 版本发布，而后续的 0.20.205 版本综合了 Append 与 Security 这两个特性。需要注意的是，之后的 1.0.0 版本仅是 0.20.205 版本的重命名。0.20.X 系列版本较令用户感到疑惑，因为它们具有的一些特性在 trunk 上没有，而 trunk 上有的一些特性在 0.20.X 系列版本上却没有。

（2）0.21.0/0.22.X 系列。

这一系列版本将整个 Hadoop 项目分割成 3 个独立的模块，分别是 Common、HDFS 和 MapReduce。HDFS 和 MapReduce 都对 Common 模块有依赖性，但是 MapReduce 对 HDFS 并没有依赖性。这样 MapReduce 可以更容易地运行其他分布式文件系统，同时各个模块可以独立开发。各个模块的具体改进如下。

● Common 模块：最大的新特性是在测试方面添加了 Large-Scale Automated Test Framework 和 Fault Injection Framework。

● HDFS 模块：主要增加的新特性包括支持追加操作与建立符号连接；Secondary NameNode 被剔除，取而代之的是 Checkpoint Node；同时添加了一个 Backup Node 角色作为 NameNode 的冷备，允许用户自定义块放置算法等。

● MapReduce 模块：在作业 API 方面，开始启用新的 MapReduce API，但对老的 API 仍然兼容。

（3）0.23.X 系列。

0.23.X 是为了克服 Hadoop 在扩展性和框架通用性方面的不足而提出来的。它实际上是一个全新的平台，包括分布式文件系统 HDFS Federation 和资源管理框架 YARN 两部分，可对接入的各种计算框架（如 MapReduce、Spark 等）进行统一管理。它的发行版自带 MapReduce 库，而该库集成了到当时为止所有的 MapReduce 新特性。

2. Hadoop 2.X

Hadoop 2.X 引入了新的框架 YARN。YARN 主要负责集群资源管理和统一调度，具有良好的通用性，也可以作为其他计算框架的资源调度系统，而不仅仅局限于 MapReduce。同时，YARN 作为 Hadoop 2.0 中的资源管理系统，可为各类应用程序进行资源管理和调度，不仅仅局限于 MapReduce 一种框架，也适用于其他框架如 Tez、Spark、Storm 等。与 0.23.X 系列相比，Hadoop 2.X 增加了高可用（High Availability，HA）机制和 HDFS 联邦机制等新特性。

Hadoop 2.0 为克服 Hadoop 1.0 中的不足，针对 Hadoop 1.0 单个 NameNode 制约 HDFS 的扩展性问题，提出 HDFS Federation，它让多个 NameNode 分管不同的目录进而实现访问隔离和横向扩展，同时彻底解决了 NameNode 单点故障问题；针对 Hadoop 1.0 中的 MapReduce 在扩展性和多框架支持等方面的不足，它将 JobTracker 中的资源管理和作业控制分开，分别由 ResourceManager（负责所有应用程序的资源分配）和 ApplicationMaster（负责管理一个应用程序）实现，即引入了资源管理框架 YARN。

3. Hadoop 3.X

Hadoop 3.X 与之前的版本相比，提供了更好的优化和可用性，支持在单个 DataNode 上、不同硬盘间的数据平衡。老版本的 Hadoop 只支持在 DataNode 之间进行数据平衡，每个节点内部不同硬盘之间若发生了数据不平衡，则没有一个好的办法进行处理。

课外拓展

Hadoop 版本比较复杂，并不像其他常见软件那样，版本号最高就代表最新。这是因为对于任何一个 Apache 开源项目，所有的基础特性均被添加到一个称为"trunk"的主代码线。当需要开发某个特性时，会专门从主代码线中延伸出一个分支，成为一个候选发布版。该分支将专注于开发该特性而不再添加其他新的特性，待 bug 修复之后，经过相关人士投票便会对外公开成为发布版，并将该特性合并到主代码线中。由于多个分支可能会同时进行研发，因此，版本高的分支有时候会先于版本低的分支发布。

五、Hadoop 应用现状

Hadoop 设计之初的目标就定位于高可靠性、高可拓展性、高容错性和高效性，正是这些设计上的优点，才使得 Hadoop 一出现就受到众多大公司的青睐，同时也引起了研究界的普遍关注。Hadoop 技术在互联网领域已经得到了广泛的运用，例如，中国移动研究院基于 Hadoop 开发了"大云"（Big Cloud）系统，该系统不但对内用于相关数据分析，还对外提供服务；淘宝的 Hadoop 系统用于存储并处理电子商务交易的相关数据。国内的高校和科研院所基于 Hadoop 在数据存储、资源管理、作业调度、性能优化、系统高可用性和安全性方面进行研究，相关研究成果多以开源形式贡献给 Hadoop 社区。

摩根大通已经开始使用 Hadoop 技术以满足日益增长的需求，包括诈骗检验、IT 风险管理和自助服务。Hadoop 能够存储大量非结构化数据，允许公司收集和存储 Web 日志、交易数据和社交媒体数据。数据被汇集到一个通用平台，方便以客户为中心的数据挖掘与数据分析工具的使用。

Zions 银行数据仓库存储了大量不同类型的数据，包括交易日志、数据日志、欺诈警报、服务器日志、防火墙日志和 IDS 日志，实现了跨整个企业进行数据挖掘、加快取证调查并提高欺诈侦测有效性以及整体安全性的目标。其利用 Hadoop 来存储所有数据，并对客户交易和现货异常进行判断，基于 Hadoop 安全数据仓库对可能存在的欺诈行为提前预警，迅速对各种源头的恶意软件威胁做出响应并对抗。

在中国移动"大云"产品总体架构中，分析型平台即服务（Platform as a Service，PaaS）产品底层基于 Hadoop 数据存储和分析平台。在技术路线方面，该产品选择数据仓库与 Hadoop 混搭的方式，借鉴关系型数据仓库在传统应用支持方面以及在复杂查询和分析方面的快速响应能力；同时也借鉴了 Hadoop 的非结构化数据处理能力以及存储的低成本，屏蔽 Hadoop 与数据仓库的使用细节，尽量让用户在使用这些数据时无感知。

中国联通已经构建了一个全国集中的一级架构海量数据存储和查询系统——通信用户上网记录集中查询与分析支撑系统，该系统在集团公司进行统一部署，各个省仅做数据的采集，并按照业务实时性将数据传送到集团公司，由集团公司统一处理，将全国所有用户的上网记录数据都放在数据中心。该系统在国内电信行业中也是首创。

Apixio 利用 Hadoop 平台开发了语义分析服务，该服务可以对病人提供医生、护士及其他相关人士关于健康方面问题的回答。Apixio 试图通过对医疗记录进行先进的技术分析来帮助医生迅速了解病人相关病史，挽救生命。

任务二 认识 Hadoop 生态系统

任务描述

Hadoop 经过多年的发展，整个生态圈不断成熟和完善。Hadoop 生态圈是由许多开源软件构成的大数据处理生态系统。目前，Hadoop 生态圈包含多个子项目。除了包括核心的 HDFS 和 MapReduce 以外，Hadoop 生态系统还包括 YARN、ZooKeeper、Hive、HBase 等。

知识链接

Hadoop 生态圈如图 2-1 所示。

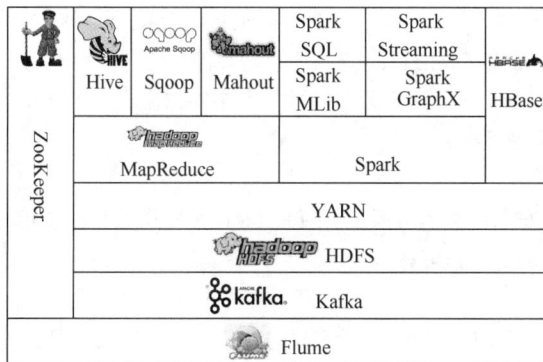

图 2-1　Hadoop 生态圈

微课 2-2　认识 Hadoop 生态系统

1. HDFS

HDFS 是 Hadoop 的核心组成框架，在大数据开发中对海量数据进行存储和管理。它基于流数据模式访问和处理超大文件，可以运行在普通的计算机上，是针对 GFS 的开源实现，其冗余存储的方式使得数据的安全性得到了保证。它支持以普通计算机搭建的服务器集群，从而可获得海量数据的分布式存储能力。这使得整个系统可具备高吞吐率、高容错性和高扩展性。

2. MapReduce

MapReduce 是 Hadoop 的另一个核心组成框架。它是一种容错的、可靠的、分布式并行计算模型，用来解决海量数据的计算问题。它将并行计算过程高度抽象为 Map()和 Reduce()两个函数，用户只需实现这两个函数就可以完成分布式计算任务。

MapReduce 是一种海量数据集的分布式并行计算编程模型，可以将大作业拆分成小作业进行作业调度和容错管理，适用于数据的批量处理。

3. YARN

YARN 是一个通用资源管理系统，可为上层应用提供统一的资源管理和调度。它的引入为 Hadoop 集群在利用率、资源统一管理和数据共享等方面带来了很大好处。

4. ZooKeeper

ZooKeeper 是一种适用于大型分布式应用的高性能协调服务。ZooKeeper 用于统一维护配置信息、域名，提供分布式同步（又称分布式锁，即在某个时刻只让同类服务中的一个运行）、组服务（集群管理）等，可以用来搭建高可用集群。

5. Hive

Hive 最初由 Meta 开发，是构建在 Hadoop 之上的数据仓库工具。它可以将结构化的数据文件映射为一张数据库表。Hive 提供了类结构查询语言（Structure Query Language，SQL）HQL，可将HQL 语句转化为 MapReduce 任务执行，通常用于离线分析。其优点是学习成本低，可以通过 HQL语句快速实现简单的 MapReduce 统计，不必开发专门的 MapReduce 应用，十分适合数据仓库的统计分析。

6. HBase

HBase 是一个基于 HDFS 的面向列的分布式开源数据库，可以实现大规模非结构化数据集的实时随机读写。HBase 采用 HDFS 作为数据的底层存储。它具有可伸缩、高可靠、高性能、分布式等特点，但是不能取代关系型数据库。HBase 不同于一般的关系型数据库，它是一种适合于非结构化数据存储的数据库。

7. Sqoop

Sqoop（SQL-to-Hadoop）是一种 ETL 工具。它是一款开源的工具，用于在关系型数据库、数据仓库等多种数据源与 Hadoop 存储系统之间进行高效批量数据传输。其主要用于在 Hadoop、Hive与传统的数据库间进行数据的传递。Sqoop 可以将关系型数据库中的数据导入 Hadoop 的 HDFS，也可以将 HDFS 的数据导入关系型数据库。

8. Kafka

Kafka 是一个高吞吐量的分布式发布订阅消息系统，由 LinkedIn 开源实现。它可以处理消费者规模网站中的所有动作数据，包括网页浏览、搜索等。

9. Flume

Flume 是 Cloudera 提供的一个高可用、高可靠、分布式的海量日志采集、聚合和传输系统。Flume支持在日志系统中定制各类数据发送方，用于收集数据。同时，Flume 提供了对数据进行简单处理，并写到各种数据接收方的功能。

知识拓展

Mahout 是 Apache 软件基金会旗下的一个开源项目，提供一些可扩展的机器学习领域经典算法的实现，旨在帮助开发人员更加方便、快捷地创建智能应用程序。Mahout 包含许多实现，包括聚类、分类、推荐过滤、频繁子项挖掘。此外，使用 Apache Hadoop 库，Mahout 可以有效地扩展到云中。

Apache Pig 是 Apache 平台下的一个免费开源项目。Pig 是一个基于 Hadoop 的大规模数据分析平台。它提供的 SQL-LIKE 语言叫 Pig Latin，是一种相对简单的语言，一条语句就是一个操作，与数据库的表类似。该语言的编译器会把类 SQL 的数据分析请求转换为一系列经过优化处理的 MapReduce 运算。一方面，Pig 为复杂的海量数据并行计算提供了简单的操作和编程接口；另一方面，Pig 为大型数据集的处理提供了更高层次的抽象，很多时候数据的处理需要多个 MapReduce 过程才能实现，使得数据处理过程与该模式匹配可能很困难，有了 Pig 就能够使用更丰富的数据结构。

Avro 是 Hadoop 的一个子项目，由 Hadoop 的创始人道格·卡廷牵头开发。Avro 是一个数据序列化系统，用于支持大批量数据交换的应用。它的主要特点有支持二进制序列化方式，可以便捷、快速地处理大量数据；动态语言友好，Avro 提供的机制使动态语言可以方便地处理 Avro 数据。

　　Tez 是支持 DAG 作业的开源计算框架。它可以将多个有依赖的作业转换为一个作业，从而大幅提升 DAG 作业的性能。Tez 并不直接面向最终用户，事实上它允许开发者为最终用户构建性能更高、扩展性更好的应用程序。

任务三　认识 Spark

任务描述

　　Spark 是一个基于内存的大数据并行处理框架，其最初由加州大学伯克利分校的 AMP Lab 研发，现已成为 Apache 软件基金会的顶级项目之一。Spark 提供了内存级的数据处理。

知识链接

　　Spark 是一个针对超大数据集的低延迟集群分布式计算系统。Spark 启用了内存分布数据集，除了能够提供交互式查询以外，还可以优化迭代工作负载。在 MapReduce 中，数据流被进行一系列加工处理后，流出到一个稳定的文件系统中。而对 Spark 而言，则使用内存替代 HDFS 或本地磁盘来存储中间结果，因此，Spark 要比 MapReduce 的速度快。Spark 是一个高性能、易于使用的开源平台。它既为用户提供了批处理功能，又为用户提供了基于内存的实时数据处理和分析功能。此外，Spark 还是一个支持迭代和交互式计算的通用计算引擎。Spark 是使用 Scala 语言实现的，Spark 和 Scala 能够紧密集成，其中的 Scala 可以像操作本地集合对象一样轻松地操作分布式数据集。

　　Spark 主要组件包括以下几个。

1. Spark Streaming

　　Spark Streaming 用于实时计算，是基于 Spark 的上层应用框架。它借助于 Spark 计算引擎的内存处理模型，可实时处理数据流，且能达到秒级延迟。其基本的原理是将 Stream 数据分成小的时间片段，以类似批处理的方式来处理这些小的时间片段。

2. Spark SQL

　　Spark SQL 用于交互式数据查询，提供了类 SQL 的结构化数据交互式操作。它由 Shark（Hive on Spark）演化而来，Shark 严重依赖于 Hive，并对 Hive 进行了改造。

3. Spark MLlib

　　Spark MLlib 用于机器学习，充分利用了迭代计算的特点。MLlib 支持多种机器学习算法，如逻辑回归、支持向量机、随机森林、贝叶斯网络、K-Means 等，广泛应用于大数据预测、推荐和模式识别等方向。

4. Spark GraphX

　　Spark GraphX 是 Spark 中的图处理组件，通常用于社交网络、社团发现。GraphX 的核心为 RDPG（Resilient Distributed Property Graph，分布式弹性属性图），即点和边都带有属性的有向多重图。

　　Spark 主要有以下几个特点。

　　（1）更快的速度。

　　Spark 采用内存计算方式，这使得其性能大幅优于基于磁盘的传统数据处理框架。

　　（2）易用性。

　　Spark 为计算提供了 80 多个高级运算符，使用起来极其方便。

（3）通用性。

Spark 是一个通用引擎，可用它来完成各种各样的运算，包括 SQL 查询、文本处理、机器学习等。而在 Spark 出现之前，一般需要学习使用各种各样的引擎来分别处理这些需求。

（4）支持多种资源管理器。

Spark 支持 Hadoop YARN、Apache Mesos，及其自带的独立集群管理器。

常见的 Spark 运行模式分为本地模式（Local）、独立模式（Standalone）、Spark On YARN、Spark On Mesos 和 Spark On K8S。

Local：运行该模式非常简单，所有计算都运行在一个线程当中，没有任何并行计算，通常作为测试使用。

Standalone：Spark 原生的简单集群管理器，自带完整的服务，可单独部署到一个集群中，无须依赖任何其他资源管理系统。使用 Standalone 可以很方便地搭建一个集群。

Spark On YARN：使用 YARN 作为底层资源调度系统，YARN 负责对运行在内部的计算框架进行资源调度管理。Spark 本身可以直接在 YARN 中运行，并接受 YARN 的调度。

Spark On Mesos：Mesos 是一种资源调度管理框架，可以为 Spark 提供服务。该模式中，Spark 程序所需要的各种资源，都由 Mesos 负责调度。

Spark On K8S：基于 Kubernetes 容器编排平台来部署和运行 Spark 应用的一种方式。

综上所述，Spark 是一个基于内存的大数据并行处理框架，是为大规模数据处理而设计的快速、通用的计算引擎。Spark 框架如图 2-2 所示。

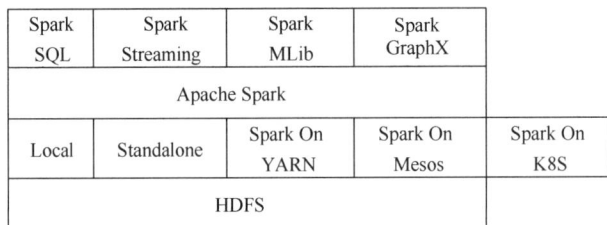

Spark SQL	Spark Streaming	Spark MLib	Spark GraphX	
Apache Spark				
Local	Standalone	Spark On YARN	Spark On Mesos	Spark On K8S
HDFS				

图 2-2　Spark 框架

Spark 使用了内存分布式数据集技术，除了能够提供交互式查询外，还提升了迭代工作负载的性能。在互联网领域，Spark 有快速查询、实时日志采集处理、业务推荐、定制广告、用户图计算等强大功能。国内外的一些大公司，例如 Google、阿里巴巴、英特尔、网易、科大讯飞等都有实际业务运行在 Spak 平台上。

扩展阅读

天河一号

中国国防科技大学研制的"天河一号"是我国首台千兆次超级计算机。"天河一号 A"（Tianhe-1A）在 2010 年 11 月 14 日举办的第 36 届全球超级计算机 TOP500 排行榜上排名第一。Tianhe-1A 采用"CPU+GPU"混合架构，峰值性能达 4.701 千万亿次，Linpack 性能达到 2.507 千万亿次。天河一号投入使用后，应用在航天、天气预报、气候预报、海洋环境模仿和监控雾霾天气等领域，并取得了显著成就。

项目小结

　　本项目首先介绍了Hadoop计算框架、Hadoop的产生与发展、Hadoop的特性、Hadoop版本变迁和Hadoop应用现状；接下来介绍了Hadoop生态系统，除了包括核心的HDFS和MapReduce以外，Hadoop生态系统还包括YARN、ZooKeeper、Hive、HBase等；最后介绍了Spark计算框架，包括Spark简介、Spark主要组件、Spark特点和Spark应用领域等。

项目考核

一、选择题

1. 以下（　　）组件不属于Hadoop生态圈。

　　A. MySQL　　　　　　B. Hive　　　　　　　C. HDFS　　　　　　　D. Sqoop

2. Hadoop 2.0与Hadoop 1.0的区别是（　　）。

　　A. 增加MapReduce　　　　　　　　　B. 增加YARN

　　C. 增加HDFS　　　　　　　　　　　　D. 增加容错机制

3. 以下（　　）不是Spark的特点。

　　A. 处理速度快　　　B. 运行模式多样　　　C. 易于使用　　　　D. 交互性

4. Spark运行模式不包含（　　）。

　　A. Local　　　　　　　　　　　　　　B. Standalone

　　C. Spark on YARN　　　　　　　　　　D. Spark on Hadoop

5. Hadoop组件不包括（　　）部分。

　　A. HDFS　　　　　　B. YARN　　　　　　C. MapReduce　　　D. RDD

二、判断题

1. Spark是基于缓存计算的大数据并行计算框架，可用于构建大型的、低延迟的数据分析应用程序。（　　）

2. 大数据处理速度快，但时效性要求却很低。（　　）

三、简答题

1. 试述Hadoop具有哪些特性。

2. 试述Hadoop生态系统以及每个组件的具体功能。

3. 试述Spark主要组件包括哪些。

项目三
搭建Hadoop集群

项目导读

Hadoop 分布式集群主要运行在 Linux 操作系统上，且 Hadoop 官方支持的运行平台也是 Linux 操作系统。Hadoop 运行模式包括单机模式、伪分布式模式和全分布式模式，本书介绍搭建全分布式集群。在实际的生产环境中，也通常采用全分布式集群。

本项目首先介绍安装 CentOS 7 操作系统，并且介绍克隆 CentOS 7，组成 3 个节点的计算机集群，然后配置虚拟机集群环境，最后搭建 Hadoop 全分布式集群，并启动 Hadoop 分布式集群。

项目目标

素质目标	知识目标	技能目标
➤ 通过对银河麒麟高级服务器操作系统 V10 的了解，熟悉高级服务器操作系统，体会我国科技自立自强。 ➤ 养成事前调研、做好准备工作的习惯。 ➤ 践行"奉献、互助、进步"的共享精神	➤ 了解 CentOS 7 操作系统及其克隆。 ➤ 了解大数据集群的常见模式。 ➤ 掌握 Hadoop 配置文件各个配置项的含义	➤ 掌握 CentOS 7 的安装和克隆。 ➤ 掌握静态 IP 地址的修改、主机名的修改，主机名和 IP 地址的绑定。 ➤ 掌握配置安全外壳（Secure Shell，SSH）免密登录的操作方法。 ➤ 掌握 Hadoop 分布式集群的搭建及启动，能独立完成 Hadoop 集群的搭建

课前学习

选择题

1. Linux下启动Hadoop集群的命令是（　　　）。

    A. hdfs   B. start dfs

    C. start-dfs.sh   D. start-dfs.cmd

2. Hadoop安装在一台计算机上，需修改相应的配置文件，用一台计算机模拟多台主机的集群为（　　　）模式。

    A. 全分布   B. 全分布HA

    C. 单机   D. 伪分布

任务一　安装 CentOS 7

📖 任务描述

　　Hadoop 集群需要 Linux 操作系统支持。本书采用在 Windows 10 操作系统上通过虚拟机安装 Linux 操作系统的方式搭建 Hadoop 集群，在实际的工作中，通常情况下会在物理机上或者云平台上搭建 Linux 服务器。本任务首先在 VMware Workstation 软件上创建虚拟机，并在虚拟机上安装 CentOS 7 操作系统并克隆；其次完成虚拟机集群环境的配置，包括虚拟机 IP 地址的修改、主机名的修改、主机名和 IP 地址的绑定、配置 SSH 免密登录；然后搭建 Hadoop 分布式集群；最后启动 Hadoop 分布式集群。

📖 知识链接

一、新建虚拟机

　　虚拟机（Virtual Machine）指通过软件模拟具有完整硬件系统功能、运行在完全隔离环境中的完整计算机系统，在实体计算机中能够完成的工作在虚拟机中基本都能够完成。在计算机中创建虚拟机时，需要将实体机的部分硬盘和内存作

微课 3-1　新建虚拟机

为虚拟机的硬盘和内存，每个虚拟机都有独立的硬盘、内存和操作系统，用户可以像使用实体机一样对虚拟机进行操作。

　　VMware Workstation 是一款功能强大的桌面虚拟计算机软件，支持用户在单一的桌面上同时运行不同的操作系统，以及进行开发、测试、部署新应用程序。VMware Workstation 可在一台实体计算机上模拟完整的网络环境。对企业的开发人员和系统管理员而言，VMware Workstation 在虚拟网络、实时快照、拖曳共享文件夹等方面的特点，使它成为必不可少的工具。

　　VMware Workstation 允许操作系统和应用程序在一台虚拟机内部运行。在 VMware Workstation 中，用户可以在一个窗口中加载一台虚拟机，运行自己的操作系统和应用程序；也可以在运行于桌面上的多台虚拟机之间切换，通过一个网络共享虚拟机，挂起和恢复虚拟机以及退出虚拟机。

扩展阅读

鲲鹏通用计算平台

　　鲲鹏通用计算平台提供基于鲲鹏处理器的 TaiShan 服务器、鲲鹏主板及开发套件。硬件厂商可以基于鲲鹏主板发展自有品牌的产品和解决方案，软件厂商可基于 openEuler 开源 OS 以及配套的数据库、中间件等平台软件发展应用软件和服务。鲲鹏开发套件可帮助开发者加速应用迁移和算力升级。鲲鹏通用计算平台适配各行业多样性计算、绿色计算需求，致力于打造最强算力平台。

　　在 VMware Workstation 中新建一个虚拟机，具体操作步骤如下。

　　① 运行 VMware Workstation，进入主界面，单击"创建新的虚拟机"来创建新虚拟机，如图 3-1 所示。

　　② 出现"欢迎使用新建虚拟机向导"界面，选择"典型（推荐）"选项，单击"下一步"按钮，如图 3-2 所示。

图 3-1　VMware Workstation 主界面

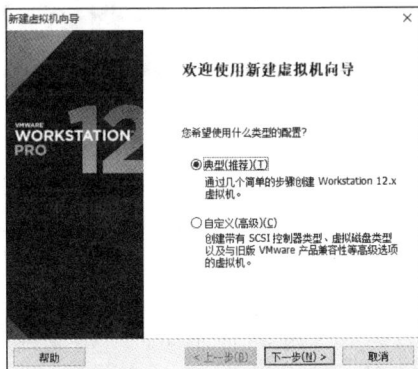

图 3-2　"欢迎使用新建虚拟机向导"界面

③ 出现"安装客户机操作系统"界面，选择"安装程序光盘镜像文件（iso）"选项，然后单击右侧的"浏览"按钮，找到并选择下载好的 CentOS 7 镜像文件，单击"下一步"按钮，如图 3-3 所示。

④ 出现"命名虚拟机"界面，可以在"虚拟机名称"下面的文本框中输入虚拟机的名称，在"位置"下面的文本框中指定虚拟机存放路径（单击右侧的"浏览"按钮，选择相应文件夹即可），单击"下一步"按钮，如图 3-4 所示。

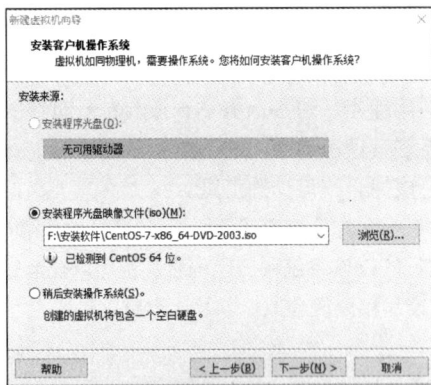

图 3-3　"安装客户机操作系统"界面

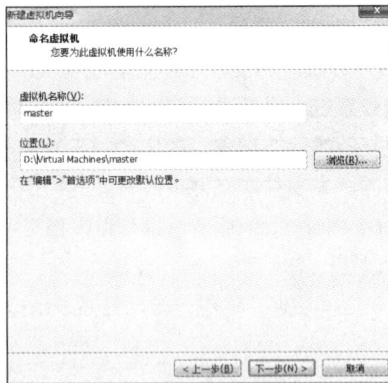

图 3-4　"命名虚拟机"界面

⑤ 出现"指定磁盘容量"界面，在其中可以指定磁盘容量大小，根据计算机实际配置情况设置磁盘容量大小，单击"下一步"按钮，如图 3-5 所示。

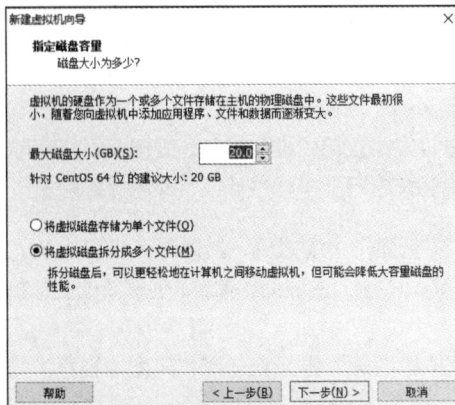

图 3-5　"指定磁盘容量"界面

此时虚拟机已经创建成功,接下来开始安装 CentOS 7。

二、安装 CentOS 7

CentOS 7 是一个企业级的 Linux 发行版本,源于 RedHat 免费公开的源代码。CentOS 7 内核于 2014 年已更新至 3.10.0。CentOS 7 支持 Linux 容器,支持 Open VMware Tools 及 3D 图像即装即用,支持 Open JDK-7 作为默认 JDK,支持内核空间内的 iSCSI 及 FCoE,支持 PTPv2 等功能。

微课 3-2 安装 CenOS 7

29

知识链接

CentOS 7 提供的各种安装镜像可用于在对应安装环境进行安装。如果不确定要使用哪个镜像,可选择 DVD 镜像。它允许选择要安装的组件,并包含可以从 GUI 安装程序中选择的所有软件包。

"Everything"版本镜像的大小是普通 DVD 版本镜像的两倍以上,并且在大多数常见安装中都不是必需的。使用"Everything"版本镜像不会在安装程序中提供更多选择软件包的选项。

若需要在桌面环境中使用实时媒体图像,可选择安装"Gnome"和"KDE"版本镜像。

"NetInstall"版本镜像可用于通过网络进行安装。使用"NetInstall"版本镜像引导计算机后,安装程序将询问应从何处获取要安装的软件包。

进入阿里云镜像网站,下载 CentOS 7 镜像文件,下载页面如图 3-6 所示。

新建虚拟机完成之后,将会自动开启此虚拟机。CentOS 7 的具体安装步骤如下。

① 进入 CentOS 7 安装界面,如图 3-7 所示。使用方向键上下移动光标,选择第一项"Install CentOS 7"。

图 3-6 CentOS 7 下载页面

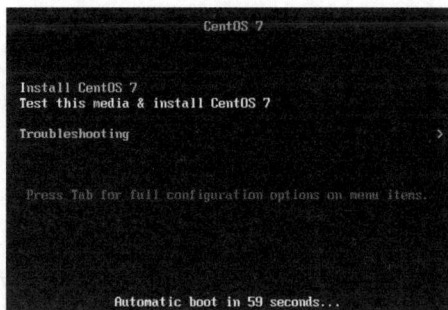

图 3-7 CentOS 7 安装界面

② 出现 CentOS 7 安装过程语言选择界面,如图 3-8 所示。在该界面选择相应语言,选择完成后单击"Continue"按钮继续进行安装。

此时会出现"INSTALLATION SUMMARY"即安装总览界面,以完成 CentOS 7 的设置。

首先,设置时区(DATE & TIME),在"Region"对应的下拉列表框中选择"Asia",在"City"对应的下拉列表框中选择"Shanghai",选择完成之后,单击"Done"按钮,完成时区设置。设置时区的界面如图 3-9 所示。

其次,设置键盘信息,在"KEYBOARD"界面选择默认的"English(US)"即可。设置键盘信息界面如图 3-10 所示。

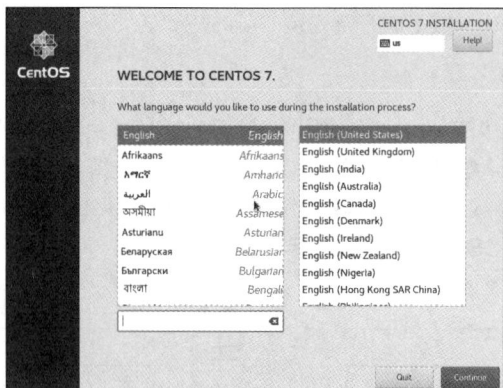

图 3-8　CentOS 7 安装过程语言选择界面

图 3-9　设置时区界面

图 3-10　设置键盘信息界面

　　再次，设置语言信息，在"LANGUAGE SUPPORT"界面选择默认的"English（United States）"即可。语言信息设置界面如图 3-11 所示（若希望设置为其他语言，也可进入图 3-12 所示的语言选择界面进行设置）。

图 3-11　语言信息设置界面

图 3-12　语言选择界面

　　又次，进入"INSTALLATION SOURCE"（安装资源）界面，使用默认选项即可。安装资源界面如图 3-13 所示。

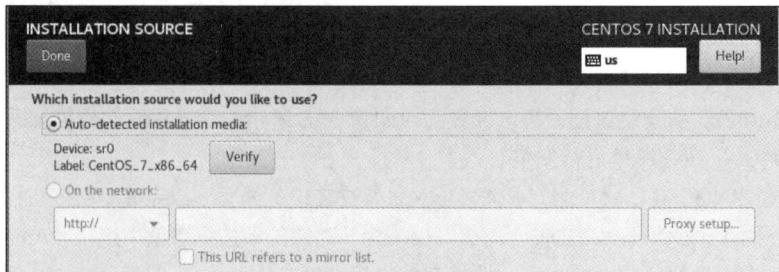

图 3-13　安装资源界面

　　最后，进入"SOFTWARE SELECTION"（软件安装选择）界面，这里选择"Minimal Install"选项或者"Basic Web Server"选项即可。软件安装选择界面如图 3-14 所示。

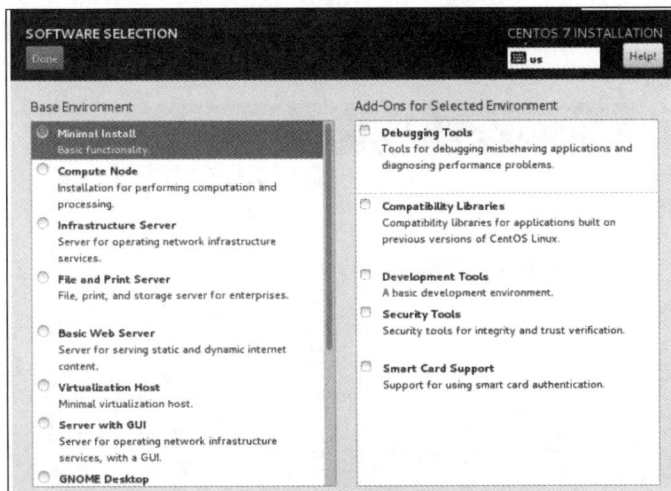

图 3-14　软件安装选择界面

知识拓展

如果安装图形界面，则需要选择"Server with GUI"或者"GNOME Desktop"选项。字符界面的 CentOS 7 与图形界面的 CentOS 7 安装过程相同，只在这一步有区别。

③ 进入"INSTALLATION DESTINATION"（安装位置）界面，根据需求可以进行系统分区操作，也可以选择默认分区，此处采用手动分区方式安装。

首先，在创建虚拟机时创建 20G 虚拟硬盘，找到"Other Storage Options"，在"Partitioning"处选择"I will configure partitioning."选项进行自定义分区，选择完成之后单击"Done"按钮。如果使用默认分区，则需要选择"Automatically configure partitioning."选项。安装位置界面如图 3-15 所示。

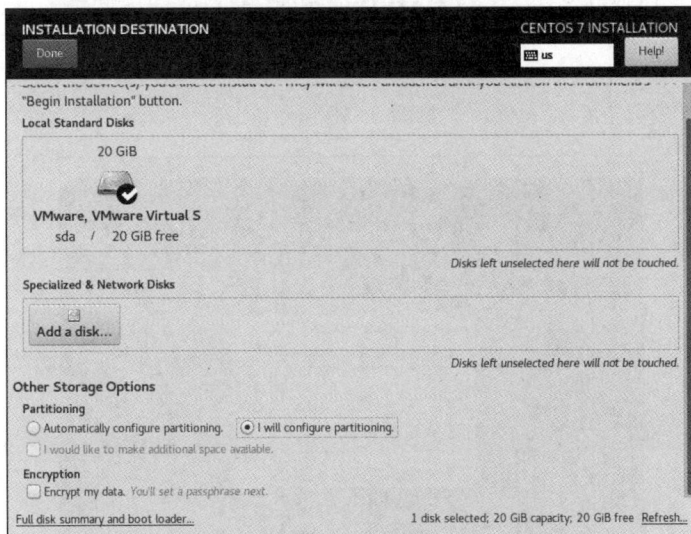

图 3-15　安装位置界面

其次，选择"Standard Partition"（标准分区），然后单击左下角的"+"按钮添加分区。标准分区选择界面如图 3-16 所示。

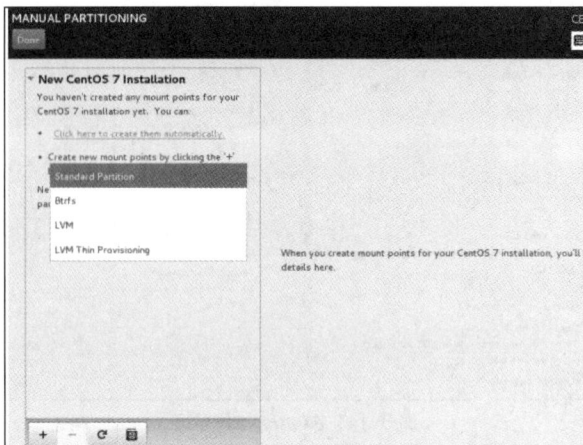

图 3-16　标准分区选择界面

再次，进行分区，选择"Standard Partition"，然后添加挂载点（Mount Point）。此时需要创建 boot 分区、swap 交换分区、根分区。

boot 分区主要用来存放启动文件，如图 3-17 所示。

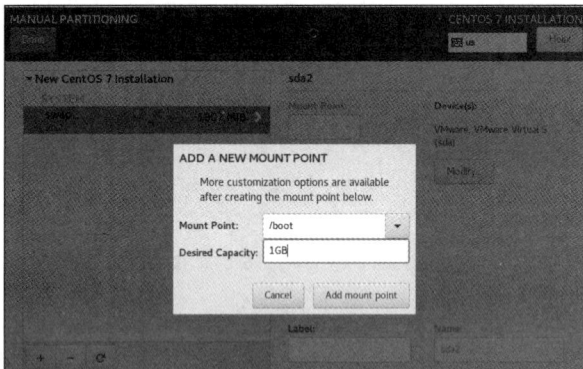

图 3-17　boot 分区

划分交换分区（交换空间）"swap"，如图 3-18 所示。

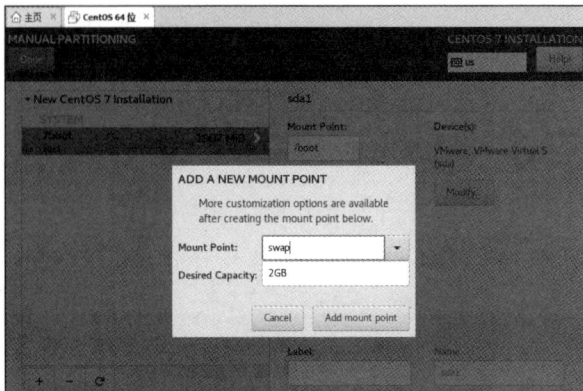

图 3-18　swap 分区

所有空间给"/"（根分区），如图 3-19 所示。

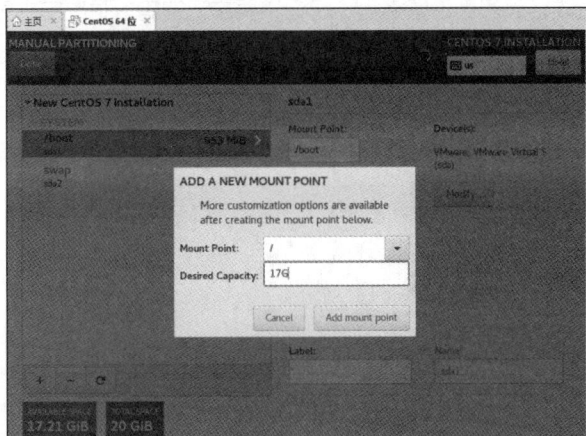

图 3-19　根分区

④ 打开"SUMMARY OF CHANGES"界面，单击"Accept Changes"按钮。手动分区界面如图 3-20 所示。

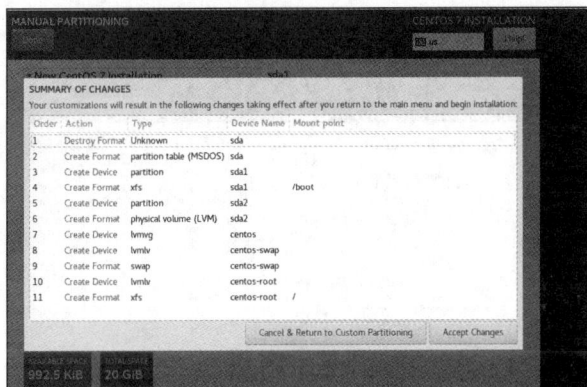

图 3-20　手动分区界面

⑤ 进入安装界面，正式开始安装。安装界面如图 3-21 所示。

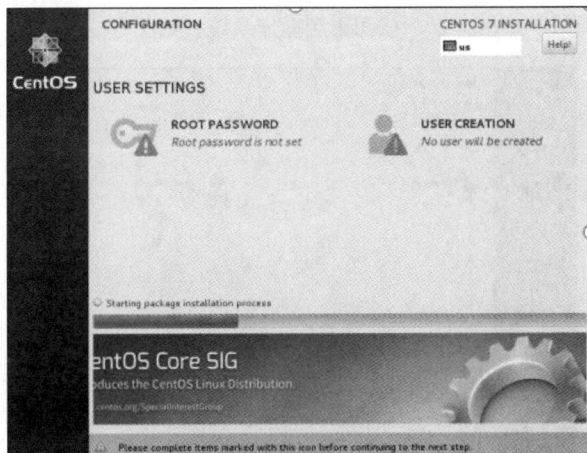

图 3-21　安装界面

⑥ 在安装过程中，会出现用户设置界面，此时可以为 root 用户设置密码，单击"ROOT PASSWORD"，进入更改密码界面设置密码，切记不要忘记密码。更改密码界面如图 3-22 所示。

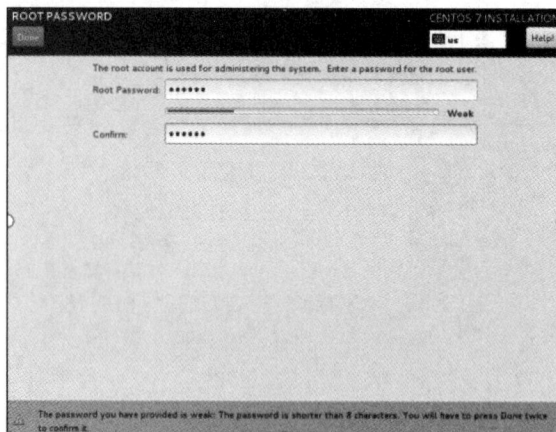

图 3-22　更改密码界面

⑦ 在安装过程中，可以单击"USER CREATION"创建一个新用户。创建新用户界面如图 3-23 所示。

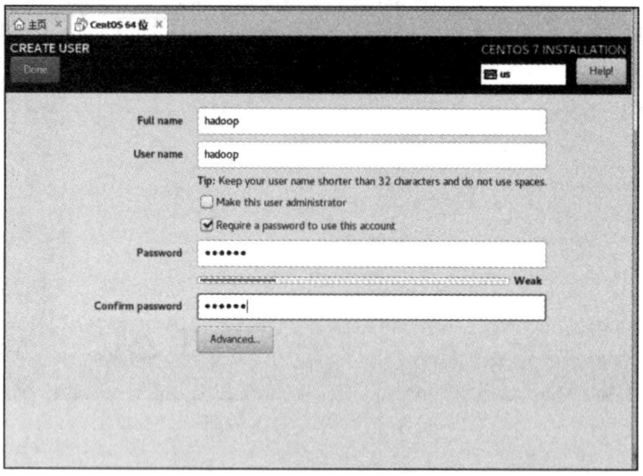

图 3-23　创建新用户界面

⑧ 安装完成之后，单击"Reboot"按钮重启操作系统，如图 3-24 所示。

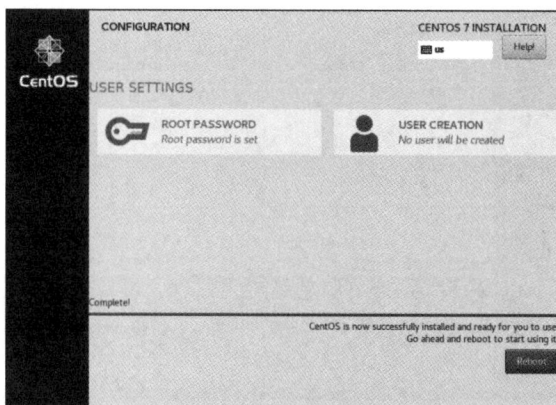

图 3-24　安装完成

⑨ 重启完成之后，即可进入登录界面，在该界面中输入用户名和密码即可登录到系统。CentOS 7 登录界面如图 3-25 所示。

图 3-25 CentOS 7 登录界面

扩展阅读

银河麒麟

银河麒麟（KylinOS）原是在"863 计划"和国家核高基科技重大专项支持下，由国防科技大学研发的操作系统，后由国防科技大学将品牌授权给天津麒麟，天津麒麟在 2019 年与中标软件合并为麒麟软件有限公司，继续研制以 Linux 为内核的操作系统。银河麒麟是优麒麟（Ubuntu Kylin）的商业发行版，使用 UKUI 桌面。

银河麒麟高级服务器操作系统 V10 是针对企业级关键业务，适应虚拟化、云计算、大数据、工业互联网时代对主机系统可靠性、安全性、性能、扩展性和实时性等的需求，依据 CMMI5 级标准研制的提供内生本质安全、云原生支持、自主平台深入优化、高性能、易管理的新一代自主服务器操作系统，同源支持飞腾、鲲鹏、龙芯、申威、海光、兆芯等自主平台，应用于政府、金融、教育、财税、公安、审计、交通、医疗、制造等领域。基于银河麒麟高级服务器操作系统，用户可轻松构建数据中心、高可用集群和负载均衡集群、虚拟化应用服务、分布式文件系统等，并实现对虚拟数据中心的跨物理系统管理，对虚拟机集群进行统一的监控和管理。银河麒麟高级服务器操作系统支持云原生应用，满足企业当前数据中心及下一代的虚拟化（含 Docker 容器）、大数据、云服务需求，为用户提供融合、统一、自主创新的基础软件平台及灵活的管理服务。

三、克隆虚拟机

前文介绍了安装 CentOS 7 操作系统，而本书搭建分布式 Hadoop 集群，需要 3 个节点，因此，需要安装 3 个 CentOS 7 操作系统。为了减少安装次数、提高安装效率，可以采用克隆虚拟机的方式，具体操作步骤如下。

微课 3-3 克隆虚拟机

① 关闭要被克隆的虚拟机。

② 右击待克隆的虚拟机，在弹出的菜单中选择"管理"命令，然后选择"克隆"命令，如图 3-26 所示。

③ 在弹出的"克隆虚拟机向导"界面，选中"虚拟机中的当前状态"选项，单击"下一步"按钮，选中"创建完整克隆"选项。"克隆虚拟机向导"界面如图 3-27 所示。

图 3-26 选择"克隆"命令

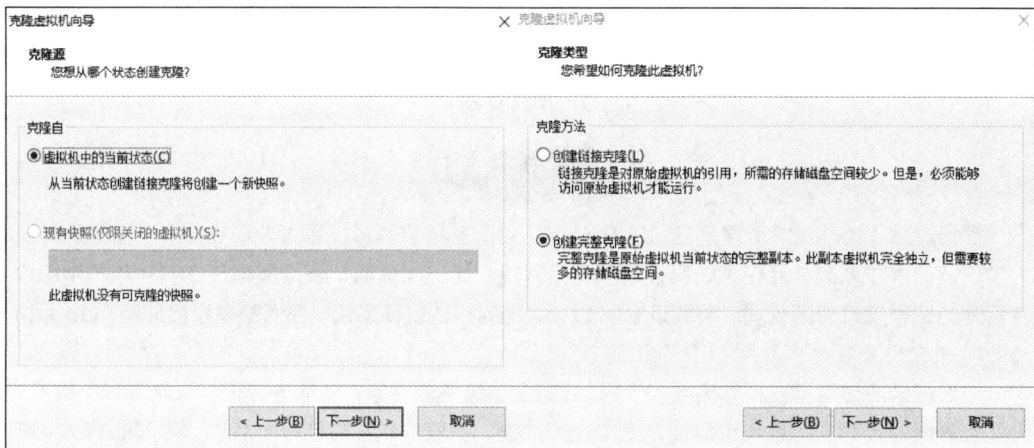

图 3-27 "克隆虚拟机向导"界面

④ 根据实际需求设置克隆的虚拟机的名称和存储位置，如图 3-28 所示。

⑤ 单击"完成"按钮，出现"正在克隆虚拟机"界面，如图 3-29 所示。

图 3-28 设置克隆的虚拟机的名称和存储位置

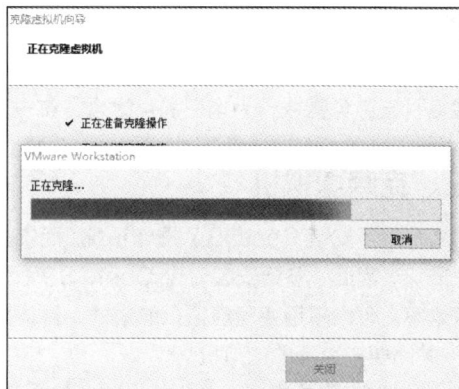

图 3-29 "正在克隆虚拟机"界面

⑥ 虚拟机克隆完成后，克隆的虚拟机与原虚拟机的介质访问控制（Medium Access Control，MAC）地址相同，会导致节点之间网络不通。为了保证节点之间网络相通，需要修改克隆的虚拟机的

MAC 地址。选中"网络适配器"，单击"高级"按钮，出现"网络适配器高级设置"对话框，单击"生成"按钮，会生成新的 MAC 地址，单击"确定"按钮即可应用新的 MAC 地址，如图 3-30 所示。

图 3-30 修改 MAC 地址

使用同样的方法再克隆一台虚拟机，即可准备好所需要的 3 个节点。

任务二 配置虚拟机集群环境

📋 任务描述

安装好 CentOS 7 操作系统后，需要对系统进行环境配置，以方便后续轻松搭建 Hadoop 集群。本任务将先对 CentOS 7 操作系统进行环境配置（包括设置静态 IP 地址、修改主机名等），然后对集群中的 3 个节点绑定主机名和 IP 地址、配置 SSH 免密登录。

📖 知识链接

一、设置静态 IP 地址

在默认情况下，CentOS 7 操作系统安装成功之后，IP 地址是动态 IP 地址。为了避免 IP 地址发生改变导致集群的节点之间不能够正常访问的情况发生，需要把动态 IP 地址设置成静态 IP 地址。

微课 3-4 设置静态
IP 地址

操作步骤如下。

① 切换到/etc/sysconfig/network-scripts/目录，命令如下所示。

```
cd /etc/sysconfig/network-scripts/
```

② 打开该目录下的 ifcfg-ens33 文件，命令如下所示。

```
vi ifcfg-ens33
```

③ 修改 ifcfg-ens33 文件中的内容，默认情况下是动态 IP 地址,需要静态 IP 地址,则将 BOOTPROTO 的值改为 static；需要开机时启动网卡，将 ONBOOT 的值改为 yes；需要添加网络配置信息，包括静态 IP 地址参数 IPADDR、网关参数 GATEWAY、子网掩码参数 NETMASK、DNS 配置参数 DNS1。修改内容如下，其中，斜体字部分为修改内容。

```
TYPE=Ethernet
PROXY_METHOD=none
BROWSER_ONLY=no
BOOTPROTO=static
```

```
DEFROUTE=yes
IPV4_FAILURE_FATAL=no
IPV6INIT=yes
IPV6_AUTOCONF=yes
IPV6_DEFROUTE=yes
IPV6_FAILURE_FATAL=no
IPV6_ADDR_GEN_MODE=stable-privacy
DEVICE=ens33
NAME=ens33
ONBOOT=yes
IPADDR=192.168.11.128
GATEWAY=192.168.11.2
NETMASK=255.255.255.0
DNS1=192.168.11.2
```

上述配置文件中，NETMASK=255.255.255.0 也可以写成 PREFIX=24。

④ 网卡信息修改完成后，保存并退出 Vi 编辑器，重新启动网络服务使修改的内容生效，命令如下所示。

```
systemctl restart network
```

⑤ 网卡重启完成后，可以查看网络配置信息，命令如下所示。

```
ip addr show
```

知识拓展

IP 地址需要根据实际情况进行修改，以避免出现节点之间网络不通的情况，具体步骤如下。

① 查看虚拟网络。

打开虚拟机中的"编辑"菜单，选中"虚拟网络编辑器"选项，如图 3-31 所示。

② 查看 IP 地址网段。

查看虚拟机 IP 地址网段，如图 3-32 所示。

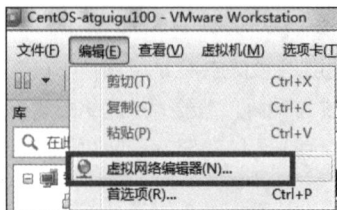
图 3-31　查看虚拟网络

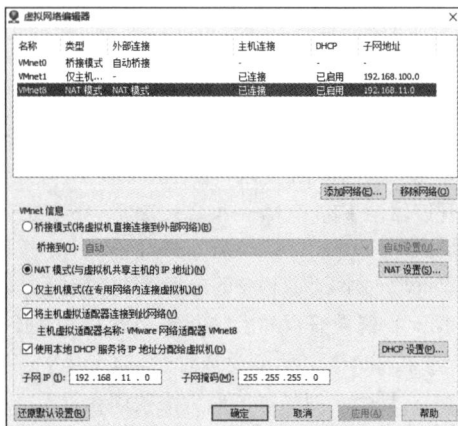
图 3-32　查看 IP 地址网段

静态 IP 地址网段要与虚拟机中的子网 IP 保持一致。例如，前文设置参数 IPADDR 的值为 192.168.11.128，其中"192.168.11"要与图 3-32 中的"子网 IP"保持一致。

另外两个节点 IP 地址的配置与上述过程类似，不同之处是只需要修改 ifcfg-ens33 文件中的 IP 地址，将“IPADDR”修改为同一个网段的其他 IP 地址即可。其中一个节点修改为如下。

```
IPADDR=192.168.11.129
```

另一个节点修改为如下。

```
IPADDR=192.168.11.130
```

3 个节点的 IP 地址修改完成之后，使用 ping 命令测试 3 个节点之间网络是否互通。

在 192.168.11.128 节点上执行如下命令。

```
ping 192.168.11.129
ping 192.168.11.130
```

在 192.168.11.129 节点上执行如下命令。

```
ping 192.168.11.128
ping 192.168.11.130
```

在 192.168.11.130 节点上执行如下命令。

```
ping 192.168.11.128
ping 192.168.11.129
```

在 192.168.11.130 主机上，使用 ping 命令来测试其与 192.168.11.128 和 192.168.11.129 是否互通，若节点之间网络互通，会出现图 3-33 所示的信息。

```
[root@localhost network-scripts]# ping 192.168.11.128
PING 192.168.11.128 (192.168.11.128) 56(84) bytes of data.
64 bytes from 192.168.11.128: icmp_seq=1 ttl=64 time=0.254 ms
64 bytes from 192.168.11.128: icmp_seq=2 ttl=64 time=4.52 ms
64 bytes from 192.168.11.128: icmp_seq=3 ttl=64 time=0.231 ms
^C
--- 192.168.11.128 ping statistics ---
3 packets transmitted, 3 received, 0% packet loss, time 2003ms
rtt min/avg/max/mdev = 0.231/1.671/4.528/2.020 ms
[root@localhost network-scripts]# ping 192.168.11.129
PING 192.168.11.129 (192.168.11.129) 56(84) bytes of data.
64 bytes from 192.168.11.129: icmp_seq=1 ttl=64 time=0.250 ms
64 bytes from 192.168.11.129: icmp_seq=2 ttl=64 time=0.284 ms
64 bytes from 192.168.11.129: icmp_seq=3 ttl=64 time=0.248 ms
64 bytes from 192.168.11.129: icmp_seq=4 ttl=64 time=0.493 ms
^C
--- 192.168.11.129 ping statistics ---
4 packets transmitted, 4 received, 0% packet loss, time 3006ms
rtt min/avg/max/mdev = 0.248/0.318/0.493/0.103 ms
[root@localhost network-scripts]# _
```

图 3-33　节点之间网络互通

课外拓展

IP 地址配置完成之后，可以使用 Xshell 进行远程连接。

Xshell 是一个强大的安全终端模拟软件。它支持 SSH1、SSH2，以及 Microsoft Windows 平台的 TELNET 协议。Xshell 可通过互联网和远程主机进行安全连接，以创新的设计和特色帮助用户在复杂的网络环境中完成工作。

Xshell 可以在 Windows 界面下用来访问远端不同系统下的服务器，从而比较好地达到远程控制终端的目的。除此之外，Xshell 还有丰富的外观配色方案以及样式可供选择。

使用 Xshell 远程连接 192.168.11.128 节点的操作步骤如下。

① 双击 Xshell 软件，在“会话”界面中单击“新建”按钮，如图 3-34 所示。

② 在"新建会话属性"界面中，输入主机 IP 地址或者主机名称，然后单击"确定"按钮，如图 3-35 所示。

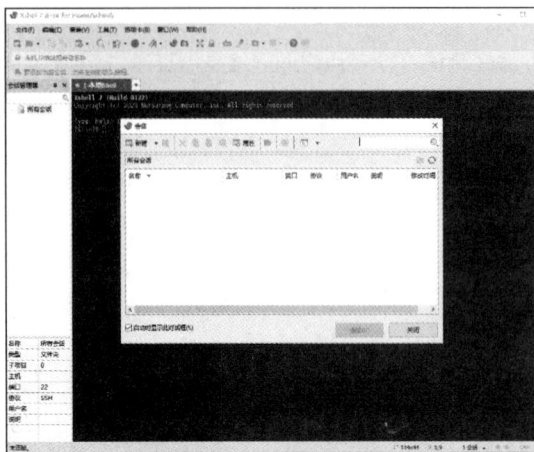

图 3-34 "会话"界面

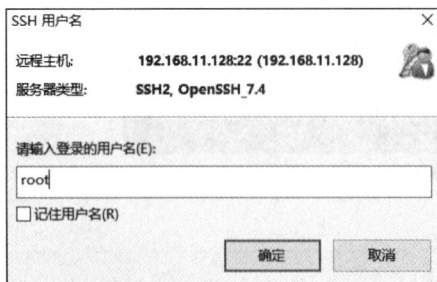

图 3-35 "新建会话属性"界面

③ 在"SSH 用户名"界面输入用户名，然后单击"确定"按钮，如图 3-36 所示。

④ 在"SSH 用户身份验证"界面输入密码，然后单击"确定"按钮，如图 3-37 所示。

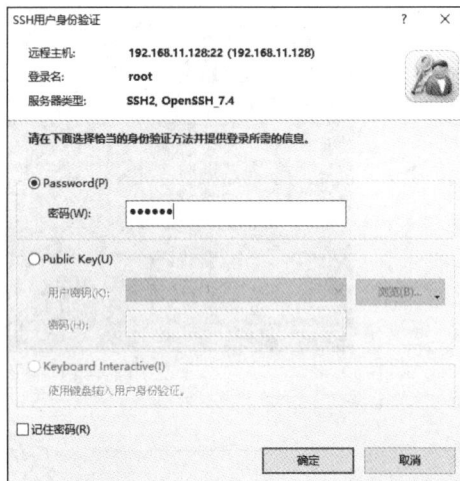

图 3-36 "SSH 用户名"界面

图 3-37 "SSH 用户身份验证"界面

二、修改主机名

在分布式集群中，为了区分不同的节点，方便节点之间相互访问，通常要修改主机名。

1. 修改 IP 地址为 192.168.11.128 的节点的主机名

① 修改主机名的配置文件位于/etc 目录下，文件名为 hostname。打开 /etc/hostname 文件，命令如下所示。

```
vi /etc/hostname
```

② 在该文件中删除原来的主机名，添加要修改的主机名 master，添加内容如下。

```
master
```

微课 3-5 修改
主机名、绑定主机名
和 IP 地址

③ 保存并退出/etc/hostname 文件，并且使用 reboot 命令重启以使修改生效。

2. 修改 IP 地址为 192.168.11.129 的节点的主机名

① 修改主机名的配置文件位于/etc 目录下，文件名为 hostname。打开/etc/hostname 文件，命令如下所示。

```
vi /etc/hostname
```

② 在该文件中删除原来的主机名，添加要修改的主机名 slave1，添加内容如下。

```
slave1
```

③ 保存并退出/etc/hostname 文件，并且使用 reboot 命令重启以使修改生效。

3. 修改 IP 地址为 192.168.11.130 的节点的主机名

① 修改主机名的配置文件位于/etc 目录下，文件名为 hostname。打开/etc/hostname 文件，命令如下所示。

```
vi /etc/hostname
```

② 在该文件中删除原来的主机名，添加要修改的主机名 slave2，添加内容如下。

```
slave2
```

③ 保存并退出/etc/hostname 文件，并且使用 reboot 命令重启以使修改生效。

> **提示**
>
> 使用"hostname 主机名"命令也能够实现主机名的修改，但使用该命令修改后的主机名在重启系统之后会失效，该方法属于临时修改主机名。

三、绑定主机名和 IP 地址

集群之间各个节点需要相互访问，如果每一次访问都使用 IP 地址，由于 IP 地址不便于记忆，那么操作起来不方便。通过绑定集群中各个节点的主机名和 IP 地址，可解决使用 IP 地址访问带来的麻烦，以方便使用主机名来相互访问。在 IP 地址为 192.168.11.128 的节点上绑定主机名和 IP 地址的操作步骤如下。

① 打开/etc/hosts 文件，命令如下所示。

```
vi /etc/hosts
```

在该文件末尾添加如下内容。

```
192.168.11.128 master
192.168.11.129 slave1
192.168.11.130 slave2
```

编辑/etc/hosts 文件内容的界面如图 3-38 所示。

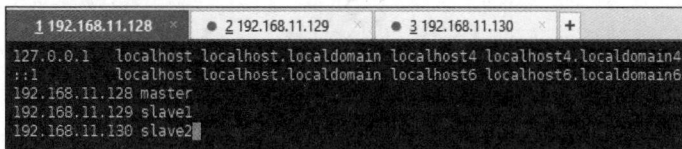

图 3-38 编辑/etc/hosts 文件内容的界面

在另外两个节点上绑定主机名和 IP 地址时不需要在每一个节点上修改/etc/hosts 文件，只需要使用 scp 命令将已经配置好的/etc/hosts 文件复制到另外两个节点上，命令如下所示。

```
scp -r /etc/hosts root@192.168.11.129:/etc/hosts
scp -r /etc/hosts root@192.168.11.130:/etc/hosts
```

② 3 个节点都配置完成后，使用如下命令测试 3 个节点之间网络是否互通。

在 master 节点上执行如下命令。

```
ping slave1
ping slave2
```

在 master 主机上，使用 ping 命令来测试其与 slave1 和 slave2 是否互通，节点之间若网络互通，会出现图 3-39 所示信息。

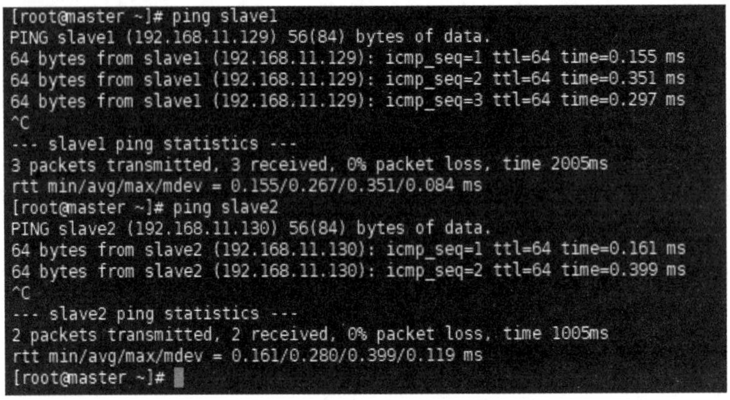

```
[root@master ~]# ping slave1
PING slave1 (192.168.11.129) 56(84) bytes of data.
64 bytes from slave1 (192.168.11.129): icmp_seq=1 ttl=64 time=0.155 ms
64 bytes from slave1 (192.168.11.129): icmp_seq=2 ttl=64 time=0.351 ms
64 bytes from slave1 (192.168.11.129): icmp_seq=3 ttl=64 time=0.297 ms
^C
--- slave1 ping statistics ---
3 packets transmitted, 3 received, 0% packet loss, time 2005ms
rtt min/avg/max/mdev = 0.155/0.267/0.351/0.084 ms
[root@master ~]# ping slave2
PING slave2 (192.168.11.130) 56(84) bytes of data.
64 bytes from slave2 (192.168.11.130): icmp_seq=1 ttl=64 time=0.161 ms
64 bytes from slave2 (192.168.11.130): icmp_seq=2 ttl=64 time=0.399 ms
^C
--- slave2 ping statistics ---
2 packets transmitted, 2 received, 0% packet loss, time 1005ms
rtt min/avg/max/mdev = 0.161/0.280/0.399/0.119 ms
[root@master ~]#
```

图 3-39　节点之间网络互通

在 slave1 节点上执行如下命令。

```
ping master
ping slave2
```

在 slave2 节点上执行如下命令。

```
ping master
ping slave1
```

课外拓展

Linux 操作系统中的 scp（secure copy）命令用于以安全方式在服务器之间复制文件，是基于 SSH 登录进行的安全的远程文件复制命令。使用 scp 命令或安全副本，用户可以在本地主机和远程主机之间或两个远程主机之间安全地传输文件。scp 使用与 SSH 协议相同的身份验证。scp 以其简单性、安全性和预安装的可用性而闻名。

知识拓展

IP 地址不便于记忆，那么在 Xshell 中，如何使用主机名称（如 master）进行远程连接呢？

在 Xshell 中，使用主机名称进行远程连接需要修改 Windows 操作系统中的配置文件，对应的配置文件位于 C:\Windows\System32\drivers\etc 文件夹内。该文件夹内有一个名为 hosts 的文件，打开该文件，在其中加入 IP 地址与主机名的对应关系，例如"192.168.11.128 master"。

四、配置 SSH 免密登录

大数据集群的节点之间需要频繁通信，但 Linux 操作系统在相互通信中需要验证用户身份，即输入登录密码。为了使 Hadoop 各节点之间能够免密相互访问，相互信任，无阻碍通信，可以为各节点配置 SSH 免密登录。配置免密后，执行 ssh 或者 scp 命令时不需要输密码，方便快捷。

集群安装完成后，通常在其中一个节点上执行启动集群命令来启动整个集群，然后脚本会 ssh 到各个从节点上来执行启动命令。如果没有配置免密，那么启停集群时要手动输入很多密码，这是"致命"的。

操作步骤如下。

① 分别在 3 个节点上生成密钥文件。分别在 master、slave1 和 slave2 3 个节点上执行如下命令。

```
ssh-keygen
```

生成密钥界面如图 3-40 所示。

图 3-40　生成密钥界面

微课 3-6　配置 SSH 免密登录

执行 ssh-keygen 命令时，会要求确认密钥文件的存储位置（SSH 密钥默认存储在~/.ssh 目录中），输入并确认私钥的密码即可，也可以直接按"Enter"键，表示将私钥密码留空。生成的 id_rsa 是本机的私钥文件，id_rsa.pub 是本机的公钥文件。

② 分别在 master、slave1 和 slave2 节点上执行以下命令，该命令用于将自身的公钥信息复制并追加到全部节点的授权文件 authorized_keys 中。

```
ssh-copy-id master
ssh-copy-id slave1
ssh-copy-id slave2
```

③ 分别在 master、slave1 和 slave2 节点上执行以下命令来测试 SSH 免密登录。

在 master 节点上执行如下命令。

```
ssh slave1
ssh slave2
```

在 slave1 节点上执行如下命令。

```
ssh master
ssh slave2
```

在 slave2 节点上执行如下命令。

```
ssh master
ssh slave1
```

ssh 免密登录测试界面如图 3-41 所示。

图 3-41　ssh 免密登录测试界面

因为免密登录的处理是用户对用户的，如果其他用户也想实现 ssh 免密登录，需要为相应用户重新配置 ssh 免密登录。配置 ssh 免密登录之后，每个节点的 authorized_keys 文件中都包含 3 个节点的公钥信息，因此，3 个节点之间能够实现 ssh 免密登录。也就是说，在集群中的每一个节点上都可以实现 ssh 免密登录到其他节点。

任务三　搭建 Hadoop 分布式集群

任务描述

本任务将在虚拟机上搭建 Hadoop 分布式集群。Hadoop 是一种分布式数据和计算的框架，擅长存储大量半结构化的数据集。Hadoop 也非常擅长分布式计算，可快速地跨多台计算机处理大型数据集合。

知识链接

Hadoop 集群的部署方式分为单机模式、伪分布式模式和全分布式模式。

* 单机模式：在该模式下，无须运行任何守护进程，所有的程序都在单个 Java 虚拟机（Java Virtual Machine，JVM）上执行。独立模式下调试 Hadoop 集群的 MapReduce 程序非常方便，所以通常情况下，该模式在学习或者开发阶段调试使用，是使用较少的一种模式。

* 伪分布式模式：Hadoop 程序的守护进程运行在一台主机节点上，通常使用伪分布式模式来调试 Hadoop 分布式程序的代码，以及判断程序执行是否正确。伪分布式模式是全分布式模式的一个特例。

* 全分布式模式：Hadoop 的守护进程分别运行在由多个主机搭建的集群上，不同节点担任不同的角色。在实际工作应用开发中，通常使用该模式构建企业级 Hadoop 系统。

在 Hadoop 集群环境中，所有服务器节点仅划分为两种角色，分别是一个 master 节点（主节点）和多个 slave 节点（从节点）。因此，伪分布模式是全分布式模式的特例，只是将主节点和从节点合二为一。

一、安装 JDK

Hadoop 平台是基于 Java 开发的，严格依赖于 Java 开发环境，因此，在安装 Hadoop 之前需要安装 Java 开发工具包（Java Development Kit，JDK）。本书中的 JDK 选取 8u211 版本。JDK 安装步骤如下所示。

① 下载 jdk-8u211-linux-x64.tar.gz。

② 将下载的 JDK 安装包 jdk-8u211-linux-x64.tar.gz 传到虚拟机 master 的/root 目录下。将 Windows 操作系统上的文件传到 Linux 操作系统上有多种方法，可以使用 Xshell 的文件传输功能，也可以使用其他软件的传输功能，本书中使用 Xshell 的文件传输功能。

微课 3-7　安装 JDK

课外拓展

使用 Xshell 的文件传输功能将 JDK 安装包传输到虚拟机 master 节点的步骤如下所示。

① 选择 Xshell 的文件传输功能，Xshell 主界面如图 3-42 所示，单击红色框中的按钮。

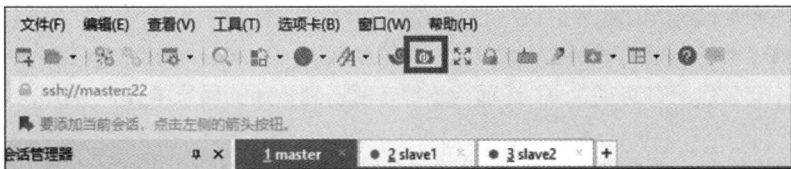

图 3-42　Xshell 主界面

② 此时将进入"Xftp"界面，单击"取消"按钮，如图 3-43 所示。

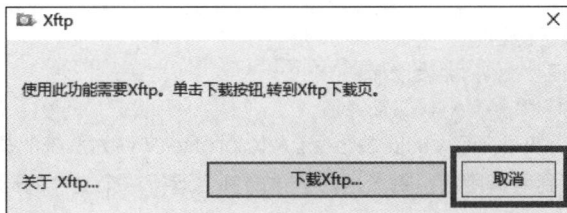

图 3-43　"Xftp"界面

③ 将 JDK 安装包拖到文件传输窗口即可实现传输功能，如图 3-44 所示。

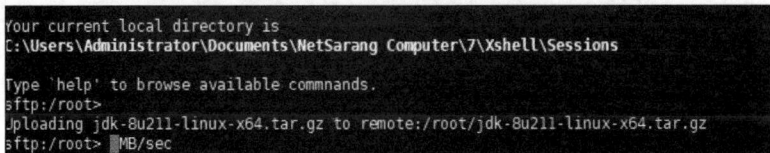

图 3-44　Xshell 文件传输窗口

④ 此时可以查看 JDK 安装包是否传输成功，使用 ls 命令查看，若存在 JDK 安装包，则表示传输成功，如图 3-45 所示。

图 3-45　查看 JDK 安装包是否传输成功

知识拓展

WinSCP 是一款在 Windows 环境下使用的、基于 SSH 的开源文件上传客户端，同时支持 SFTP、SCP、FTP 等协议，用户可非常方便地使用拖曳操作。同时 WinSCP 也支持批处理脚本及命令行方式操作，支持 SSL/TLS、SSL、TLS 等加密方式。WinSCP 还内置了文本编辑器，可方便进行文本编辑。在操作界面上有两种选择，一种是针对习惯于 Windows 操作系统的用户而设置的 Windows Explorer 界面；另一种采用了类似 Norton Commander（NC）的界面，对于那些熟悉 NC 的用户，这种操作界面更为方便。

SSH 是建立在应用层和传输层基础上的安全协议。SSH 协议是可靠的、专为远程登录会话和其他网络服务提供安全性的协议。

③ 在虚拟机 master 上安装 JDK，安装过程就是解压的过程，解压命令如下所示。

```
tar -zxvf /usr/local/src/jdk-8u211-linux-x64.tar.gz -C /usr/local/src
```

上述命令中，tar 为解压命令，-zxvf 为解压参数，/usr/local/src/jdk-8u211-linux-x64.tar.gz 为 JDK 安装包所在路径，-C 选项用于指定解压到特定的目录中去，/usr/local/src 为解压到的目录。

④ 为方便配置 JDK 系统环境变量，可以修改 JDK 安装目录名，命令如下所示。

```
mv /usr/local/src/jdk-1.8.0 /usr/local/src/jdk
```

⑤ 配置 JDK 系统环境变量，打开文件/etc/profile，命令如下所示。

```
vi /etc/profile
```

在文件的末尾添加如下内容。

```
export JAVA_HOME=/usr/local/src/jdk
export PATH=$PATH:$JAVA_HOME/bin
```

其中，/usr/local/src/jdk 为 JDK 的安装路径。/etc/profile 文件为系统的每个用户设置环境变量信息，此文件的修改会影响到所有用户，每个用户登录时都会运行这个文件的环境变量设置。

> **提示**
>
> export PATH=$PATH:$JAVA_HOME/bin 中的=两边没有空格，$PATH不能省略。

⑥ /etc/profile 文件配置完成之后，需要使修改的内容生效，命令如下所示。

```
source /etc/profile
```

⑦ 验证 JDK 是否安装成功，执行 java -version 命令，如果出现如下所示的版本信息，则表示安装成功。

```
java version "1.8.0_211"
Java(TM) SE Runtime Environment (build 1.8.0_211-b12)
Java HotSpot(TM) 64-Bit Server VM (build 25.211-b12, mixed mode)
```

⑧ 复制整个 JDK 安装目录到另外两个节点，命令如下所示。

```
scp -r /usr/local/src/jdk root@slave1:/usr/local/src
scp -r /usr/local/src/jdk root@slave2:/usr/local/src
```

⑨ 复制/etc/profile 文件到另外两个节点，命令如下所示。

```
scp -r /etc/profile root@slave1:/etc/profile
scp -r /etc/profile root@slave2:/etc/profile
```

⑩ 在 slave1 和 slave2 节点上刷新/etc/profile 文件，以使修改的内容生效，命令如下所示。

```
source /etc/profile
```

⑪ 验证 slave1 和 slave2 节点上的 JDK 是否安装成功，执行 java -version 命令，如果出现版本信息，则表示安装成功。

知识拓展

本书中使用 3 个节点，实际生产环境集群可能会有成千上万个节点，如果逐个节点复制较为烦琐，有没有一种方法能够快速批量复制呢？

可以使用 Shell 脚本实现批量分发 JDK 安装包，具体操作如下。

① 在/root 目录下创建 Shell 脚本文件，命令如下所示。

```
vi copy.sh
```

② 在 copy.sh 脚本文件中添加如下内容。

```
#!/bin/bash
for host in {1..2}
    do
            scp -r /usr/local/src/jdk   root@slave$host:/usr/local/src/
    done
```

③ 执行该脚本，命令如下所示。

```
sh /root/copy.sh
```

执行完脚本即可达到批量分发的目的。

二、安装与配置 Hadoop

JDK 安装成功之后，接下来搭建 Hadoop 分布式集群。本书使用的 Hadoop 版本为 2.9.2。Hadoop 分布式集群部署规划如表 3-1 所示。

表 3-1　Hadoop 分布式集群部署规划

	master	slave1	slave2
HDFS	NameNode DataNode	SecondaryNameNode DataNode	DataNode

1. 安装 Hadoop

① 在 Hadoop 官网上下载 hadoop-2.9.2.tar.gz 安装包。

② 使用 Xshell 软件的传输功能，将下载的 hadoop-2.9.2.tar.gz 安装包传到 master 节点上的 /usr/local/src 目录。

③ 将 hadoop-2.9.2.tar.gz 解压到/usr/local/src 目录下，命令如下所示。

```
tar -zxvf /usr/local/src/hadoop-2.9.2.tar.gz -C /usr/local/src
```

④ 为了方便配置 Hadoop 系统环境变量，可以修改目录名，命令如下所示。

```
mv /usr/local/src/hadoop-2.9.2 /usr/local/src/hadoop
```

⑤ 配置 Hadoop 系统环境变量，打开/etc/profile 文件，命令如下所示。

```
vi /etc/profile
```

在文件的末尾添加如下内容。

```
export HADOOP_HOME=/usr/local/src/hadoop
export PATH=$HADOOP_HOME/bin:$HADOOP_HOME/sbin:$PATH
```

其中，/usr/local/src/hadoop 为 Hadoop 的安装路径，$HADOOP_HOME/bin 为/usr/local/src/hadoop/bin 目录，$HADOOP_HOME/sbin 为/usr/local/src/hadoop/sbin 目录。

⑥ /etc/profile 文件配置完成之后，需要使修改的内容生效，执行如下命令。

```
source /etc/profile
```

⑦ 验证 Hadoop 是否安装成功，执行 hadoop version 命令，如果出现如下所示的版本信息，则表示安装成功。

```
hadoop2.9.2
Subversion https://git-wip-us.apache.org/repos/asf/Hadoop.git -r
826afbeae31ca687bc2f8471dc841b66ed2c6704
Compiled by ajisaka on 2018-11-13T12:42Z
Compiled with protoc 2.5.0
From source with checksum 3a9939967262218aa556c684d107985
This command was run using /usr/local/src/hadoop/share/Hadoop/common/
hadoop-common-2.9.2.jar
```

Hadoop 安装成功后，可以查看 Hadoop 的目录结构，命令如下所示。

```
[root@master hadoop]# ll
总用量 52
drwxr-xr-x. 2 root root  4096 5月  22 2022 bin
drwxr-xr-x. 3 root root  4096 5月  22 2022 etc
drwxr-xr-x. 2 root root  4096 5月  22 2022 include
drwxr-xr-x. 3 root root  4096 5月  22 2022 lib
drwxr-xr-x. 2 root root  4096 5月  22 2022 libexec
-rw-r--r--. 1 root root 15429 5月  22 2022 LICENSE.txt
-rw-r--r--. 1 root root   101 5月  22 2022 NOTICE.txt
-rw-r--r--. 1 root root  1366 5月  22 2022 README.txt
drwxr-xr-x. 2 root root  4096 5月  22 2022 sbin
drwxr-xr-x. 4 root root  4096 5月  22 2022 share
```

Hadoop 安装目录中的子目录说明如下。

- bin 目录：存放对 Hadoop 相关服务（如 HDFS、YARN）进行操作的脚本。
- etc 目录：Hadoop 的配置文件目录，存放 Hadoop 的配置文件。
- lib 目录：存放 Hadoop 的本地库，支持对数据进行压缩、解压缩。
- sbin 目录：存放启动或停止 Hadoop 相关服务的脚本。
- share 目录：存放 Hadoop 的依赖包、文档和官方案例等。

> 思考
>
> 不修改/etc/profile文件是否可行？修改与不修改的区别在哪里？

2. 修改 Hadoop 分布式集群的配置文件

Hadoop 的配置文件位于/usr/local/src/hadoop/etc/hadoop 目录，需要依次修改 hadoop-env.sh 文件、core-site.xml 文件、hdfs-site.xml 文件和 slaves 文件。

① 修改配置文件 hadoop-env.sh。

在该文件中修改 JAVA_HOME 环境变量，将其值修改为 JDK 的安装路径，如下所示。

```
export JAVA_HOME=/usr/local/src/jdk
```

② 修改全局参数配置文件 core-site.xml。

将<configuration>和</configuration>中的内容修改为如下所示。

```xml
<configuration>
    <property>
        <name>fs.defaultFS</name>
```

```
        <value>hdfs://master:9000</value>
    </property>
    <property>
        <name>hadoop.tmp.dir</name>
        <value>/usr/local/src/hadoop/tmp</value>
    </property>
</configuration>
```

该配置中 fs.defaultFS 为该系统默认文件系统的名称。hdfs://master:9000 表示文件系统为 HDFS，系统的主机为 master，端口为 9000。hadoop.tmp.dir 表示临时目录设定，该参数的默认值为/tmp/hadoop-${user.name}，从 Hadoop 官网给的提示可知，这个路径是一切路径的基石，例如运行 MapReduce 程序时生成的临时路径，本质上就是生成在该路径下。如果不配置 namenode 和 datanode 的数据存储路径，那么默认情况下，存储路径为 hadoop.tmp.dir 所指路径下的 dfs 路径。

除了上述配置外，还可以通过 core-site.xml 文件进行其他配置，如下所示。

```
<!--SequenceFiles 中使用的读/写缓冲区的大小。-->
<property>
    <name>io.file.buffer.size</name>
    <value>131072</value>
</property>
<!--配置允许访问的主机-->
<property>
    <name>hadoop.proxyuser.root.hosts</name>
    <value>*</value>
</property>
<property>
<!--配置允许访问的用户组-->
    <name>hadoop.proxyuser.root.groups</name>
    <value>*</value>
</property>
<property>
<!--配置允许访问的用户-->
    <name>hadoop.proxyuser.root.users</name>
    <value>*</value>
</property>
```

③ 修改 HDFS 参数配置文件 hdfs-site.xml，将<configuration>和</configuration>中的内容修改为如下所示。

```
<configuration>
    <property>
        <name>dfs.namenode.name.dir</name>
        <value>/usr/local/src/hadoop/dfs/name</value>
    </property>
    <property>
        <name>dfs.datanode.data.dir</name>
        <value>/usr/local/src/hadoop/dfs/data</value>
    </property>
    <property>
        <name>dfs.namenode.secondary.http-address</name>
```

```
        <value>slave1:50090</value>
    </property>
</configuration>
```

dfs.namenode.name.dir 参数用于确定 HDFS 元信息保存位置，是保存镜像文件的目录，作用是存放 Hadoop 的 NameNode 中的 metadata。dfs.datanode.data.dir 参数用于确定 HDFS 数据保存位置，是存放 HDFS 数据文件的目录，作用是存放 Hadoop 的 DataNode 中的多个数据块。

根据 hdfs-site.xml 中的配置，在本书的 HDFS 中，dfs.namenode.name.dir 对应目录是/usr/local/src/hadoop/dfs/name，dfs.datanode.data.dir 对应目录是/usr/local/src/hadoop/dfs/data。

dfs.namenode.secondary.http-address 参数用于确定第二名称节点超文本传送协议（HyperText Transfer Protocol，HTTP）服务器地址和端口，slave1:50090 表示第二名称节点 HTTP 服务器地址为 slave1，端口为 50090。一般情况下，第二名称节点不与 NameNode 部署在同一个节点上。

除了上述配置外，还可以通过 hdfs-site.xml 文件进行其他配置，如下所示。

```
<!--该属性为切块大小-->
<property>
    <name>dfs.blocksize</name>
    <value>64m</value>
</property>
<!--该属性为副本数量-->
<property>
    <name>dfs.replication</name>
    <value>2</value>
</property>
<property>
<!--关闭权限验证-->
    <name>dfs.permissions</name>
    <value>false</value>
</property>
```

dfs.blocksize 参数用于确定文件切块大小，Hadoop 2.X 系列默认切块大小为 128MB；dfs.replication 为副本数量，Hadoop 2.X 系列默认副本数量为 3。这两个参数可以根据实际情况进行设置。dfs.permissions 参数用于设置是否启用 HDFS ACL（简单权限）属性。将 dfs.permissions 设置为 false 后，任何用户都可以在 HDFS 中的任何位置创建、删除文件和目录。

④ 修改从节点配置文件 slaves。

需要把启动 DataNode 进程的节点加入该文件。首先进入该文件的编辑状态，命令如下所示。

```
vi slaves
```

在 slaves 中加入如下内容。

```
master
slave1
slave2
```

思考　　　在slaves配置文件中能否删除master节点？在集群中如何动态增加或者减少节点？该如何操作？

⑤ 复制整个 Hadoop 安装目录到另外两个节点，命令如下所示。

```
scp –r /usr/local/src/hadoop root@slave1:/usr/local/src
scp –r /usr/local/src/hadoop root@slave2:/usr/local/src
```

⑥ 复制/etc/profile 文件到另外两个节点，命令如下所示。

```
scp –r /etc/profile root@slave1:/etc/profile
scp –r /etc/profile root@slave2:/etc/profile
```

⑦ 在 slave1 和 slave2 节点上刷新/etc/profile 文件，以使修改的内容生效，命令如下所示。

```
source /etc/profile
```

Hadoop 分布式集群安装和配置成功后，即可启动集群并进行简单测试。

微课 3-8　搭建 Hadoop 分布式集群

课外拓展

Hadoop 的配置文件有很多选项，除本书中涉及的外，其他可以参考 Hadoop 官方配置文档。

三、启动 Hadoop 分布式集群

Hadoop 安装成功之后，需要启动 Hadoop 集群。第一次启动集群时，需要对其进行格式化。具体步骤如下。

① 格式化 NameNode 节点。

可以初始化 HDFS 的目录和文件，在 master 节点上执行如下命令。

微课 3-9　启动 Hadoop 分布式集群

```
hdfs namenode -format
```

课外拓展

hdfs namenode –format 命令不需在所有节点上执行，也不是在任何一个节点上执行都可以，该命令需要在 NameNode 所在的节点上执行。本书中 NameNode 在 master 上，因此该命令也在 master 上执行。

格式化之后，出现图 3-46 所示界面，说明格式化成功。

图 3-46　格式化成功界面

格式化完成后会在/usr/local/src/hadoop/dfs 目录下生成 name 目录，该目录用于存储元数据文件等。

知识拓展

NameNode 出现故障应如何处理？NameNode 出现故障后，可以采用将 SecondaryNameNode 中的数据复制到 NameNode 存储数据的目录的方式恢复数据，操作步骤如下所示。

① 强制关闭 NameNode 进程。

② 删除 NameNode 存储的数据（/usr/local/src/hadoop/dfs/name），命令如下所示。

```
[root@master hadoop]# rm -rf /usr/local/src/hadoop/dfs/name/*
```

③ 复制 SecondaryNameNode 中的数据到原 NameNode 存储数据的目录，命令如下所示。

```
[root@slave1 dfs]# scp -r root@master:usr/local/src/hadoop/dfs/namesecondary/*
/usr/local/src/hadoop/dfs/namesecondary/name/
```

④ 重新启动 NameNode，命令如下所示。

```
[root@master hadoop]# hdfs --daemon start namenode
```

---

② 启动集群。在 master 上执行启动集群命令，命令如下所示。

```
start-dfs.sh
```

执行启动命令之后会出现图 3-47 所示界面。

```
[root@master dfs]# start-dfs.sh
Starting namenodes on [master]
master: starting namenode, logging to /usr/local/src/hadoop/logs/hadoop-root-namenode-master.out
master: starting datanode, logging to /usr/local/src/hadoop/logs/hadoop-root-datanode-master.out
slave2: starting datanode, logging to /usr/local/src/hadoop/logs/hadoop-root-datanode-slave2.out
slave1: starting datanode, logging to /usr/local/src/hadoop/logs/hadoop-root-datanode-slave1.out
Starting secondary namenodes [slave1]
slave1: starting secondarynamenode, logging to /usr/local/src/hadoop/logs/hadoop-root-secondarynamenode-slave1.out
[root@master dfs]# ls
data  name
[root@master dfs]#
```

图 3-47　启动 Hadoop 集群

也可以单独启动 NameNode 节点和 DataNode 节点。使用 hadoop-daemon.sh start namenode 命令可单独启动 NameNode 节点，使用 hadoop-daemon.sh start datanode 命令可单独启动 DataNode 节点。

③ 使用 jps 命令，查看节点启动情况，命令如下所示。

```
jps
```

使用 jps 命令分别查看 master、slave1、slave2 节点，发现在这 3 个节点上分别出现 NameNode 节点和 DataNode 节点、DataNode 节点和 SecondaryNameNode 节点、DataNode 节点，如图 3-48 所示。

```
[root@master dfs]# jps        [root@slave1 dfs]# jps        [root@slave2 dfs]# jps
9397 NameNode                 1719 DataNode                 1752 DataNode
9733 Jps                      1850 Jps                      1820 Jps
9487 DataNode                 1787 SecondaryNameNode        [root@slave2 dfs]#
[root@master dfs]#            [root@slave1 dfs]#
```

图 3-48　使用 jps 命令查看节点启动情况

知识拓展

如果使用 jps 命令查看不到节点怎么办？

此时可以通过查看日志来找到问题，日志里面有详细说明。日志位于安装目录下面的 logs 目录，本书中的日志位于/usr/local/src/hadoop/logs 目录，如图 3-49 所示。

```
[root@master hadoop]# pwd
/usr/local/src/hadoop
[root@master hadoop]# cd ./logs/
[root@master logs]# ll
total 76
-rw-r--r--. 1 root root 29754 Jun  2 10:34 hadoop-root-datanode-master.log
-rw-r--r--. 1 root root   714 Jun  2 10:33 hadoop-root-datanode-master.out
-rw-r--r--. 1 root root 33580 Jun  2 10:34 hadoop-root-namenode-master.log
-rw-r--r--. 1 root root   714 Jun  2 10:33 hadoop-root-namenode-master.out
-rw-r--r--. 1 root root     0 Jun  2 10:33 SecurityAuth-root.audit
```

图 3-49　日志目录

④ 节点启动成功之后，可以通过浏览器访问 Hadoop 集群访问对应的 Web 页面，监测 Hadoop 的运行状态，如图 3-50 所示。

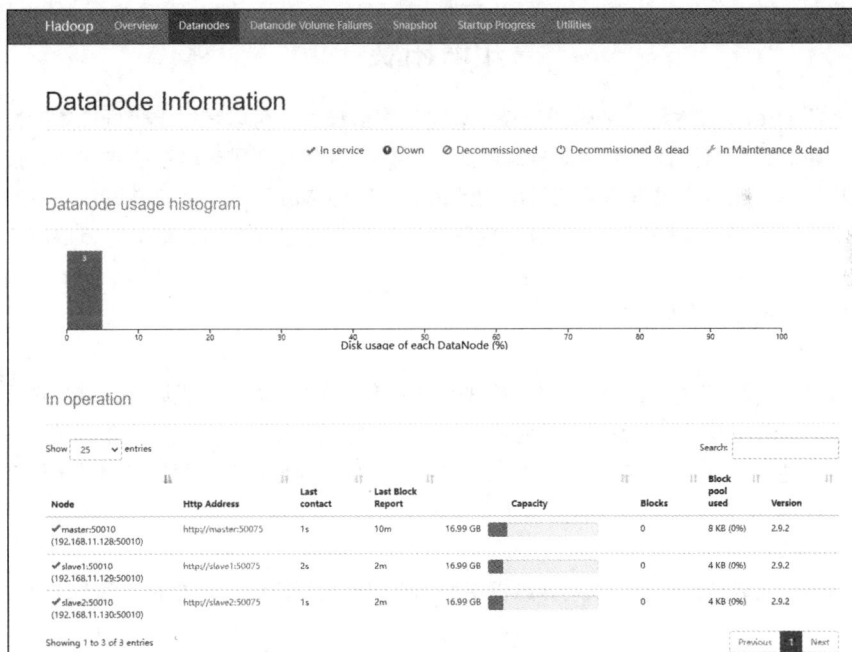

图 3-50　Hadoop 集群对应的 Web 页面

知识点拨

如果使用 jps 命令查到节点存在，但是对应的 Web 页面访问不了，常见的原因是防火墙没关。

需关闭 Linux 操作系统的防火墙，否则与之对应的 Web 页面不能正常访问。

CentOS 7 防火墙的相关命令如下。

- 查看当前防火墙状态：systemctl status firewalld。
- 关闭当前防火墙：systemctl stop firewalld。
- 开机时不启动防火墙：systemctl disable firewalld。

课外拓展

如何通过 http://master:50070 而不是 http://192.168.11.128:50070 来访问 master 虚拟机？

需要修改 Windows 操作系统上的 hosts 文件，文件位于 C:\Windows\System32\drivers\etc 下，在 hosts 文件中加入"192.168.11.128 master"即可。

知识拓展

集群（Cluster）技术是一种较新的技术，通过集群技术，可以在付出较低成本的情况下获得在性能、可靠性、灵活性方面相对较高的收益，其任务调度则是集群系统中的核心技术。集群是一组相互独立的、通过高速网络互联的计算机，它们构成了一个组，并以单一系统的模式进行管理。一个用户与集群相互作用时，集群像是一个独立的服务器，集群配置提高了可用性和可缩放性。

搭建集群的主要目的如下。

1. 提高性能

一些计算密集型应用，如天气预报、核试验模拟等，需要计算机有很强的运算处理能力，基于现有的技术，即使普通的大型计算机也很难胜任。这时，一般都使用计算机集群技术，集中几十台、上百台甚至更多计算机的运算能力来满足要求。提高处理性能一直是集群技术研究的重要目标之一。

2. 降低成本

在达到同样性能的条件下，采用计算机集群比采用具有同等运算能力的大型计算机具有更高的性价比。

3. 提高可扩展性

基于传统技术，用户若想扩展系统能力，不得不购买更高性能的服务器。如果采用集群技术，将新的服务器加入集群中即可，对用户来说，服务无论是连续性还是性能都几乎没有受到影响，好像系统在不知不觉中完成了升级。

4. 提高可靠性

集群技术可使系统在故障发生时仍继续工作，将系统停运时间缩到最短。集群系统在提高系统的可靠性的同时，也可大大减小故障损失。

项目实训

1. 配置虚拟机环境，具体要求如下。
（1）修改静态IP地址，使得静态IP地址与VMware Workstation在同一个网段中。
（2）修改主机名，根据需求命名主机。
（3）绑定主机名和IP地址。
（4）配置集群中节点之间的SSH免密登录。
2. 搭建Hadoop分布式平台，具体要求如下。
（1）配置hadoop-env.sh文件，配置JAVA_HOME的路径。
（2）配置core-site.xml文件，配置fs.defaultFS参数。
（3）配置hdfs-site.xml文件，配置dfs.namenode.name.dir和dfs.namenode.data.dir参数。
（4）修改Hadoop安装目录中的/etc/hadoop/slaves，加入启动DataNode进程的节点。
（5）复制整个Hadoop安装目录到集群的其他节点上。
（6）格式化NameNode节点。
（7）启动节点，打开对应的Web页面。

项目小结

本项目首先在Windows操作系统中安装了虚拟机VMware Workstation，在虚拟机上安装CentOS 7操作系统，并对其进行克隆组成3个节点的计算机集群；然后对虚拟机进行了环境配置，集群环境配置主要包括修改静态IP地址、修改主机名、绑定主机名和IP地址、配置SSH免密登录；最后在配置好的集群环境上搭建Hadoop分布式集群，搭建Hadoop分布式集群包括安装JDK、安装与配置Hadoop和启动Hadoop分布式集群。本项目的内容是后续各个项目的基础，因此，读者应该熟练掌握。

项目考核

一、选择题

1. 配置主机名和IP地址映射的文件位置是（　　　）。
　　A. /home/hosts　　　B. /usr/local/hosts　　　C. /etc/host　　　D. /etc/hosts
2. 使配置的环境变量生效的命令是（　　　）。
　　A. vi /etc/profile　　　　　　　　　　B. source /etc/profile
　　C. cat /etc/profile　　　　　　　　　　D. source ~/.bash
3. 配置Hadoop文件参数时，配置项dfs.replication应该配置在（　　　）文件。
　　A. core-site.xml　　　　　　　　　　B. hdfs-site.xml
　　C. mapred-site.xml　　　　　　　　　D. yarn-site.xml
4. 以下（　　　）能够修改HDFS的块大小。
　　A. 修改mapred-site.xml配置文件　　　　　B. 修改core-site.xml配置文件
　　C. 修改yarn-site.xml配置文件　　　　　　D. 修改hdfs-site.xml配置文件

二、判断题

1. 块大小是不可以修改的。（　　　）

2. 在HDFS中，默认存储文件块的大小为64MB。（　　　）

三、简答题

1. Hadoop集群的部署方式分为哪几种？对其进行描述。

2. 请描述Hadoop分布式集群搭建流程。

项目四
HDFS

项目导读

HDFS 是 Hadoop 三大核心组件之一，主要用于 Hadoop 中的大数据分布式存储。它是一个高度容错的文件系统，能够检测和应对硬件故障，可以运行在成本较低的通用硬件上，采用流式数据访问，为用户提供高效的海量数据存储服务。

本项目首先介绍分布式文件系统和 HDFS 的概念及特点；然后介绍 HDFS 及其工作机制、工作流程；最后介绍 HDFS 的基本操作，包括 HDFS 命令行操作和 HDFS API 操作。

项目目标

素质目标	知识目标	技能目标
➢ 通过"东数西算"工程，了解推动数据中心合理布局、优化供需、绿色集约和互联互通的意义。 ➢ 养成事前调研、做好准备工作的习惯。 ➢ 贯彻互助共享的精神	➢ 掌握 HDFS 的特点和相关概念。 ➢ 掌握 HDFS 的体系结构和工作机制。 ➢ 了解 HDFS 工作流程	➢ 掌握 HDFS 命令行基本操作。 ➢ 掌握使用 Java 编写 HDFS API 程序

课前学习

选择题

1. 下面（　　　）程序负责HDFS数据的存储。
   A. DataNode
   B. NameNode
   C. Jobtracker
   D. secondaryNameNode
2. 在HDFS中采用冗余存储，冗余因子默认设置为（　　　）。
   A. 1
   B. 2
   C. 3
   D. 4

任务一　认识分布式文件系统

📖 任务描述

如何存储海量数据是大数据技术首要解决的问题。利用分布式文件系统、非关系型数据库、云数据库等，可实现对结构化、半结构化和非结构化海量数据的存储和管理。

📕 知识链接

分布式文件系统（Distributed File System，DFS）是指文件系统管理的物理存储资源不一定直接连接在本地节点上，而是通过计算机网络与节点相连，或是若干不同的逻辑磁盘分区或卷标组合在一起而形成的完整、有层次的文件系统。分布式文件系统可为分布在网络上任意位置的资源提供一个逻辑上的树形文件系统结构，从而使用户访问分布在网络上的共享文件更加方便。

分布式文件系统把大量数据分散到不同的节点上存储，大大降低了数据丢失的风险。分布式文件系统具有冗余性，部分节点的故障并不影响整体的正常运行，即使出现故障的计算机存储的数据已经损坏，也可以由其他节点将损坏的数据恢复回来，因此，安全性是分布式文件系统最主要的特征之一。分布式文件系统通过网络将大量零散的计算机连接在一起，形成一个巨大的计算机集群，使各主机均可以充分发挥其价值。此外，集群之外的计算机只需要经过简单的配置就可以加入，分布式文件系统具有极强的可扩展能力。

在分布式系统中通常有数量巨大的服务器节点，由于客户端在访问服务器节点的时候具有随机性，这就必然会导致部分主机在某些时刻成为热点，对整个分布式系统的性能产生制约；与此同时，部分服务器节点的负载却远远没有达到额定值，从而造成资源浪费。显然，在分布式文件系统中进行负载均衡控制是十分必要的。通过负载均衡技术的应用，可以实现分布式系统中所有节点的负载相对均衡，既保证系统的性能，又充分利用资源。负载均衡意味着节点之间需要进行数据迁移，负载均衡本身需要有一定的开销，所以通常要求负载均衡算法具有较高的效率。

对于集中式的分布式文件系统，其中心节点就是对数据分发起到主要控制作用的节点，又称为主控节点。在现有的分布式文件存储系统中，GFS 和 HDFS 就是最典型的有中心节点的分布式文件系统。HDFS 采用机架分配机制实现分布式存储和负载均衡，其主要实现思路如下。

（1）用户向集群提交数据块，系统在接收到数据后，按照预先设定的副本参数复制出若干副本。

（2）按照定义好的机架分配策略，把生成的各个副本逐一分发到集群中。

（3）对于默认 3 个副本的情况，按照机架分配规则，其中两个需要放置于同一个机架上，但这两个副本分别处于该机架的不同节点上；另外一个副本则要求单独置于另一个机架上。

（4）启动一个定时任务，通过 NameNode 定时扫描所有节点，统计出整体负载分布情况。

（5）将集群当前负载状态与预设的阈值进行对比，并根据对比的结果对各节点的负载情况进行调整，从而实现负载均衡。

这种负载均衡策略不仅可以保证数据的安全，还能保证数据的可用性，在系统的可靠性和读写性能上也有很大的优势。通过该策略，可以实现各节点的负载动态均衡。

任务二　认识 HDFS

📖 任务描述

HDFS 即 Hadoop 分布式文件系统，是 Hadoop 核心组件之一，作为最底层的分布式存储服务而存在。分布式文件系统用于解决大数据存储问题，是横跨在多台计算机上的存储系统。分布式文件系统在大数据时代有着广泛的应用前景，为存储和处理超大规模数据提供所需的扩展能力。HDFS 适用于"一次写入、多次读取"的场景，且不支持文件的修改。

📖 知识链接

一、HDFS 简介

HDFS 是 Hadoop 体系中存储管理的基础，是大数据时代解决大规模数据存储问题的有效方案。HDFS 提供了在普通服务器集群中进行大规模分布式文件存储的能力，具有较好的容错能力，可以以较低的成本利用现有计算机实现大流量和大数据量的读写。集群中各个节点之间通过网络进行数据互通，从而形成一个跨网络的文件系统。HDFS 的设计目标主要包括以下几个方面。

微课 4-1　认识 HDFS

1. 硬件故障

出现硬件故障是常态，而不是异常。整个 HDFS 系统将由数百、数千甚至更多个存储着文件数据的服务器组成，HDFS 的每一个组成部分都很可能出现硬件故障，这就意味着 HDFS 里总有一些节点是失效的，因此，故障的检测和自动快速恢复是 HDFS 一个很核心的设计目标。

2. 数据访问

HDFS 上的应用程序与一般的应用程序不同，主要是以流式读取数据，HDFS 被设计成适合批量处理而不是用户交互式的。相较于数据访问的反应时间，HDFS 更注重数据访问的高吞吐量。运行在 HDFS 之上的应用程序必须流式地访问它们的数据集，这与运行在普通文件系统之上的普通程序是不同的。

3. 大数据集

运行在 HDFS 之上的程序有大量的数据集，HDFS 应该提供很高的聚合数据带宽，一个集群支持数百甚至更多个节点、支持 TB、PB 级别的数据存储。

4. 简单一致性

大部分 HDFS 程序对文件的操作是"一次写入多次读取"的操作模式，一个文件一旦被创建、写入、关闭之后就不需要修改了，这就简单化了数据一致性问题，并使高吞吐量的数据访问变为可能。

5. 移动计算比移动数据更经济

在靠近计算数据所存储的位置来进行计算是最理想的状态，尤其是在数据集特别巨大的场景，这样可消除网络的拥堵、提高系统的整体吞吐量。迁移计算到离数据存储更近的位置，比将数据移动到离程序运行更近的位置要更好。HDFS 提供接口让程序将自己移动到离数据存储更近的位置，一个应用请求的计算离它操作的数据越近就越高效，这在数据达到海量级别时更明显。

6. 异构软硬件平台间的可移植性

HDFS 被设计成可以简便地实现平台间的迁移。

二、HDFS 的特点

HDFS 有其独有的特点。HDFS 的优点主要体现在以下几个方面。

1. 高容错性

对数据保存多个副本，可构建在普通的计算机上，实现线性扩展。当集群增加新节点之后，NameNode 也可以感知，进行负载均衡，将数据分发和数据备份均衡到新的节点上。

2. 适合处理大数据

HDFS 可横向扩展，可以支持 PB 级别或更高级别的数据存储；在数据规模上，能够处理数据规模达到 TB 甚至 PB 级别的数据；在文件规模上，能够处理百万规模以上的文件数量。

3. 成本低

HDFS 集群可构建在普通计算机上，通过多副本机制提高可靠性。Hadoop 的设计对硬件要求低，无须构建在昂贵的高性能计算机上，因为在 HDFS 设计中充分考虑到了数据的可靠性、安全性和高可用性。

4. 大文件存储

HDFS 采用数据块的方式存储数据，将数据物理切分成多个小的数据块，当用户读取时再将多个小数据块拼接起来。

5. 流式数据访问

HDFS 处理的数据规模比较大，应用程序一次需要访问大量的数据，同时这些应用程序一般用于批量处理数据，而不是用户交互。所以应用程序能以流的形式访问数据集，请求访问整个数据集要比访问一条记录更加高效。

6. 高数据吞吐量

HDFS 采用的是"一次写入、多次读取"这种简单的数据一致性模型。在 HDFS 中，一个文件一旦被写入就不能修改，只能进行追加，这样保证了数据的一致性，也有利于提高吞吐量。

HDFS 虽然具有上述优点，但是也存在着缺点。HDFS 的缺点主要体现在以下几个方面。

（1）高延迟。

HDFS 不适用于低延迟数据访问的场景，无法实现毫秒级的数据存储。

（2）无法高效地对大量小文件进行存储。

文件存储占用 NameNode 的内存来存储文件目录和块信息，存储大量小文件就会耗费大量的内存，而 NameNode 的内存总是有限的。对于 Hadoop 系统，小文件通常定义为远小于 HDFS 的数据块大小的文件，由于每个文件都会产生各自的元数据，Hadoop 通过 NameNode 来存储这些信息，若小文件过多，容易导致 NameNode 存储出现瓶颈。小文件存储的寻址时间甚至会超过读取时间。

（3）不支持并发写操作和文件的随机修改。

HDFS 目前不支持多用户的并发写操作和文件的随机修改，只能在文件末尾追加数据，且在同一时刻一个文件只能有一个线程执行写操作，不允许多个线程同时执行写操作。

三、块

块是 HDFS 中的最小存储单位，并且可以自定义。在 HDFS 中存储文件时，会将文件拆分成块，以块为单位进行存储。Hadoop 2.X 默认的块大小为 128MB，如果对一个文件按照 128MB 进行拆分，可能最后一个文件拆分出来的大小不足 128MB，此时该子文件不会将整个块的 128MB 都占用，而是按照实际大小存储。拆分出来的块会有它相应的副本，块与副本会存在于不同的数据节点上以实现副本机制，拆分出来的多个块也尽可能地存储在不同的数据节点上以实现负载均衡。但块与其他块的副本可以存储在同一个节点上，因为他们本来就是互不相干的。

微课 4-2　HDFS 相关概念

课外拓展

块的副本并不是设置了多少，就一定会存多少，而是取决于节点数量。如果当前集群节点数为 5，设置副本数为 7，那么实际只会存有 5 个副本。但是 NameNode 会记着副本数应为 7，当集群节点数达到 7 的时候，就会将实际存储的副本数增加到 7。

HDFS 块大小不能设置得太小，也不能设置得太大。如果 HDFS 的块大小设置得太小，会增加寻址时间，程序一直在找块的开始位置；如果块大小设置得太大，从磁盘传输数据的时间会明显大于定位这个块开始位置所需的时间，导致程序在处理这块数据时非常慢。HDFS 块的大小设置主要取决于磁盘传输速度。

知识拓展

为什么 HDFS 中的块大小远大于传统文件系统中的块大小？

① 因为在读取文件时寻址时间占用了较大的开销，想要读取某个文件时，花了较长的时间去寻找文件所在块的起始地址，找到起始位置后，读取文件是顺序读取，用时较短。近年来，随着硬盘的传输速度逐渐提高，块的大小也相应地增大了。

② 一个块的 metadata 大约在内存中占用 150 字节，metadata 的数据会存储在 NameNode 的内存中，无论这个块的大小如何，它的 metadata 都是要占用 150 字节。在数据存储集群中，将块的大小设置得相对大一些也可提高数据的存储性能，集群能够存储更多的数据。

四、名称节点和数据节点

HDFS 采用了主/从（Master/Slave）结构模型，一个 HDFS 集群是由一个名称节点（NameNode）和若干个数据节点（DataNode）组成的。NameNode 负责管理分布式文件系统的命名空间（NameSpace），保存了两个核心的数据结构，即镜像文件（fsimage）和编辑日志（edits）。fsimage 用于维护文件系统树以及所有文件和文件夹的元数据，编辑日志文件 edits 中记录了所有针对文件的创建、删除、重命名等操作。

NameNode 中的 fsimage 文件是 NameNode 中关于元数据的镜像，是 HDFS 元数据的一个永久性的检查点，其中包含 HDFS 所有目录和文件节点的序列化信息。

DataNode 是 HDFS 的工作节点，负责数据的存储和读取，会根据客户端或者 NameNode 的调度来进行数据的存储和检索，并且向 NameNode 定期发送自己所存储的块列表，每个 NameNode 中的数据会被保存在各自节点的本地 Linux 文件系统中。NameNode 和 DataNode 共同协调完成分布式的文件存储服务。

NameNode 中的 edits 文件存放 HDFS 的所有更新操作的路径，文件系统客户端执行的所有写操作首先会被记录到 edits 文件中。

每次 NameNode 启动的时候都会将 fsimage 文件读入内存，加载 edits 文件里面的更新操作，保证内存中的元数据信息是最新的。读者可以理解为 NameNode 启动的时候就将 fsimage 和 edits 文件进行了合并。

当只有一个 NameNode 时，所有的元数据信息都保存在 fsimage 与 eidts 文件当中，这两个文件记录了所有数据的元数据信息。这两个文件的保存目录可以通过配置文件进行配置。通过 hdfs-site.xml 中的 dfs.namenode.name.dir 参数配置 fsimage 的存储路径，edits 的存储路径通过 dfs.namenode.edits.dir 参数来配置。

客户端对 HDFS 写文件时，相应数据首先会被记录在 edits 文件中，edits 文件修改时元数据也会更新。每次 HDFS 更新时，edits 文件先更新，客户端才会看到更新信息。

fsimage 文件包含了整个文件系统的元数据快照，记录了文件和目录的层次结构、权限、副本数、修改时间等信息，在 NameNode 启动时，会从磁盘上的 fsimage 文件中加载元数据，以便快速响应客户端的请求。

NameNode 的数据结构如图 4-1 所示。

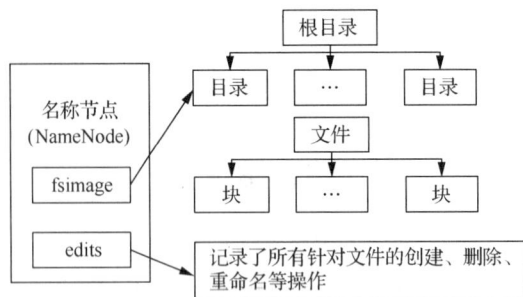

图 4-1　NameNode 的数据结构

知识答疑

NameNode 启动时对 NameNode 的操作都放在 edits 文件中，为什么不放在 fsimage 文件中呢？

因为 fsimage 文件是 NameNode 的完整镜像，内容很多，如果每次都加载到内存以生成树状拓扑结构，非常耗费资源。

五、第二名称节点

NameNode 中存储元数据，如果这些元数据存储在磁盘中，经常需要进行随机访问，还需要响应客户请求，会导致效率低下，因此，元数据需要存放在内存中。但如果只存放在内存中，一旦断电，元数据丢失，整个集群就无法工作，因此，使用 fsimage 文件在磁盘中备份元数据。

这样又会带来新的问题，当在内存中的元数据更新时，如果同时更新 fsimage 文件，就会导致效率过低。但如果不更新，就会发生一致性问题，一旦 NameNode 节点断电，就会产生数据丢失。因此，需要引入 edits 文件，每当元数据有更新或者添加元数据时，修改内存中的元数据并追加到 edits 文件中，一旦 NameNode 节点断电，可以通过合并 fsimage 和 edits 文件合成元数据。

如果长时间添加数据到 edits 文件中，会导致该文件数据过大，效率降低；而且一旦断电，恢复元数据的时间就会过长。因此，需要定期合并 fsimage 和 edits 文件，如果这个操作由 NameNode 节点完成，又会效率过低。由此引入第二名称节点（SecondaryNameNode），专门用于 fsimage 和 edits 文件的合并。

随着 edits 文件不断增大，会在某个阶段请求 NameNode 停止使用 edits 文件，第二名称节点会把 fsimage 和 edits 文件合并再发回给 NameNode，NameNode 会在此时创建一个 edits.new 文件来记录这段时间的修改。SecondaryNameNode 的主要作用体现在以下两个方面。

（1）在 NameNode 运行期间，由于不断发生的操作，edits 文件会逐渐变大，为解决该问题，可采用 SecondaryNameNode 定期合并 edits 文件。

（2）保存 NameNode 中的元数据信息，完成 edits 与 fsimage 文件的合并操作，减小 edits 文件大小，缩短 NameNode 重启时间。

SecondaryNameNode 的工作流程如图 4-2 所示。

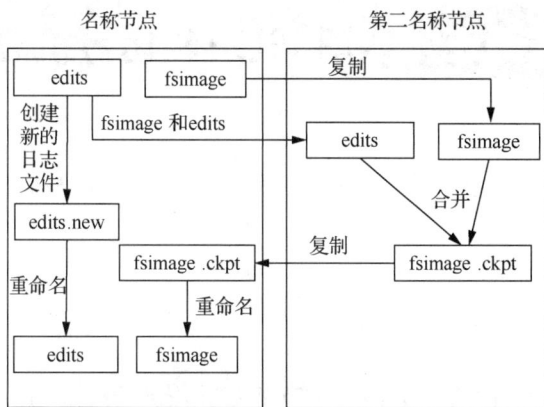

图 4-2 SecondaryNameNode 的工作流程

SecondaryNameNode 的具体工作流程如下。

（1）SecondaryNameNode 会定期和 NameNode 通信，请求其停止使用 edits 文件，暂时将新的写操作写到一个新的文件 edit.new 上。这个操作是瞬间完成的，上层写日志的函数完全感觉不到差别。

（2）SecondaryNameNode 从 NameNode 上获取到 fsimage 和 edits 文件，并下载到本地的相应目录下。

（3）SecondaryNameNode 将下载下来的 fsimage 文件载入内存，然后一条一条地执行 edits 文件中的各项更新操作，使得内存中的 fsimage 文件保持最新，这个过程就是 edits 和 fsimage 文件的合并。

（4）SecondaryNameNode 执行完步骤（3）之后，会将新的 fsimage 文件发送到 NameNode 节点。

（5）NameNode 用从 SecondaryNameNode 接收到的新的 fsimage 文件替换旧的 fsimage 文件，并重新命名为 edits，这样 edits 文件就变小了。

SecondaryNameNode 在合并 edits 和 fsimage 文件时需要消耗的内存和 NameNode 差不多，所以一般把 Namenode 和 SecondaryNameNode 放在不同的节点上。

知识拓展

NameNode、Datanode 与 SecondaryNameNode 的总结概述如下。

NameNode 负责管理整个文件系统的元数据；DataNode 负责管理具体文件数据块的存储；SecondaryNameNode 协助 NameNode 进行元数据的备份。HDFS 的内部工作机制对客户端保持透明，客户端请求访问 HDFS 都是通过向 NameNode 申请来进行的。

课外拓展

HDFS 设计中，并不支持把系统直接切换到第二名称节点。从这个角度看，第二名称节点只是起到名称节点"检查点"的作用，并不能起到"热备份"作用。即使有了第二名称节点的存在，当名称节点发生故障时，系统还是有可能丢失部分元数据信息。

任务三　认识 HDFS 运行机制

任务描述

本任务主要介绍 HDFS 运行机制，主要包括副本机制、高可用集群机制、心跳机制、数据回收机制和集群安全模式。

知识链接

微课 4-3　认识
HDFS 运行机制

一、副本机制

HDFS 运行在集群之上，两个不同机架上的节点通过网络进行通信，在大多数情况下，相同机架上节点间的网络带宽优于不同机架上的节点。在开始的时候，每一个 NameNode 自检它所属的机架 id，然后在向 NameNode 注册时告知它的机架 id，一个简单但不是最优的方式就是将副本放置在不同的机架上，这就可防止机架故障时数据的丢失，并且在读数据的时候可以充分利用不同机架的带宽。这个方式均匀地将副本分散在集群中，简单地实现了节点故障时的负载均衡，然而这种方式增加了写的成本，因为写的时候需要跨越多个机架传输文件块。

为了尽量减小全局的带宽消耗读延迟，HDFS 尝试返回一个读操作给离它最近的副本。假如在读节点的同一个机架上就有这个副本，就直接读这个。如果 HDFS 集群跨越多个数据中心，那么本地数据中心的副本优先于远程的副本。

为了容错，文件的所有块都会有副本。每个文件的块大小和副本系数都是可配置的。应用程序可以指定某个文件的副本数目。副本系数可以在文件创建时指定，也可以在之后改变。NameNode 的存储策略如图 4-3 所示。

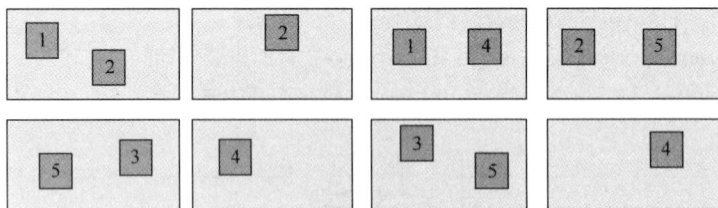

图 4-3　DataNode 的存储策略

知识拓展

默认的 HDFS 块放置策略在写开销、数据可靠性、可用性和读取带宽之间进行了权衡。通常情况下副本因子为 3，HDFS 会将第一个副本放在本地节点，第二个副本放在同机架上的另一个节点，第三个副本放在不同机架上的节点。这种方式减少了机架间的写流量，提高了写性能。由于机架故障概率远低于节点故障，这种策略不会影响数据可靠性和可用性，同时也减少了读操作的网络聚合带宽。

二、高可用集群机制

造成集群不可用的原因主要有两个，一是 NameNode 节点宕机，导致整个集群不可用，直到重启 NameNode 节点之后才可以使用；二是计划内的 NameNode 节点软件或者硬件升级，导致集群在短时间内不可用。

Hadoop 2.X 运行有两个 NameNode，一个是主节点 Active 状态，另一个是从节点 Standby 状态。Active NameNode 负责 HDFS 集群的所有操作，而 Standby NameNode 作为备用。因此，可以在 NameNode 节点出现故障或者维护时，快速启动 Standby 状态的 NameNode 节点，以便确保集群正常运行。

Active NameNode 的状态和 Standby NameNode 的状态始终保持同步（元数据信息保持一致）。它们之间通过 JournalNode 守护进程进行通信。Standby NameNode 同样保持块的位置信息，并且 DataNode 在通过心跳机制发送块信息给 Active NameNode 的同时，也会将块信息发送给 Standby NameNode。

高可用集群通过配置 Active 和 Standby 两个 NameNode 实现在集群中对 NameNode 的热备来解决故障。如果出现故障，可通过此种方式将 NameNode 快速地切换到另外一个节点。

自动故障转移为 Hadoop 集群部署增加了两个新组件：ZooKeeper 和 ZKFailoverController（ZKFC）进程。ZooKeeper 是维护少量协调数据、通知客户端这些数据的改变和监视客户端故障的高可用服务。

高可用集群机制的自动故障转移依赖于 ZooKeeper 的以下功能。

1. 故障检测

集群中的每个 NameNode 在 ZooKeeper 中都维护了一个持久会话，如果节点出现故障，ZooKeeper 中的会话将终止，ZooKeeper 通知另一个 NameNode 需要触发故障转移。

2. 现役 NameNode 选择

ZooKeeper 提供了一个简单的机制，用于选择一个为 Active 状态的节点。如果目前现役 NameNode 出现故障，另一个节点可能从 ZooKeeper 处获得特殊的排外锁，以表明它应该成为现役 NameNode。ZKFC 是自动故障转移中的另一个新组件，是 ZooKeeper 的客户端，也监视和管理 NameNode 状态。每个运行 NameNode 的主机也运行了一个 ZKFC 进程。

3. 健康监测

ZKFC 使用一个健康监测命令（ping 命令）定期监测通信情况，只要 NameNode 及时地恢复健康状态，ZKFC 就认为该节点是健康的。如果节点出现故障、冻结或进入不健康状态，健康监测器就标识该节点为非健康的。

4. ZooKeeper 会话管理

当本地 NameNode 是健康的，ZKFC 保持一个在 ZooKeeper 中打开的会话。如果本地 NameNode 处于 Active 状态，ZKFC 也保持一个特殊的 znode 锁，该锁使用了 ZooKeeper 对节点短暂支持，如果会话终止，该锁将自动被删除。

5. 基于 ZooKeeper 的选择

如果本地 NameNode 是健康的，且 ZKFC 发现没有其他的节点当前持有 znode 锁，那么它将为自己获取该锁。如果成功，则它已经赢得了选择，并负责运行故障转移进程以使它的本地 NameNode 为 Active。

通过高可用集群机制消除单点故障，需要具备以下几个条件。

（1）元数据管理方式需要改变。内存中各自保存一份元数据，edits 日志只有 Active 状态的 NameNode 节点可以进行写操作，且两个 NameNode 都可以读取 edits 文件；共享的 edits 文件放在一个共享存储中管理。

（2）需要一个状态管理功能模块实现一个 zkfailover，常驻在每一个 NameNode 所在的节点，每一个 zkfailover 负责监控自己所在的 NameNode 节点，利用 ZooKeeper 进行状态标识。当需要进行状态切换时，由 zkfailover 来负责切换，切换时需要防止脑裂（brain split）现象的发生。

（3）必须保证两个 NameNode 之间能够 SSH 免密登录。

（4）隔离机制，即同一时刻仅有一个 NameNode 对外提供服务。

知识拓展

脑裂现象就是指在高可用集群中，当联系两个节点的"心跳线"断开后，本来为一个整体、动作协调的高可用集群，就分裂成为两个独立的个体。由于相互失去了联系，都以为是对方出了故障，两个高可用集群开始争抢共享资源和应用服务，就会导致共享资源被瓜分、服务无法正常提供；或者服务正常提供，但同时读写共享存储，导致数据不一致和损坏。

三、心跳机制

HDFS 可以由成百上千台服务器组成，每个服务器存储文件系统数据的一部分，HDFS 中的副本机制会自动把数据保存多个副本。DataNode 节点周期性地向 NameNode 发送心跳信号，当网络发生异常时，可能导致 DataNode 与 NameNode 失去连接，NameNode 和 DataNode 通过心跳检测机制发现 DataNode 宕机、DataNode 中副本丢失，HDFS 则会从其他 DataNode 节点上的副本自动恢复。所以 HDFS 具有高的容错性。

在 Hadoop 中，心跳主要有如下 3 个作用。

（1）判断 Tasktracker 是否活着。

（2）及时让 Jobtracker 获取各个节点上的资源使用情况和任务运行状态。

（3）为 Tasktracker 分配任务。

四、数据回收机制

当一个文件被用户或程序删除时，它并没有立即从 HDFS 中被删除。HDFS 将它重新命名后转存到 HDFS 上的/trash 目录下，这个文件只要还在/trash 目录下保留就可以快速恢复。文件在/trash 中存放的时间是可配置的。存储时间超时后，NameNode 就将目标文件从命名空间中删除，同时此文件关联的所有文件块都将被释放。

五、集群安全模式

在启动的时候，NameNode 进入一个叫作安全模式的特殊状态，在安全模式下，不允许进行文件块的复制。

当 NameNode 启动时，集群会自动进入安全模式，在该模式下，NameNode 会检查块的完整性。安全模式可以保证数据块的安全性。它是 Hadoop 集群的一种保护模式。此外，安全模式还是一种只读模式，在该模式下，用户既不能对命名空间进行任何修改，也不能创建、复制、追加和删除数据，但是可以执行查看目录及文件、下载文件等操作。

在正常情况下，当 NameNode 完成启动后（额外延迟 30s）就会退出安全模式。但是，如果 DataNode 丢失的数据块超过设定的值，集群就会一直处于安全模式。

集群安全模式的启动过程如下。

1. NameNode 启动

NameNode 启动时，首先将镜像文件（fsimage）载入内存，并执行编辑日志（edits）中的各项操作，一旦在内存中成功建立文件系统元数据的映像，NameNode 便开始监听 DataNode 请求。这个过程期间，NameNode 一直以安全模式运行，即 NameNode 的文件系统对客户端来说是只读的。

2. DataNode 启动

系统中的数据块位置并不是由 NameNode 维护的，而是以块列表的形式存储在 DataNode 中。在系统的正常操作期间，NameNode 会在内存中保留所有块位置的映射信息。在安全模式下，各个 DataNode 会向 NameNode 发送最新的块列表信息，NameNode 了解到足够多的块位置信息之后，即可高效运行文件系统。

3. 安全模式退出判断

如果满足"最小副本条件"，NameNode 会在 30s 之后就退出安全模式。所谓的最小副本条件指的是在整个文件系统中 99.9% 的块满足最小副本级别（默认值为 dfs.replication.mim=1）。在启动一个刚刚格式化的 HDFS 集群时，因为系统中还没有任何块，所以 NameNode 不会进入安全模式。

集群处于安全模式，不能执行重要写操作。集群启动完成后，自动退出安全模式。

集群安全模式常用命令如下。

- 查看安全模式状态：hdfs dfsadmin –safemode get。
- 进入安全模式状态：hdfs dfsadmin –safemode enter。
- 离开安全模式状态：hdfs dfsadmin –safemode leave。
- 等待安全模式状态：hdfs dfsadmin –safemode wait。

任务四 HDFS 工作流程

📖 任务描述

在 Hadoop 集群中，客户端与 NameNode 节点之间的通信、NameNode 和 DataNode 节点之间的通信、DataNode 节点之间的通信，都是基于远程过程调用机制的。远程过程调用机制是一个节点通过网络调用另一个节点的子程序或者服务时应遵守的协议标准。

通过客户端、NameNode 和 DataNode 的交互，可以实现 HDFS 文件的创建、复制、删除等操作。这里主要介绍 HDFS 的启动流程、读数据流程和写数据流程。

📚 知识链接

一、启动流程

在 HDFS 启动过程中，需要启动 NameNode 和 DataNode。

HDFS 启动流程如下。

（1）第一次启动 HDFS，需要对 NameNode 进行格式化，创建 fsimage 和 edits 文件。如果不是第一次启动，系统会将 fsimage 文件中的内容加载到内存中去，之后再执行 edits 文件中的操作，使得内存中的数据和实际数据同步，存在内存中以支持客户端读。

（2）一旦在内存中成功建立文件系统元数据的映射，便创建一个新的 fsimage 文件和一个空的 edits 文件。

（3）NameNode 启动之后，HDFS 中的更新操作会重新写到 edits 文件中，因为 fsimage 文件一般都很大，如果所有的更新操作都往 fsimage 文件中添加，会导致系统运行得十分缓慢。如果往 edits 文件里面写就不会这样，因为 edits 文件要小很多，每次执行写操作之后且在向客户端成功发送代码之前，edits 文件都需要同步更新。

二、读数据流程

HDFS 读数据流程如图 4-4 所示。

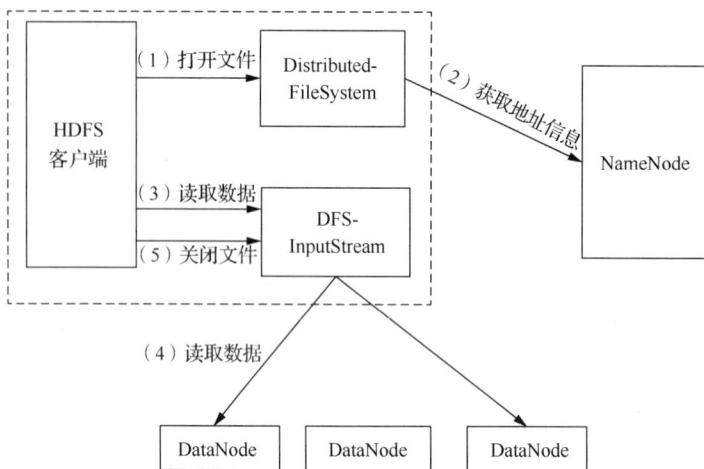

图 4-4　HDFS 读数据流程

（1）客户端调用 open()方法打开 HDFS 文件，DistributedFileSystem 创建文件输入流
DFSInputStream 来读取文件数据。

（2）DistributedFileSystem 通过 RPC 远程调用 NameNode，NameNode 会检查文件是否存
在以及客户端是否有读取权限。检查通过后，NameNode 会返回保存该文件 block 的所有 DataNode
地址信息，并根据与客户端的距离（根据延迟和负载判断）对 DataNode 进行排序。

（3）客户端开始读取数据，DFSInputStream 会选择最近的 DataNode 建立连接并读取数据块。

（4）数据从 DataNode 返回给客户端，读取完成后会关闭与该 DataNode 的连接，DFSInputStream
会连接下一个数据块并重复该步骤，直到文件全部读取完毕。如果一批 DataNode 地址信息读完后文件还
未读取完，客户端会继续向 NameNode 请求下一批 DataNode 地址信息。

（5）客户端读取完毕后，调用 open()方法关闭文件输入流。

三、写数据流程

HDFS 写数据流程如图 4-5 所示。

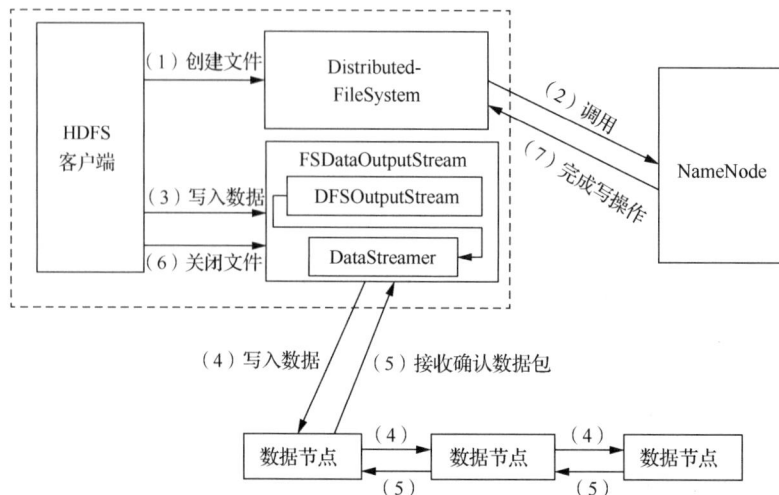

图 4-5　HDFS 写数据流程

（1）客户端调用 create()方法创建 HDFS 文件，DistributedFileSystem 创建文件输出流对象 DFSOutputStream。

（2）DistributedFileSystem 通过 RPC 远程调用 NameNode，NameNode 会检查文件是否存在以及客户端是否有写入权限。检查通过之后，NameNode 会为文件创建一个记录。

（3）客户端调用 write()方法来写入数据，DFSOutputStream 将数据分割成 block 大小的数据包，并放到一个数据队列中。

（4）DataStreamer 从数据队列中取出 block，并行地将数据写入到选定的多个 DataNode 中。NameNode 会根据副本因子和机架感知策略，分配指定数量的 DataNode 来存储 block 的副本。

（5）每个 DataNode 在完成数据存储后，会向 DFSOutputStream 发送写入确认。DFSOutputStream 接收到所有副本的确认后，会从数据队列中删除已写入的数据包。

（6）当所有数据都写入完毕后，客户端调用 close()方法关闭文件输出流对象 DFSOutStream。

（7）客户端调用 complete()方法通知 NameNode 文件写入完成。

任务五 HDFS 基本操作

任务描述

用户可以通过命令行操作 HDFS 的文件和目录，也可以通过 Java API 访问并操作 HDFS。本任务将以此介绍 HDFS 基本操作。

知识链接

一、HDFS 命令行操作

HDFS 中的基本操作与其他文件系统类似，包括文件创建、文件下载、文件重命名、文件删除、目录创建等。

微课 4-4　HDFS 命令行操作

HDFS 的文件操作命令包括 hadoop fs、hadoop dfs 和 hdfs dfs。

hadoop fs 使用范围最广，可以操作各种文件系统，如本地文件、HDFS 文件、简单存储服务（Simple Storage Service，S3）文件等。

hadoop dfs 为针对 HDFS 的操作命令。

hdfs dfs 与 hadoop dfs 类似，是针对 HDFS 的操作命令。

> 提示
>
> 使用HDFS命令进行文件操作时，对HDFS中的文件或者目录必须使用绝对路径，HDFS路径从"/"开始。而对本地Linux操作系统中的文件或者目录可以使用相对路径。

下面介绍一组常用的 HDFS 命令行操作命令。

（1）在 HDFS 中创建目录（目录名为 bigdata）。

```
hadoop fs -mkdir /bigdata
```

如果想要级联创建目录（如果父目录不存在，则自动创建父目录），则执行如下命令。

```
hadoop fs -mkdir -p /bigdata/bigdata1
```

（2）将本地 Linux 操作系统中的文件上传到 HDFS 上（将 Linux 操作系统上的/usr/local/src/test.txt 文件上传到 HDFS 上的/bigdata 目录下）。

```
hadoop fs -put /usr/local/src/test.txt /bigdata
```

> **思考**
>
> 传到HDFS上的数据，最终在哪里？
> 在上述命令中，/usr/local/src/test.txt是需要上传至HDFS上的本地文件，/bigdata用于指定要上传至HDFS的目录，如果HDFS上已经存在要上传的文件，想覆盖掉原文件，则需要使用参数-f，即hadoop fs -put -f /usr/local/src/test.txt /bigdata。

（3）将 HDFS 上的文件下载到本地（将 HDFS 上的/bigdata/test.txt 下载到 Linux 操作系统 root 用户的家目录下）。

```
hadoop fs -get /bigdata/test.txt /root
```

在上述命令中，/bigdata/test.txt 是需要从 HDFS 上下载的文件，/root 是要下载到本地 root 用户的家目录。

（4）将 HDFS 上的文件复制到其他目录下。

```
hadoop fs -cp /bigdata/test.txt /bigdata/bigdata1/test.txt
```

在上述命令中，/bigdata/test.txt 为需要复制的文件，/bigdata/bigdata1/test.txt 为复制后的文件。

课外拓展

distcp 的作用是从 HDFS 复制一个或多个数据文件或数据目录到指定目录。distcp 会启动 Map 任务去复制，不会启动 Reduce 任务。distcp 是 Hadoop 自带的分布式复制程序，该程序可以从 Hadoop 文件系统复制大量数据，也可以将大量的数据复制到 Hadoop 中。

（5）将 HDFS 上的文件移动到其他目录下。

```
hadoop fs -mv /bigdata/test.txt /bigdata/bigdata1/test1.txt
```

在上述命令中，/bigdata/test.txt 为需要移动的文件，/bigdata/bigdata1/test1.txt 为移动后的文件。执行如下命令，则实现重命名功能。

```
hadoop fs -mv /bigdata/bigdata1/test.txt /bigdata/bigdata1/test_bak.txt
```

（6）查看 HDFS 上文件的内容。

```
hadoop fs -cat /bigdata/test.txt
```

在上述命令中，/bigdata/test.txt 为要查看的文件。

（7）查看 HDFS 上文件内容的前 5 行。

```
hadoop fs -cat /bigdata/test.txt|head -5
```

在上述命令中，/bigdata/test.txt 为要查看的文件。

（8）删除 HDFS 上的文件或目录。

```
hadoop fs -rm /bigdata/test.txt
```

在上述命令中，/bigdata/test.txt 为要删除的文件。如果想删除目录，则需要加上参数"-r"，命令如下所示。

```
hadoop fs -rm -r /bigdata/bigdata1
```

（9）查看 HDFS 支持的命令。

```
hadoop fs -help
```

（10）查看 HDFS 中根目录下的文件和目录。

```
hadoop fs -ls /
```

二、HDFS API 操作

编写 HDFS API 需要使用 Java 代码，因此需要准备 HDFS 客户端环境。本书中 Java 开发环境使用 IntelliJ IDEA。IntelliJ IDEA 简称 IDEA，是业界公认较好的 Java 开发工具，尤其在智能代码助手、代码自动提示、重构、JavaEE 支持、各类版本工具、JUnit、CVS 整合、代码分析、创新的 GUI 设计等方面较为出色。HDFS 客户端环境的准备步骤如下。

① 将 Windows 操作系统下的 Hadoop 压缩包解压到 E 盘，文件夹名称为 hadoop。

② 配置 HADOOP_HOME 环境变量，如图 4-6 所示。

③ 配置 Path 环境变量，如图 4-7 所示，然后重启计算机。

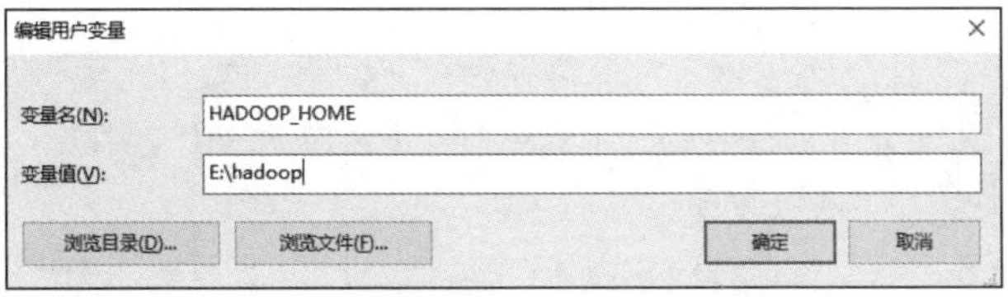

微课 4-5 HDFS API 操作

71

图 4-6 配置 HADOOP_HOME 环境变量

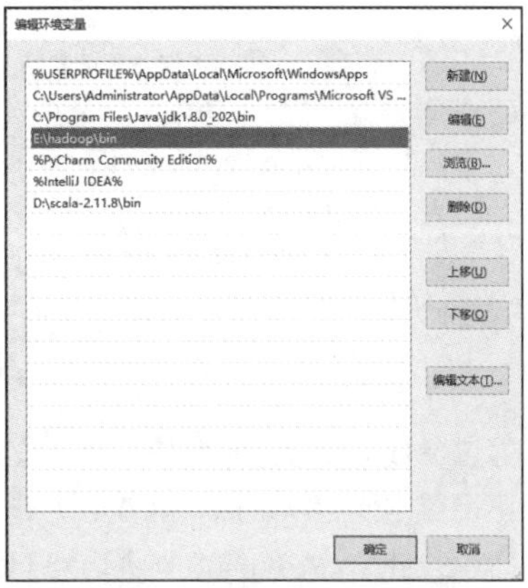

图 4-7 配置 Path 环境变量

④ 创建一个 Maven 工程。创建过程如图 4-8 所示，输入所建 Maven 工程的名称。

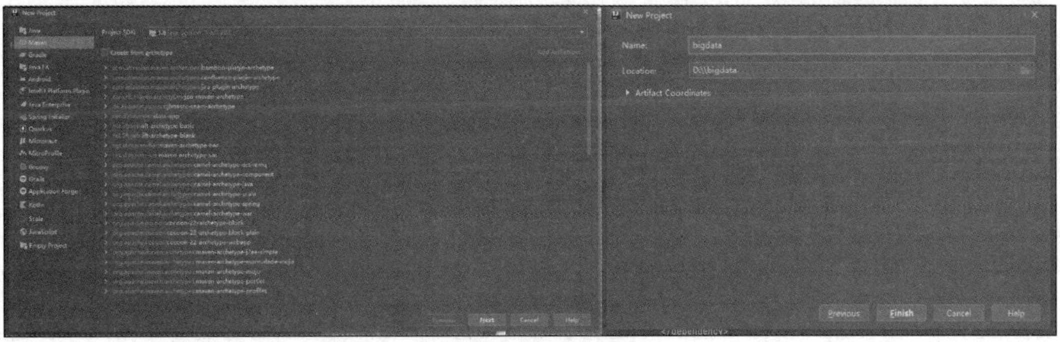

图 4-8 创建 Maven 工程

⑤ 导入相应的依赖，代码如下所示。

```
<dependencies>
    <dependency>
        <groupId>org.apache.hadoop</groupId>
        <artifactId>hadoop-common</artifactId>
        <version>2.9.2</version>
    </dependency>
    <dependency>
        <groupId>org.apache.hadoop</groupId>
        <artifactId>hadoop-client</artifactId>
```

```
        <version>2.9.2</version>
    </dependency>
</dependencies>
```

HDFS 客户端环境准备完成之后，编写 Java 代码，实现 HDFS 基本操作。

（1）将 Windows 操作系统上本地的 report.txt 文件上传到 HDFS 集群，代码如下所示。

```java
public class HdfsClientPut {
    public static void main(String[] args) throws Exception {
        Configuration conf = new Configuration();
        //指定本客户端上传文件到 HDFS 时需要保存的副本数为 2
        conf.set("dfs.replication", "2");
        //指定本客户端上传文件块大小为 64MB
        conf.set("dfs.blocksize", "64m");
        //构造一个通过 HDFS 系统访问的客户端对象：参数 1 为 HDFS 系统的 URI，参数 2 为客
户端要特别指定的参数，参数 3 为客户端的用户名
        FileSystem fs = FileSystem.get(new URI("hdfs://master:9000/"), conf, "root");
        //上传一个文件到 HDFS
        fs.copyFromLocalFile(new Path("E:\\report.txt"), new Path("/"));
        fs.close();
    }
}
```

通过参数可以指定本客户端上传文件到 HDFS 时保存的副本数和指定本客户端上传文件块大小。如果不设置则使用默认值，副本数为 3，块大小为 128MB。

FileSystem.get()构造一个访问 HDFS 系统的客户端对象，第一个参数为 HDFS 系统的统一资源标识符（Uniform Resource Identifier，URI），该参数值为 Hadoop 集群 NameNode 所在的节点；第二个参数为客户端要特别指定的参数，如客户端上传时文件备份数量和块大小等；第三个参数为客户端的身份，该参数值为用户名，此处使用 root。

copyFromLocalFile()可以实现上传一个文件到 HDFS，在该方法中指定待上传的文件及其位置，以及将要上传至 HDFS 的位置。

在上述代码中，我们需要设置参数，参数既可以在代码中设置，也可以在 Hadoop 集群中设置。那么参数优先级是怎么样的呢？参数优先级排序如表 4-1 所示。

表 4-1　参数优先级排序

参数值	优先级
客户端代码中设置的值	1
ClassPath 下的用户自定义配置文件	2
服务器的自定义配置（xxx-site.xml）	3
服务器的默认配置（xxx-default.xml）	4

（2）将 HDFS 集群上的 report.txt 文件下载到 Windows 操作系统，代码如下所示。

```java
public class HdfsClientGet {
    public static void main(String[] args) throws Exception {
        // 获取文件系统
        Configuration configuration = new Configuration();
        FileSystem fs = FileSystem.get(new URI("hdfs://master:9000"), configuration, "root");
        // 执行下载操作
        fs.copyToLocalFile(false, new Path("/test.txt"), new Path("E:\\test_bak.txt"), true);
        // 关闭资源
```

```
        fs.close();
    }
}
```

上述代码中，连接 HDFS 的代码与文件上传的代码一致，这里不再描述；copyToLocalFile()
实现了将 HDFS 上的文件下载到本地 Windows 操作系统，该方法中的第一个参数指是否将原文件
删除，第二个参数指待下载文件的路径，第三个参数指将文件下载到 Windows 操作系统的路径，
最后一个参数指是否开启文件校验。

（3）删除 HDFS 集群上的文件，代码如下所示。

```
public class HdfsClientDelete {
    public static void main(String[] args) throws Exception {
        // 获取文件系统
        Configuration configuration = new Configuration();
        FileSystem fs = FileSystem.get(new URI("hdfs://master:9000"), configuration, "root");
        fs.delete(new Path("/test"), true);//true 代表递归删除
        fs.close();
    }
}
```

上述代码中，连接 HDFS 的代码与文件上传的代码一致，这里不再描述；delete()实现了删除
HDFS 上的指定文件内容，第一个参数表示要删除的文件名称，第二个参数表示是否递归删除。

（4）对 HDFS 集群上的文件进行更名和移动，代码如下所示。

```
public class HdfsClientRename {
    public static void main(String[] args) throws Exception {
        // 获取文件系统
        Configuration configuration = new Configuration();
        FileSystem fs = FileSystem.get(new URI("hdfs://master:9000"), configuration, "root");
        fs.rename(new Path("/a.txt"), new Path("/xx/a.txt"));
        fs.close();
    }
}
```

上述代码中，连接 HDFS 的代码与文件上传的代码一致，这里不再描述；rename()实现了文件
移动和重命名，第一个参数为要移动或者重命名的文件，第二个参数为移动后或者重命名后的文件。

知识拓展

在 Hadoop 出现之前，高性能计算和网格计算一直是处理大数据问题的主要的方法和工具。
它们主要采用消息传递接口（Message Passing Interface，MPI）提供的 API 来处理大数据。
高性能计算的思想是将计算作业分散到集群上，集群计算节点访问存储区域内的共享文件系统来
获取数据，这种设计比较适合计算密集型作业。当需要访问 PB 级别的数据时，由于存储设备网
络带宽的限制，很多集群计算节点只能空闲等待数据。而 Hadoop 却不存在这种问题，由于 Hadoop
使用专门为分布式计算设计的文件系统 HDFS，计算的时候只需要将计算代码推送到存储节点上，
即可在存储节点上完成数据本地化计算，Hadoop 中的集群存储节点也是计算节点。

在分布式编程方面，MPI 属于比较底层的开发库，它赋予程序员极大的控制能力，但是要程
序员自己控制程序的执行流程、容错，甚至底层的套接字通信、数据分析算法等细节都需要程序

员自己编程实现。这无疑对开发分布式程序的人员提出了较高的要求。相反，Hadoop 的 MapReduce 却是一个高度抽象的并行编程模型。它将分布式并行编程抽象为两个原语操作，即 Map 操作和 Reduce 操作，开发人员只需要简单地实现相应的接口即可，完全不用考虑底层数据流、容错、程序的并行执行等细节，这种设计无疑大大降低了开发分布式并行程序的难度。

扩展阅读

"东数西算"

"东数西算"，即"东数西算工程"。"东数西算"中的"数"，指的是数据，"算"指的是算力，即对数据的处理能力。"东数西算"是通过构建数据中心、云计算、大数据一体化的新型算力网络体系，将东部算力需求有序引导到西部，优化数据中心建设布局，促进东西部协同联动。2022年 2 月，在京津冀、长三角、粤港澳大湾区、成渝、内蒙古、贵州、甘肃、宁夏 8 地启动建设国家算力枢纽节点，并规划了 10 个国家数据中心集群。至此，全国一体化大数据中心体系完成总体布局设计，"东数西算"正式全面启动。简单地说，"东数西算"就是让西部的算力资源更充分地支撑东部数据的运算，更好地为数字化发展赋能。

2022 年 3 月，第十三届全国人大五次会议审查的计划报告提出，实施"东数西算"工程。数字时代正在召唤一张高效率的"算力网"，使数据跨域流动。打通"数"动脉，织就全国算力一张网，既缓解了东部能源紧张的问题，也给西部开辟了一条发展新路。

数字中国春潮涌动，推进"东数西算"正当其时。面向未来，充分发挥我国体制机制优势，下好全国一盘棋，确保"东数西算"这一重大工程目标任务落到实处，必将为构建数字中国提供有力支撑，为经济高质量发展注入新动能。

项目实训

1. 使用HDFS命令行操作，实现如下功能。

（1）在HDFS集群根目录下创建目录/test。

（2）在本地Linux操作系统创建test.txt文件，文件内容自定义，将新创建的test.txt文件上传到HDFS集群上的/test目录。

（3）将HDFS集群上的/test/test.txt文件下载到本地。

（4）将HDFS集群上的/test/test.txt文件复制到根目录下。

（5）将HDFS集群上的/test/test.txt文件重命名为test1.txt。

（6）查看HDFS集群上/test/test1.txt文件的前5行内容。

（7）删除HDFS集群上根目录下的test.txt文件。

（8）查看HDFS集群中根目录下的文件和目录。

2. 编写Java API，实现如下功能。

（1）在Windows操作系统中新建文件log.txt，文件内容自定义，将本地文件上传到HDFS集群根目录下。

（2）将HDFS集群上根目录下的log.txt文件下载到Windows操作系统D盘。

（3）删除HDFS集群上根目录下的log.txt文件。

项目小结

　　HDFS是Hadoop平台的重要组成部分之一，也是大数据文件存储的重要载体。HDFS的设计目标是把超大数据集存储到网络中的多台计算机中，提供高可靠性和高吞吐率。本项目首先介绍了分布式文件系统；然后对HDFS的概念、特点、体系结构、运行机制和工作流程等进行了介绍；最后介绍了使用Hadoop提供的Shell命令完成HDFS命令行操作，以及使用Java编写代码实现对HDFS的操作。

项目考核

一、选择题

1. 以下关于SecondaryNameNode的描述中正确的是（　　　）。
   - A. 是NameNode的热备
   - B. 帮助NameNode合并编辑日志，减少NameNode启动时间
   - C. 对内存没有要求
   - D. SecondaryNameNode应与NameNode部署到一个节点
2. （　　　）管理着HDFS的命名空间。
   - A. 块
   - B. Namenode
   - C. SecondaryNameNode
   - D. JournalNode
3. 一个HDFS数据文件可能被切分成多个（　　　），存储在不同的DataNode上。
   - A. 块
   - B. namespace
   - C. fsimage
   - D. edits
4. NameNode上存储的元数据信息不包括（　　　）。
   - A. 文件名、目录名及其层级关系
   - B. 文件目录的所有者及其权限
   - C. 每个文件由哪些数据组成
   - D. HDFS文件的真实数据
5. 当NameNode启动时，集群会自动进入（　　　）。
   - A. 读取模式
   - B. 写入模式
   - C. 安全模式
   - D. 转换模式
6. 在HDFS文件操作中，上传文件的命令是（　　　）。
   - A. put
   - B. input
   - C. get
   - D. up

二、判断题

1. 因为HDFS有多个副本，所以NameNode不存在单点故障问题。（　　　）
2. SecondaryNameNode是NameNode的热备份。（　　　）

三、简答题

1. 简述HDFS体系结构，以及NameNode、SecondaryNameNode的区别与联系。
2. 简述NameNode和DataNode在HDFS中的作用。
3. HDFS采用的数据冗余存储方式具有哪些优势？
4. 简述HDFS的高可用集群机制的实现原理。
5. 简述HDFS的文件操作命令包括哪些。

项目五
MapReduce分布式计算

项目导读

　　MapReduce 是 Hadoop 三大核心组件之一，主要用于 Hadoop 中大数据分布式并行计算，其原理简单并且容易实现。MapReduce 编程模型主要是将一个任务划分为 Map 阶段和 Reduce 阶段，使得用户可以在不清楚分布式并行计算框架内部工作机制的情况下轻松完成分布式并行计算。

　　本项目首先介绍分布式并行计算和 MapReduce 的概念及特点，然后介绍 MapReduce 工作流程，并详细介绍 Map 阶段、Shuffle 阶段和 Reduce 阶段等；接着介绍 Hadoop 序列化、用 MapReduce 进行单词统计分析等；最后引出数据清洗案例和二次排序案例等。

项目目标

素质目标	知识目标	技能目标
➤ 养成事前调研、做好准备工作的习惯。 ➤ 贯彻互助共享的精神	➤ 掌握 MapReduce 框架的工作原理和特点。 ➤ 了解 Hadoop 的序列化和反序列化。 ➤ 掌握 MapReduce 编程模型。 ➤ 掌握 YARN 的工作原理及其应用场合	➤ 掌握 MapReduce 配置文件的修改。 ➤ 使用 MapReduce 模型独立完成单词统计分析。 ➤ 能够独立完成 YARN 的部署。 ➤ 掌握将使用 MapReduce 编写的jar包提交给YARN集群运行的方法

课前学习

选择题

1. （　　）文件主要用来配置ResourceManager、NodeManager的通信端口、Web监控端口等。

A. core-site.xml   B. mapred-site.xml

C. hdfs-site.xml   D. yarn-site.xml

2. （　　）是正确的MapReduce运行模型。

A. Reduce-Map-Shuffle   B. Shuffle-Map-Reduce

C. Map-Shuffle-Reduce   D. Map-Reduce-Shuffle

任务一 MapReduce 概述

📖 任务描述

MapReduce 是 Hadoop 生态系统中的重要组成部分之一，是重要的计算引擎，主要用来进行大数据计算。MapReduce 可以在大规模集群上并行处理海量数据。

📖 知识链接

MapReduce 是一个针对大规模集群中的分布式文件进行并行处理的计算模型。MapReduce 原理简单且易于实现，其设计目标就是让不熟悉分布式并行编程的开发人员能够将自己的程序轻松运行在分布式系统上。此外，MapReduce 屏蔽了分布式并行计算的诸多细节，仅为用户提供 MapReduce 计算接口，从而使得开发人员只需进行简单的编程就可以编写并行计算程序。

MapReduce 是面向大数据并行处理的计算模型、框架和平台，对大数据开发或者想要接触大数据开发的开发者来说，是必须要掌握的。它是一种经典大数据计算框架，现在有很多开源项目的内部实现都会直接或间接地借鉴 MapReduce。Hadoop 中的 MapReduce 是一个离线批处理计算框架。

一、分布式并行计算

分布式并行计算与传统的程序开发方式有很大的区别。传统的程序都以单数据流、单指令的方式按顺序进行计算，虽然传统程序开发的方式更符合人类的思维方式，但是这种程序的性能受到单台计算机性能的限制，可扩展性较差。分布式并行程序可以运行在由大量计算机组成的集群上，从而可以充分利用集群的并行处理能力，同时通过向集群增加新的计算节点就可以很容易地实现集群计算能力的扩展，提高大数据的计算能力。

分布式并行计算包含分布式计算和并行计算两个层面的内容。

分布式计算（Distributed Computing）可以将多个计算节点通过计算机网络连接起来，共同完成一个大型计算任务。即分布式计算可以将大任务拆分成许多小任务，然后把这些任务派发给多台计算机进行计算，最后将所有的计算结果进行汇总以得到最终的结果。此外，分解后的任务之间互相独立，计算结果之间几乎互不影响，且对实时性要求不高。

并行计算（Parallel Computing）又称平行计算，是一种允许让多条指令以平行的方式同时进行计算的模式，包括时间并行和空间并行两种方式。其中，时间并行可理解为利用多条流水线同时作业；而空间并行可理解为使用多种计算资源（如多个处理器）执行并发计算，从而减少解决复杂问题所花费的时间。

并行计算和分布式计算既有区别也有联系。从解决对象上看，两者的共同之处都是将大任务分解为多个小任务。两者之间的区别和联系如表 5-1 所示。

表 5-1 并行计算和分布式计算之间的区别和联系

项目	联系	区别				
		时效性	独立性	任务之间的关系	每个节点任务	应用场合
并行计算	都是运用并行来获得更高性能的计算，把大任务分为多个小任务。都属于高性能计算（High Performance Computing，HPC）的范畴。主要目的都在于对大数据进行分析与处理	强调	弱，小任务计算结果决定最终计算结果	关系密切	必要，并且时间同步	海量数据处理
分布式计算		不强调	强，小任务计算结果一般不影响最终结果	相互独立	不必要，对时间没有限制	模式类穷举

二、MapReduce 简介

MapReduce 是 Google 公司设计的大数据核心计算模型。Google 公司设计 MapReduce 的初衷主要是解决其搜索引擎中大规模网页数据的并行化处理问题，用其改写搜索引擎中的 Web 文档索引处理系统。MapReduce 可以普遍应用于很多大规模数据的计算问题，因此自出现 MapReduce 以后，Google 公司内部进一步将其广泛应用于很多大规模数据处理问题。

2004 年，开源项目 Lucene（搜索索引程序库）和 Nutch（搜索引擎）的创始人道格·卡廷发现 MapReduce 正是其所需要的解决大规模 Web 数据处理问题的重要技术，因而模仿 Google MapReduce，基于 Java 开发了一个开源 MapReduce 并行计算框架和系统。MapReduce 成为 Hadoop 的重要组成部分后，Hadoop 成为 Apache 开源组织下最重要的项目之一，很快得到了全球学术界和工业界的普遍关注，并得到推广和普及应用。MapReduce 作为一种分布式编程模型，被广泛应用于大规模和高维度数据集的处理，在海量数据处理中显示出较好的并行性以及扩展性。

MapReduce 的推出给大数据并行处理带来了巨大的革命性影响，尽管 MapReduce 还有很多局限性，但业界普遍认为 MapReduce 是最为成功、最广为接受和最易于使用的大数据并行处理技术。MapReduce 的发展普及和带来的巨大影响远远超出了发明者和开源社区当初的预期，以至于马里兰大学教授吉米·林（Jimmy Lin）在 2010 年出版的 *Data-Intensive Text Processing with MapReduce* 一书中提出：“MapReduce 改变了组织大规模计算的方式，它代表了第一个有别于冯·诺依曼结构的计算模型，是在集群规模而非单个计算机上组织大规模计算的新抽象模型上的第一个重大突破，是所见到的最为成功的基于大规模计算资源的计算模型。”

MapReduce 是面向大数据并行处理的计算模型、框架和平台。它隐含了以下 3 层含义。

（1）MapReduce 是一个基于集群的高性能并行计算平台。它允许用普通的计算机构成一个包含数十、数百甚至数千个节点的分布式和并行计算集群。

（2）MapReduce 是一个并行计算与运行软件框架。它提供了一个庞大但设计精良的并行计算软件框架，能自动完成计算任务的并行化处理，自动划分计算数据和计算任务，在集群节点上自动分配和执行任务以及收集计算结果，将数据分布存储、数据通信、容错处理等并行计算涉及的很多系统底层复杂细节交由系统负责处理，大大减轻软件开发人员的负担。

（3）MapReduce 是一个并行程序设计模型与方法。它借助于函数式程序设计语言 Lisp 的设计思想，提供了一种简便的并行程序设计方法，用 Map 和 Reduce 两个函数编程实现基本的并行计算任务，提供了抽象的操作和并行编程接口，简单方便地完成大规模数据的编程和计算处理。

MapReduce 通过把对数据集的大规模操作分发给网络上的每个节点实现计算，每个节点会周期性地返回它所完成的工作和最新的状态。如果一个节点保持沉默超过预设的时间，主节点将记录这个节点的状态为死亡，并把分配给这个节点的数据分配到其他的节点。

MapReduce 设计思想主要体现在以下 4 个方面。

1.“分而治之”策略

对相互之间不具有计算依赖关系的数据，实现并行最自然的办法就是采取分而治之的策略。并行计算的关键在于如何划分计算任务并同时处理子任务。对于不可拆分的计算任务或相互之间有依赖关系的数据则无法进行并行计算。“分而治之”的思想，即把一个复杂的任务拆分成多个小的任务并行处理，从而提高任务的处理速度。将文件由大到小进行拆分处理，处理从单节点执行到多节点执行，其实都是“分而治之”思想的体现。

2.“计算向数据靠拢”理念

是“计算向数据靠拢”，而不是“数据向计算靠拢”。因为移动大数据需要大量的网络传输开销，

尤其是在数据规模比较大的情况下，会占用太多的网络资源，直接导致数据计算较慢。所以在大数据计算设计时，移动计算比移动数据要更加经济。MapReduce 本着"计算向数据靠拢"的原则，将 Map 程序就近在 HDFS 数据所在的节点运行，从而减少节点间的数据移动开销。

3. 构建 Map 和 Reduce 抽象模型

MapReduce 借鉴了函数式语言的思想，用 Map 和 Reduce 两个函数提供高层的并行编程抽象模型。Map 对一组数据元素进行某种重复式的处理，Reduce 对 Map 的中间结果进行某种进一步的结果整理。Map 面对的是杂乱无章且互不相关的数据。它解析每个数据，从中提取出 Key（键）和 Value（值），也就是提取数据的特征。经过 MapReduce 的 Shuffle 阶段之后，在 Reduce 阶段看到的都是已经归纳好的数据。

4. 统一构架，隐藏系统层细节

MapReduce 最大的特点在于通过抽象模型和计算框架把需要做什么与具体怎么做分开，为设计者提供一个抽象和高层的编程接口和框架，设计者仅需要关心其应用层的具体计算问题，编写少量的处理应用本身计算问题的程序代码，如何具体完成并行计算任务所相关的诸多系统层细节被隐藏起来，交给计算框架去处理。

三、MapReduce 的特点

MapReduce 作为 Hadoop 的核心组件之一，在数据处理方面具有自己的特点。MapReduce 的优点主要体现在以下几个方面。

1. MapReduce 易于编程

利用 MapReduce 编写一个分布式程序就像编写一个简单的串行程序一样简单。只需实现一些接口，即可完成分布式程序，并将其分布到大量普通的计算机上运行。这种特点使 MapReduce 编程变得极为容易。在执行分布式并行计算时，MapReduce 会自动处理烦琐的任务调度和负载均衡等细节，从而将这些复杂性隐藏起来。因此，开发人员只需专注于设计简单的计算逻辑，即可轻松完成分布式计算任务，极大地降低了编写分布式程序的难度。

2. 良好的扩展性

当计算资源不能得到满足的时候，MapReduce 可以自动将输入数据分割成多个数据块，并将这些数据块分发到不同的计算节点上并行处理，从而实现数据的高效处理和分析。MapReduce 可以将计算任务分布到大量的计算节点上并行执行，从而提高计算速度和吞吐量。

3. 高容错性

如果集群中的某计算节点出现故障，使得作业执行失败，MapReduce 可以自动将作业分配到可用的计算节点上重新执行。

MapReduce 处理除了具有以上优点外，还存在不足，主要体现在以下几个方面。

（1）不擅长实时计算。

MapReduce 无法在毫秒或者秒级时间内返回结果。

（2）不擅长流式计算。

流式计算的输入数据是动态的，而 MapReduce 的输入数据是静态的，不能动态变化，因为 MapReduce 自身的设计特点决定了数据源必须是静态的。MapReduce 适用于海量数据的离线批处理，但不能在毫秒级时间内返回计算结果，因此，它不适合数据事务处理或单一请求处理。

（3）不擅长 DAG（有向图）计算。

多个应用程序存在依赖关系，后一个应用程序的输入为前一个的输出。在这种情况下，MapReduce 并不是不能做，而是使用后，每个 MapReduce 作业的输出结果都会写入磁盘，会造成大量的磁盘 I/O 开销，导致性能非常低。

（4）性能局限。

Map 任务和 Reduce 任务存在着严格的依赖关系。Map 任务的中间结果存储在本地磁盘上，然后 Reduce 任务需要从磁盘上获取 Map 计算的中间结果并将其作为 Reduce 的输入，这样就会产生大量的磁盘 I/O 开销，从而降低计算机的性能。

（5）应用局限。

MapReduce 不适合一般的 Web 应用，因为这些应用只是简单的数据访问且每次访问请求所需要的资源非常少，同时还需要满足高并发访问需求。

MapReduce 的应用场景主要有以下几个。

① 数据统计。例如计算大型网站的浏览量。

② 创建搜索引擎中的索引。Google 最早使用 MapReduce 就是对每天爬取的几十亿、上百亿的网页创建索引，从而产生 MapReduce 框架。

③ 从海量数据中查找具有某些特征的数据。

任务二　MapReduce 框架原理

📖 任务描述

对于某些简单的数据处理任务，如对文件中的数据做简单的数据格式转换或者切分等，可能只需要执行 Map 任务，然后将 Map 任务输出的结果直接存储到 HDFS 上。但是对大多数复杂的计算来说，通常离不开 Reduce 任务。本任务主要介绍 MapReduce 如何进行工作。

📚 知识链接

MapReduce 实现了分布式运算，利用 MapReduce 模型进行编程时，通常需要编写 Mapper 和 Reducer，第一个阶段的 MapTask 并发执行，完全并行运行，互不相干；第二个阶段的 ReduceTask 并发执行，互不相干，数据依赖于所有 Map 任务的输出。

Map 任务有若干个，每个 Map 任务处理一部分数据，并得到一个结果数据；然后每个 Map 任务处理之后的数据会被送到 ReduceTask 端进行合并。所以简单来说，Map 任务是用来处理每一小份数据的，ReduceTask 是用来合并 Map 任务处理之后的数据的。

知识拓展

MapReduce 编程模型只能包含一个 Map 阶段和一个 Reduce 阶段，如果用户的业务逻辑非常复杂，那就只能多个 MapReduce 程序串行运行。

一、MapReduce 工作流程

MapReduce 编程模型开发简单且功能强大，专为并行处理大规模数据量设计的 MapReduce 的工作流程如图 5-1 所示。

从图 5-1 可以得知，MapReduce 的工作流程大致可以分为 5 步，具体如下。

1. 分片和格式化

输入 Map 阶段的数据，必须经过分片和格式化操作。首先需要进行分片操作，

微课 5-2
MapReduce 工作
流程

分片操作是指将源文件划分为大小相等的小数据块（Hadoop 2.x 中默认大小为 128MB），也就是分片，Hadoop 会为每一个分片构建一个 Map 任务，并由该任务运行自定义的 map()函数，从而处理分片里的每一条记录。分片操作完成之后需要进行格式化操作，格式化操作将划分好的分片格式化为键值对<Key,Value>形式的数据，其中 Key 代表每一行的偏移量，Value 代表每一行内容。

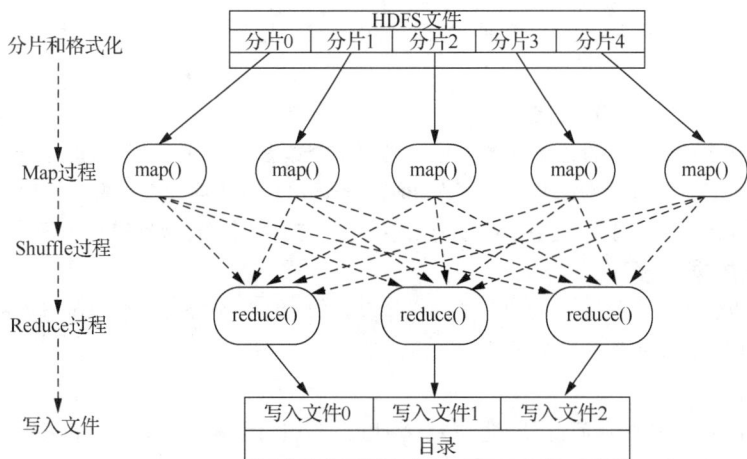

图 5-1 MapReduce 的工作流程

2. Map 过程

每个 Map 任务都有一个内存缓冲区（缓冲区大小为 100MB），输入的分片数据经过 Map 任务处理后，中间结果会被写入内存缓冲区。如果写入的数据达到内存缓冲的阈值 80MB（缓冲区溢写比例默认为 0.8），会启动一个线程将内存中的溢出数据写入磁盘，同时不影响 Map 中间结果继续写入缓冲区。

在溢写过程中，MapReduce 框架会对 Key 进行排序，如果中间结果比较大，会形成多个溢写文件，最后的缓冲区数据也会全部溢写入磁盘形成一个溢写文件。如果是多个溢写文件，则最后合并所有的溢写文件为一个文件。

3. Shuffle 过程

在 MapReduce 工作过程中，将 Map 阶段处理的数据传递给 Reduce 阶段是 MapReduce 框架中的一个关键过程，这个过程叫作 Shuffle。Shuffle 会将 Map 任务输出的处理结果数据分发给 ReduceTask，并在分发的过程中对数据按 Key 进行分区和排序。

4. Reduce 过程

输入 ReduceTask 的数据流是<Key,{Value List}>形式，用户可以自定义 reduce()方法进行逻辑处理，最终以<Key,Value>的形式输出。

5. 写入文件

MapReduce 框架会自动把 ReduceTask 生成的<Key,Value>传入 OutputFormat 的 write() 方法，实现文件的写入操作。

知识点拨

Shuffle 中的缓冲区大小会影响 MapReduce 程序的执行效率。从原则上说，缓冲区越大，磁盘 I/O 的次数越少，执行速度就越快，但是缓冲区也不能设置得太大。正是因为在 Shuffle 的过程中要不断地将文件从磁盘写入内存，再从内存写入磁盘，故 Hadoop 中 MapReduce 实时计算执行效率低。

缓冲区的大小可以通过 io.sort.mb 参数进行调整，默认情况下大小为 100MB。

Hadoop 框架是用 Java 实现的，但是 MapReduce 应用程序不一定要用 Java 来写。MapReduce 提供的主要功能如下。

1. 数据划分和计算任务调度

系统自动将一个作业中待处理的大数据划分为很多个数据块，每个数据块对应于一个计算任务，并自动调度计算节点来处理相应的数据块。作业和任务调度功能主要负责分配和调度计算节点（Map 节点或 Reduce 节点），同时负责监控这些节点的执行状态，并负责 Map 节点执行的同步控制。

2. 代码向数据迁移

为了减少数据通信，一个基本原则是本地化数据处理，即一个计算节点尽可能处理其本地磁盘上所分布存储的数据，这实现了代码向数据的迁移。

3. 系统优化

为了减少数据通信开销，中间结果数据进入 Reduce 节点前会被进行一定的合并处理；一个 Reduce 节点所处理的数据可能会来自多个 Map 节点，为了避免 Reduce 计算阶段发生数据相关性问题，Map 节点输出的中间结果需使用策略进行适当的划分处理，以保证相关性数据发送到同一个 Reduce 节点。此外，系统还进行一些计算性能优化处理，如对最慢的计算任务采用多备份执行，选最快完成者的结果作为最终结果等。

4. 出错检测和恢复

在以普通计算机构成的大规模 MapReduce 计算集群中，节点硬件出错和软件出错是常态。因此，MapReduce 需要能检测并隔离出错节点，以及调度分配新的节点接管出错节点的计算任务。同时，系统还将维护数据存储的可靠性，用多备份冗余存储机制提高数据存储的可靠性，并能及时检测和恢复出错的数据。

二、数据分片

在执行 Map 任务之前，MapReduce 会将存储在分布式文件系统中的大规模数据集切分成独立的输入分片（InputSplit），并且每一个输入分片对应一个 Map 任务。也就是说，有多少个输入分片就会存在多少个 Map 任务。

输入分片是一个逻辑概念，它对输入数据集的切分不是物理意义上的切分，而是对数据的逻辑结构进行切分。每个输入分片存储的并不是真实数据，而是指向分片数据的引用。输入分片中存储了一些元数据信息，包括起始位置、数据长度、数据所在节点等。由于 Map 任务的输入数据要求是键值对的形式，所以需要对输入分片进行格式化，即将输入分片处理成<Key,Value>形式的数据，然后传递给 Map 任务。

切片是通过 FileInputFormat 来实现的，其实现流程如图 5-2 所示。

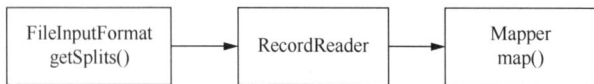

图 5-2　FileInputFormat 的实现流程

（1）通过 FileInputFormat 的 getSplits()方法来对文件进行切分，并获取每个切片。

（2）通过 RecordReader 把每个切片内的数据转换成<Key,Value>形式的数据。

（3）把<Key,Value>形式的数据输送到 Mapper，对每一行执行一次 map()方法。

知识点拨

块是 HDFS 物理存储上的数据，切片是数据逻辑上的划分。

三、Map 阶段

Map 阶段利用 map()函数来处理数据，map()函数接收<Key1,Value1>形式的数据输入。经过 map()函数处理后，获得一系列<Key2,Value2>形式的输出。其中，map()函数中具体的数据处理方法可以由用户自己定义。map()函数的调用过程如图 5-3 所示。

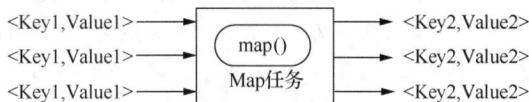

图 5-3　map()函数的调用过程

通常，map()函数的输出并不会直接交给 Reduce 任务，而是需要经过一系列处理，如分区（Partition）、排序（Sort）、合并（Combine）、溢写（Spill，将内存中的数据写入磁盘）、归并（Merge）等，然后将处理后的数据作为 Reduce 任务的输入。这一系列处理过程称为 Shuffle（洗牌）过程。

四、Shuffle 阶段

Map 阶段的输出经过 Shuffle 过程（如分区、排序、合并等）后会形成有一定规则的数据，并按照分区分配给对应的 Reduce 任务。Shuffle 阶段描述着数据从 Map 阶段流入 Reduce 阶段的过程。Map 端的 Shuffle 过程如图 5-4 所示。

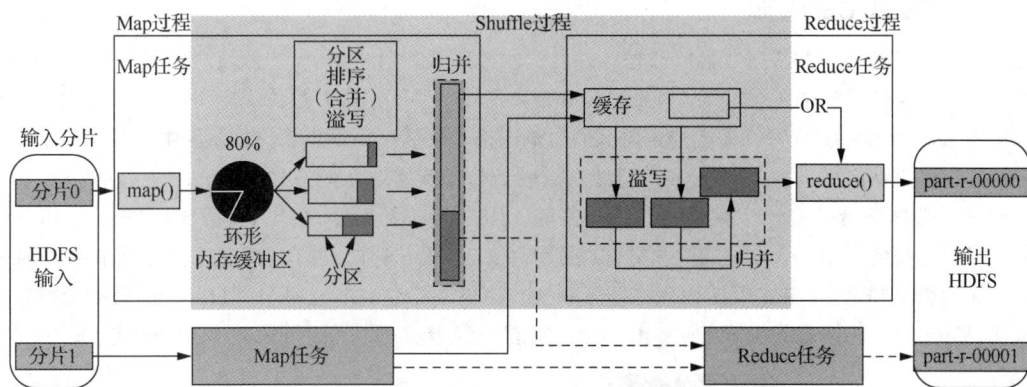

图 5-4　Map 端的 Shuffle 过程

Map 端的 Shuffle 过程如下。

（1）map()函数的输出并不会立即写入磁盘，MapReduce 会为每个 Map 任务分配一个环形内存缓冲区，用于存储 map()函数的输出。

（2）在将环形内存缓冲区中的数据写入磁盘之前，需要对数据进行分区、排序和合并等（可选）操作。

① 分区操作的主要目的是将数据均匀地分配给 Reduce 任务，以实现 MapReduce 的负载均衡，从而避免单个 Reduce 任务的压力过大。

② 排序操作是 MapReduce 的默认操作，主要是将 Map 任务的输出按 Key 进行排序。排序操作在分区操作之后执行，因此，每个分区中的数据都是有序的。

③ 排序结束后，用户可根据实际需求选择是否要执行合并操作。不过，只有预先定义了 Combine() 函数，才会执行合并操作，从而减少溢写的数据量。所谓合并操作，就是将具有相同 Key 的<Key, Value>的 Value 加起来。例如，对具有相同键的<'a',1>和<'a',1>两个键值对，经过合并操作之后，得到的结果为<'a',2>。这样一来，键值对的数量就减少了。

（3）环形内存缓冲区中的数据一旦达到阈值，后台线程便开始把数据溢写到本地磁盘的临时文件（即溢写文件）中。在溢写到磁盘的过程中，Map 任务的输出仍然不断地写到环形内存缓冲区中。不过，当整个环形内存缓冲区被数据占满时，Map 任务就会被阻塞，直到写磁盘过程完成，才可以向环形内存缓冲区继续写数据。

（4）由于此时 Map 任务并未结束，系统需要将所有溢写文件中的数据进行归并（从磁盘到磁盘以分区排序来归并数据），以生成一个大的溢写文件（数据已分区且有序）。归并操作就是将相同 Key 的 Value 归并成一个集合，形成新的键值对。例如，对具有相同键的键值对<'a',1>、<'a',2>和<'a',5>，经过归并操作之后，得到的键值对为<'a',{1,2,5}>。文件归并操作完成后生成最终的 Map 任务输出文件，文件保存在 Map 任务所在节点的本地磁盘上，Map 任务执行结束。

Reduce 端的 Shuffle 过程如下。

（1）在一个 MapReduce 作业中，通常会启动多个 Map 任务，并且由于每个 Map 任务处理的数据量不同，任务结束时间也不同，一旦有 Map 任务结束，与其相关的 Reduce 任务就会去复制输出文件，系统会根据 Reduce 任务数来启动相同数量的复制线程（Fetcher），这些复制线程能够并行复制 Map 任务的输出文件。

（2）Reduce 任务将复制获得的文件存放在自身所在节点的缓存中，当缓存中的数据达到阈值，即需要溢写到磁盘时，Reduce 任务会对复制数据进行归并排序（Merge Sort），生成溢写文件。如果生成了多个溢写文件，则需要多次执行归并操作，再将数据输入 reduce() 函数。

五、Reduce 阶段

Reduce 任务接收归并排序后的数据，并且对已经有序的相同 Key 的键值对调用一次 reduce() 函数。Reduce 任务的输入是<Key2,List(Value2)>形式的中间结果，最终输出<Key3,Value3>形式的计算结果。Reduce 任务的输出结果可以通过输出格式化后，再输出到文件系统中，并且每个作业输出结果文件默认以 "part-r-00000" 开始，以后 5 位数字递增 1 的方式命名。

当分区数据被合并成一个完整的有序列表后，用户的 Reduce 端代码就开始被执行。每一个 Reduce 任务都会产生一个单独的输出文件，通常存储在 HDFS 中。独立的输出文件使得 Reduce 任务之间无须协调共享文件的访问，大大降低了 Reduce 的复杂性并能让每一个 Reduce 任务运行效率最大化。输出文件的格式取决于 OutputFormat 参数，该参数可以通过配置文件进行配置。

任务三　Hadoop 序列化

任务描述

在 MapReduce 中，Map 端产生的数据需要传输给 Reduce 端进行序列化和反序列化。而 JDK 中的原生序列化机制产生的数据比较冗余，会导致数据在 MapReduce 运行过程中传输效率低下。所以，Hadoop 专门设计了自己的序列化机制。对于在 MapReduce 中传输的数据类型，必须实现 Hadoop 自己的序列化接口。

知识链接

序列化就是把内存中的对象转换成字节序列（或其他数据传输协议）以便于存储（持久化）和网络传输。反序列化就是将收到的字节序列（或其他数据传输协议）或者硬盘上的持久化数据转换成内存中的对象。

Java的序列化是一个重量级序列化框架（Serializable），一个对象被序列化后，会附带很多额外的信息（各种校验信息、Header、继承体系等），不便于在网络中高效传输。所以Hadoop自己开发了一套序列化机制，具有精简和高效的特征。

一般来说，"活的"对象只存在于内存里，关机断电就消失。而且"活的"对象只能由本地的进程使用，不能被发送到网络上的另外一台计算机。然而Hadoop序列化可以存储"活的"对象，可以将"活的"对象发送到远程计算机。Hadoop序列化具有如下特点。

（1）紧凑：高效使用存储空间。

（2）快速：读写数据的额外开销小。

（3）可扩展：随着通信协议的升级而升级。

（4）互操作：支持多语言的交互。

Hadoop提供的序列化格式Writable(org.apache.hadoop.io.Writable)相比Java提供的序列化格式Serializable(java.io.Serializable)更加紧凑，序列化后的附加信息大大减少，性能更好。但是很难用Java以外的语言进行扩展。

常用的Java类型对应的HadoopWritable实现类如表5-2所示。所有这些Writable类都继承自WritableComparable。它们都有get()和set()方法，用于获得和设置封装的值。

表5-2　封装类型表

Java 类型	HadoopWritable 实现类
boolean	BooleanWritable
byte	ByteWritable
int	IntWritable
float	FloatWritable
long	LongWritable
double	DoubleWritable
string	Text
map	MapWritable
array	ArrayWritable

表中的Writable实现类和对应的接口都位于org.apache.hadoop.io包中。在Hadoop中也可以实现自定义Bean对象的序列化操作，需要注意以下几个方面的内容。

（1）必须实现Writable接口。

（2）反序列化时，需要反射调用空参构造函数，所以必须有空参构造。

（3）重写序列化方法。

（4）重写反序列化方法。

（5）反序列化的顺序和序列化的顺序完全一致。

（6）要想把结果显示在文件中，需要重写toString()，以方便后续调用。

（7）如果需要将自定义的Bean放在Key中传输，则还需要实现Comparable接口，因为MapReduce中的Shuffle阶段一定会对Key进行排序。

任务四　单词统计分析

任务描述

单词统计分析是体现 MapReduce 思想的程序之一，其主要功能是统计一系列文本文件中每个单词出现的次数。在单词统计分析任务中，不同单词的出现次数之间不存在相关性，相互独立。因此，可以把不同的单词分发给不同的机器并行处理，MapReduce 就可以很好地实现这种分布式并行处理方式。

微课 5-3　单词统计分析（1）

知识链接

一、MapReduce 编程规范

用户使用 MapReduce 模型进行编程时，需要编写 Mapper、Reducer 和 Driver 这 3 个部分，其他阶段不需要用户编写。

1. Mapper 阶段

编写 Mapper 时，在编写过程中需要规范以下内容。

（1）用户自定义的 Mapper 要继承自己的父类 Mapper。

（2）Mapper 的输入数据是键值对的形式，键值对的类型可自定义。

（3）需要重写 map()方法，Mapper 中的业务逻辑写在 map()方法中。

（4）map()方法（Map 任务进程）对每一个键值对调用一次。

2. Reducer 阶段

编写 Reducer 时，在编写过程中需要规范以下内容。

（1）用户自定义的 Reducer 要继承自己的父类 Reducer。

（2）Reducer 的输入数据类型对应 Mapper 的输出数据类型，应保持一致。

（3）需要重写 reduce()方法，Reducer 的业务逻辑写在 reduce()方法中。

（4）ReduceTask 进程对每一组相同 Key 的键值对调用一次 reduce()方法。

3. Driver 阶段

整个程序需要一个 Drvier 来进行提交，Drvier 中包含描述了各种必要信息的 Job 对象。

二、设计思路

假设有两个文本文件，分别为 words1.txt 和 words2.txt，现在需要统计这两个文件中单词出现的次数。在统计单词数量任务中，可以将大的数据集切分成小的数据集，且各数据集之间相互独立，以方便并行处理。此外，各个单词的频数不具有相关性，可以将不同的单词分发到不同的节点上处理。由此可以看出，单词统计任务的解决思路完全贴合 MapReduce 的编程思想。统计单词频数的流程如图 5-5 所示。

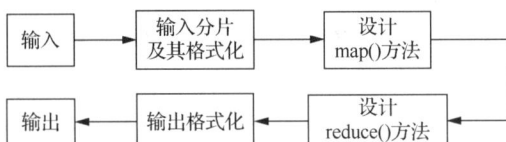

图 5-5　统计单词频数的流程

- 输入阶段：在输入阶段主要指定输入文件所在的位置。

- 输入分片及其格式化阶段：将两个文件切分成输入分片，然后对输入分片进行格式化，按行分解从而形成以 Key 为行偏移量、Value 为行内容的键值对。

- 设计 map()方法阶段：设计 map()方法，将键值对的 Value 按空格分解成一个个单词，生成键值对。
- 设计 reduce()方法阶段：设计 reduce()方法，将输入的数据进行汇总，生成以 Key 为单词、Value 为单词频数的键值对。
- 输出格式化阶段：系统默认的输出格式为"单词+空格+单词频数"的形式，若要输出特定样式的数据，需要对输出结果进行格式化。
- 输出阶段：在输出阶段指定单词统计程序输出结果文件的位置。

三、设计过程

在该任务中，程序的执行过程如下。

1. 输入分片及其格式化

案例中的输入文件为两个很小的文本文件，单个文件的数据没有达到需要切分的程度，所以可将每个文件作为独立的分片。此外，还需要对输入分片进行格式化操作，形成<Key1,Value1>形式的数据流。单词统计的输入分片及其格式化如图 5-6 所示。

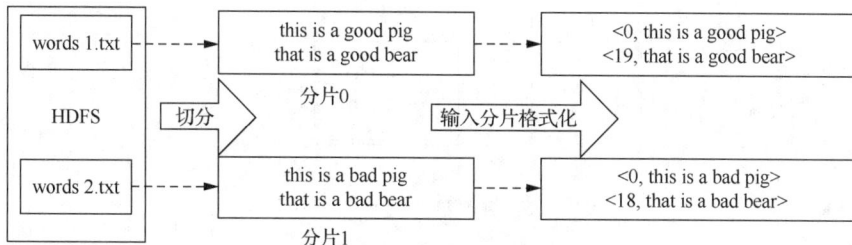

图 5-6 单词统计的输入分片及其格式化

Key1 为偏移量，从 0 开始，每读取一个字符（包括空格、换行符等）就增加 1，单词占 1 个字符；Value1 为每行文本内容，文本内容为字符串形式。

2. Map 过程

map()方法将接收到的<Key1,Value1>形式的输入数据流按空格进行拆分，输出结果为<Key2,Value2>形式的数据。单词统计的 Map 过程如图 5-7 所示。

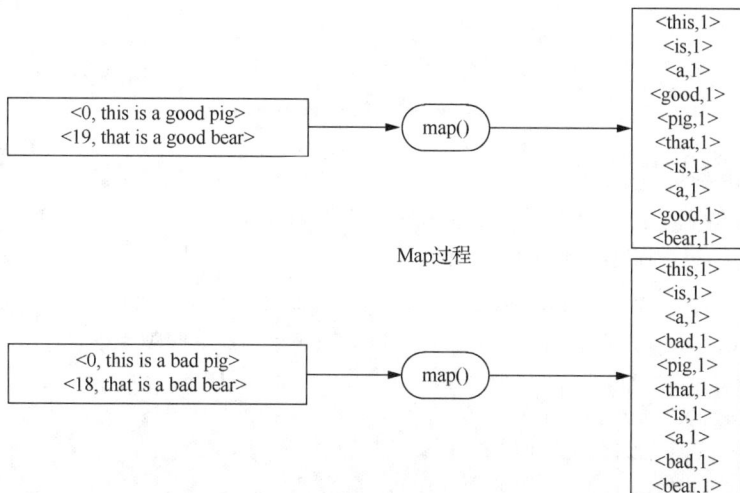

图 5-7 单词统计的 Map 过程

Key2 为字符串形式的单词；Value2 的值为 1，表示单词数为 1。

3. Shuffle 过程

由于 Reduce 要求输入数据有序，所以 map()方法的计算结果需要经过处理（如分区、排序、归并）才可以作为 reduce()方法的输入。于是，将多个 Map 任务的<Key2,Value2>形式的输出处理成<Key2,List(Value2)>形式的中间结果。单词统计的 Shuffle 过程如图 5-8 所示。

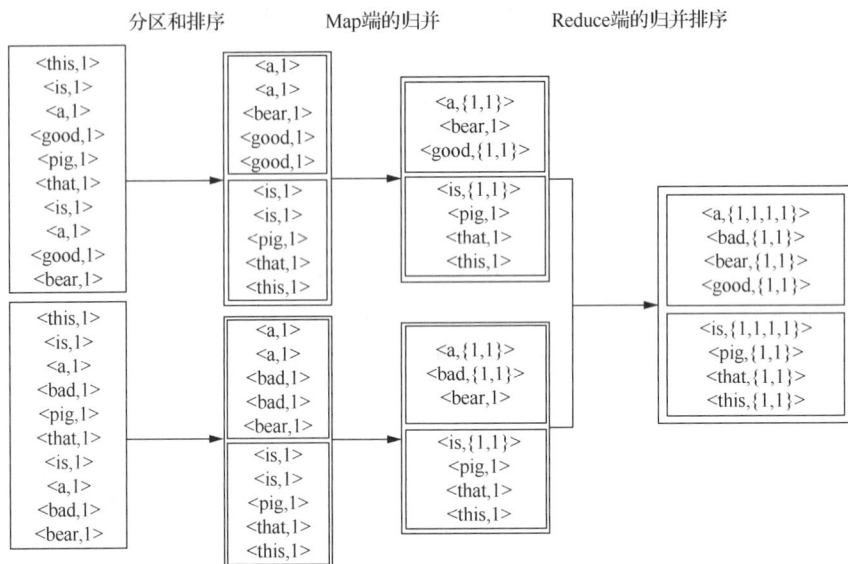

图 5-8　单词统计的 Shuffle 过程

4. Reduce 过程

reduce()方法接收<Key2,List(Value2)>形式的数据流，对相同单词的值集合进行计算，汇总出单词出现的总次数。单词统计的 Reduce 过程如图 5-9 所示。

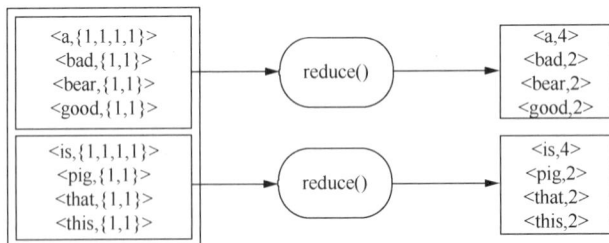

图 5-9　单词统计的 Reduce 过程

四、代码实现

本案例中的测试数据位于"G:/wordcount/input"文件夹中。

1. 定义 WordCountMapper 类

自定义 WordCountMapper 类继承自 org.apache.hadoop.mapreduce.Mapper 类。WordCountMapper 类是 map()方法的执行者，用户需要根据数据处理需求重写 map()方法。WordCountMapper 类的代码如下所示。

微课 5-4　单词统计分析（2）

```
import java.io.IOException;
import org.apache.hadoop.io.IntWritable;
import org.apache.hadoop.io.LongWritable;
import org.apache.hadoop.io.Text;
```

```
import org.apache.hadoop.mapreduce.Mapper;
public class WordCountMapper extends Mapper<LongWritable, Text, Text, IntWritable>{
    @Override
    protected void map(LongWritable key, Text value, Context context)
            throws IOException, InterruptedException {
        String line = value.toString();//将 Text 类型转成字符型
        String[] words = line.split("");//切割单词
        for (String word : words) {//遍历 words
            context.write(new Text(word), new IntWritable(1));
        }
    }
}
```

上述代码中，Mapper<LongWritable,Text,Text,IntWritable> 的原型是 Mapper<KEYIN, VALUEIN, KEYOUT, VALUEOUT>，下面对其进行说明。

● KEYIN: Map 任务读取到的 Key 的数据类型，是一行的起始偏移量的数据类型，使用长整型，因此，在 MapReduce 中使用 LongWritable。

● VALUEIN: Map 任务读取到的 Value 的数据类型，是一行内容的数据类型，使用字符型，因此，在 MapReduce 中使用 Text。

● KEYOUT: 用户的自定义 map()方法要返回的结果键值对中 Key 的数据类型，在 WordCount 逻辑中，需要输出的单词是字符型，因此，在 MapReduce 中使用 Text。

● VALUEOUT: 用户的自定义 map()方法要返回的结果键值对中 Value 的数据类型，在 WordCount 逻辑中，需要输出的单词数量是整数，因此，在 MapReduce 中使用 IntWritable。

课外拓展

上述代码中对 map()方法的重写可以通过快捷键实现，使用"Alt+Insert"快捷键会出现提示，如图 5-10 所示。

在生成类的各项基本方法界面中选择"Override Methods…"，出现可以重写的方法，选择重写方法的界面如图 5-11 所示。

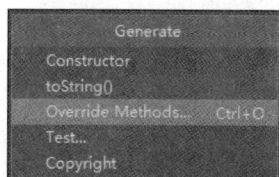

图 5-10 生成类的各项基本方法界面

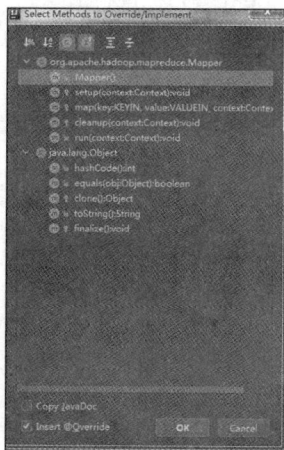

图 5-11 选择重写方法的界面

2. 编写 WordCountReducer 类

自定义 WordCountReducer 类继承自 org.apache.hadoop.mapreduce.Reducer 类，并重写了 reduce()方法，Key 值相同的数据会在同一个 Reduce 任务中处理。WordCountReducer 类的代码如下所示。

```java
import java.io.IOException;
import java.util.Iterator;
import org.apache.hadoop.io.IntWritable;
import org.apache.hadoop.io.Text;
import org.apache.hadoop.mapreduce.Reducer;
public class WordcountReducer extends Reducer<Text, IntWritable, Text, IntWritable>{
    @Override
    protected void reduce(Text key, Iterable<IntWritable> values,
            Context context) throws IOException, InterruptedException {
        int count = 0;
        Iterator<IntWritable> iterator = values.iterator();
        while(iterator.hasNext()) {
            IntWritable value = iterator.next();
            count += value.get();//对相同 Key 值的 Value 进行累加
        }
        context.write(key, new IntWritable(count));
    }
}
```

微课 5-5　单词统计
分析（3）

3. 编写 WordCountJob 类

自定义 WordCountJob 类为 Job 指定了输入文件的位置、输入文件格式类、自定义 Mapper 类、自定义 Reducer 类、自定义 OutputFormat 类及输出文件的位置。WordCountJob 类的代码如下所示。

```java
import org.apache.hadoop.conf.Configuration;
import org.apache.hadoop.fs.Path;
import org.apache.hadoop.io.IntWritable;
import org.apache.hadoop.io.Text;
import org.apache.hadoop.mapreduce.Job;
import org.apache.hadoop.mapreduce.lib.input.FileInputFormat;
import org.apache.hadoop.mapreduce.lib.output.FileOutputFormat;
public class WordCountJob {
    public static void main(String[] args) throws Exception {
        //Job
        Job job = Job.getInstance();
        //封装参数，jar 包所在位置
        job.setJarByClass(JobSubmitter.class);
        //封装参数，Job 调用的 Mapper 和 Reducer 实现类
        job.setMapperClass(WordCountMapper.class);
        job.setReducerClass(WordCountReducer.class);
        //封装参数，Job 调用的 Mapper 和 Reducer 实现类中 Key 和 Value 的数据类型
        job.setMapOutputKeyClass(Text.class);
        job.setMapOutputValueClass(IntWritable.class);
        job.setOutputKeyClass(Text.class);
        job.setOutputValueClass(IntWritable.class);
```

```
//封装参数，处理的数据和最终结果数据路径
FileInputFormat.setInputPaths(job, new Path("G:\\wordcount\\input"));
//G:\\wordcount\\input 为待处理文件所存放的路径
FileOutputFormat.setOutputPath(job,  new Path("G:\\wordcount\\output"));
//G:\\wordcount\\output 为处理完成的文件存放路径
//设置启动的 ReduceTask 数量
job.setNumReduceTasks(2);
//提交 Job 给 YARN
boolean res = job.waitForCompletion(true);
System.exit(res?0:-1);
    }
}
```

微课 5-6　单词统计
分析（4）

知识点拨

在 Windows 10 操作系统下运行 MapReduce 程序，必须配置 Hadoop 的 HADOOP_HOME 和 PATH 路径。配置方法参照项目四的任务五中的 HDFS API 操作。

知识拓展

上面的代码实现了本地测试功能，处理的数据来源于本地。但是实际生产环境中，数据位于 HDFS 上，那么该如何解决？

（1）本地直接提交给集群运行。

在该方式中，运行本地代码直接将任务提交给集群，需要在 WordCountJob 中添加如下内容。

```
// 在代码中设置 JVM 系统参数，用于给 Job 对象获取访问 HDFS 的用户身份，解决用户身份不
符问题。该语句一般要放在代码的首行位置，其中 root 为启动 Hadoop 集群时的用户名
System.setProperty("HADOOP_USER_NAME", "root");
Configuration conf = new Configuration();
// 设置 Job 运行时要访问的默认文件系统
conf.set("fs.defaultFS", "hdfs://master:9000");
Job job = Job.getInstance(conf);
```

除了需要增加上述代码之外，还需要将处理的数据和最终结果数据路径修改为 HDFS 上的位置，如下所示。

```
FileInputFormat.setInputPaths(job, new Path("/wordcount/input"));
FileOutputFormat.setOutputPath(job, new Path("/wordcount/output"));
```

（2）打成 jar 包，直接提交给集群运行。

在该方式中，只需要将处理的数据和最终结果数据路径修改为 HDFS 上的位置，然后打成 jar 包提交给集群。

任务五　YARN 资源调度管理框架

任务描述

另一种资源协调者（Yet Another Resource Negotiator，YARN）是一种新的 Hadoop 资源管理器。它是一个通用资源管理系统，可为上层应用提供统一的资源管理和调度。它的引入为集群在利用率、资源统一管理和数据共享等方面带来了巨大好处。

知识链接

YARN 的基本思想是将作业跟踪器（JobTracker）的两个主要功能（资源管理和作业调度监控）分离，主要方法是创建一个全局的资源管理器（ResourceManager，RM）和若干个针对应用程序的应用程序主控器（ApplicationMaster，AM），这里的应用程序是具体计算任务或工作负载。

YARN 分层结构的核心是 ResourceManager，这个实体控制整个集群并管理应用程序基础计算资源的分配。ResourceManager 将各个资源部分（计算、内存、带宽等）精心安排给基础节点管理器（NodeManager）。ResourceManager 还与 ApplicationMaster 一起分配资源，与 NodeManager 一起启动和监视它们的基础应用程序。ApplicationMaster 承担了以前的任务跟踪器（TaskTracker）的角色，ResourceManager 承担了 JobTracker 的角色。

ApplicationMaster 负责协调来自 ResourceManager 的资源，并通过 NodeManager 监视容器的执行和资源使用（CPU、内存等资源的分配）。NodeManager 管理一个 YARN 集群中的每个节点。NodeManager 为集群中的每个节点提供服务，负责容器的全周期管理、资源监控以及节点健康跟踪。

一、YARN 基本架构

YARN 主要由 ResourceManager、NodeManager、ApplicationMaster 和 Container 等组件构成。

（1）ResourceManager（RM）: ResourceManager 是一个全局的资源管理器，负责整个系统的资源管理和分配。

微课 5-7　YARN 概述

● 调度器：调度器根据容量、队列等限制条件（如每个队列分配一定的资源，最多执行一定数量的作业等），将系统中的资源分配给各个正在运行的应用程序。需要注意的是，该调度器是一个"纯调度器"，不从事任何与具体应用程序相关的工作，例如不负责监控或者跟踪应用的执行状态等，也不负责重新启动因应用执行失败或者硬件故障而产生的失败任务，这些均交由与应用程序相关的 ApplicationMaster 完成。调度器仅根据各个应用程序的资源需求进行资源分配，而资源分配单位用一个抽象概念"资源容器"（Resource Container，简称 Container）表示。此外，该调度器是一个"可插拔"的组件，用户可根据自己的需要设计新的调度器。YARN 提供了多种直接可用的调度器，例如 Fair Scheduler 和 Capacity Scheduler 等。

● 应用程序管理器：负责管理整个系统中的所有应用程序，包括应用程序提交、与调度器协商资源以启动 ApplicationMaster、监控 ApplicationMaster 运行状态并在失败时重新启动 ApplicationMaster 等。

（2）NodeManager（NM）: NodeManager 是每个节点上的资源和任务管理器，一方面，它会定时地向 RM 汇报本节点上的资源使用情况和各个 Container 的运行状态；另一方面，它接收并处理来自 AM 的 Container 启动和停止等各种请求。

（3）ApplicationMaster（AM）: 用户提交的每个应用程序均包含一个 AM，其主要功能包括与 RM 调度器协商以获取资源（用 Container 表示）；将得到的任务进一步分配给内部的任务（资源的二

次分配），与 NodeManager 通信以启动和停止任务，监控所有任务运行状态，并在任务运行失败时重新为任务申请资源以重启任务。

（4）Container：Container 是 YARN 中的资源抽象。它封装了节点上的多维度资源，如内存、CPU、磁盘、网络等，当 AM 向 RM 申请资源时，RM 为 AM 返回的资源用 Container 表示。YARN 会为每个任务分配一个 Container，且该任务只能使用该 Container 中描述的资源。

YARN 的资源管理和执行框架都按主从模式实现，Slave 为节点管理器，运行、监控每个节点，并向集群 Master 资源管理器报告资源的可用性状态，资源管理器最终为系统里的所有应用分配资源。

特定应用的执行由 ApplicationMaster 控制，ApplicationMaster 负责将一个应用分割成多个任务，并和资源管理器协调执行所需的资源。资源一旦分配好，ApplicationMaster 就和节点管理器一起安排、执行、监控独立的应用任务。

需要说明的是，YARN 不同服务组件的通信方式采用了事件驱动的异步并发机制，这样可以简化系统的设计。

目前 YARN 仅支持 CPU 和内存两种资源，且使用了轻量级资源隔离机制进行资源隔离。ResourceManager 只负责监控 ApplicationMaster，在 ApplicationMaster 运行失败时启动 ApplicationMaster。ResourceManager 并不负责 ApplicationMaster 内部任务的容错，这由 ApplicationMaster 来完成。

二、YARN 的配置

YARN 不需要单独安装，只需要修改 Hadoop 的配置文件即可。YARN 包括 NodeManager 和 ResourceManager 两个节点。原则上，NodeManager 在物理计算机上应该跟 DataNode 部署在一起，ResourceManager 在物理上应该独立部署于一台专门的计算机。YARN 与 YARN 的配置关系如表 5-3 所示。

微课 5-8 YNRN 的配置

表 5-3 YARN 与 YARN 的配置关系

组件	master	slave1	slave2
HDFS	NameNode DataNode	SecondaryNameNode DataNode	DataNode
YARN	NodeManager	NodeManager	ResourceManager NodeManager

ResourceManager 也很消耗内存，不要和 NameNode、SecondaryNameNode 配置在同一个节点上。本书将 ResourceManager 部署在 slave2 节点上，YARN 的配置步骤如下所示。

① 修改配置文件。

配置文件位于/usr/local/src/hadoop/etc/hadoop，修改文件 yarn-site.xml，将<configuration>和</configuration>中的内容修改为如下所示。

```
<!--运行 ResourceManager 机器所在的节点的位置-->
<property>
    <name>yarn.resourcemanager.hostname</name>
    <value>slave2</value>
</property>
<!--为 MapReduce 程序提供 Shuffle 服务-->
<property>
    <name>yarn.nodemanager.aux-services</name>
```

```
        <value>mapreduce_shuffle</value>
    </property>
```

除了上述配置外，还可以通过 yarn-site.xml 文件进行其他配置如下所示。

```
<!--在资源管理器中分配给每个容器请求的最小内存限制，以 MB 为单位-->
<property>
        <name>yarn.scheduler.minimum-allocation-mb</name>
        <value>1024</value>
</property>
        <property>
<!--在资源管理器中分配给每个容器请求的最大内存限制，以 MB 为单位-->
        <name>yarn.scheduler.maximum-allocation-mb</name>
        <value>4096</value>
</property>
<property>
 <!--是否启动一个线程检查每个任务正在使用的物理内存量，如果任务超出分配值，则直接将其关闭-->
        <name>yarn.nodemanager.pmem-check-enabled</name>
        <value>false</value>
</property>
<property>
 <!--是否启动一个线程检查每个任务正在使用的虚拟内存量，如果任务超出分配值，则直接将其关闭-->
        <name>yarn.nodemanager.vmem-check-enabled</name>
        <value>false</value>
</property>
 <!--可以为容器分配的虚拟内核数量，这不用于限制 YARN 容器使用的物理内核数，默认为 8-->
<name>yarn.nodemanager.resource.cpu-vcores</name>
<value>5</value>
</property>
```

② 复制整个 yarn-site.xml 到另外两个节点，命令如下所示。

```
scp -r /usr/local/src/hadoop/etc/hadoop/yarn-site.xml root@slave1:/usr/local/src/hadoop/etc/
hadoop/yarn-site.xml
    scp -r /usr/local/src/hadoop/etc/hadoop/yarn-site.xml root@slave2:/usr/local/src/hadoop/etc/
hadoop/yarn-site.xml
```

③ 启动 YARN 集群。

在 slave2 节点上启动 YARN 集群，执行如下命令。

```
start-yarn.sh
```

执行成功之后会出现以下内容。

```
starting yarn daemons
    starting resourcemanager, logging to /usr/local/src/hadoop/logs/yarn-hadoop-resourcemanager-
slave2.out
    slave2: starting nodemanager, logging to /usr/local/src/hadoop/logs/yarn-hadoop-nodemanager-
master.out
    slave1: starting nodemanager, logging to /usr/local/src/hadoop/logs/yarn-hadoop-nodemanager-
slave1.out
```

④ 使用 jps 命令后，在 slave2 节点上出现 ResourceManager 和 NodeManager 节点，在 master 节点和 slave1 节点上出现 NodeManager 节点，则说明启动成功。slave2 上的节点如下所示。

```
[root@slave2 ~]$ jps
1236 DataNode
```

```
6165 ResourceManager
6278 NodeManager
6621 Jps
```

⑤ 启动成功之后，可以通过 http://slave2:8088 来访问与之对应的 Web 页面，即通过浏览器监测 YARN 的运行状态，如图 5-12 所示。

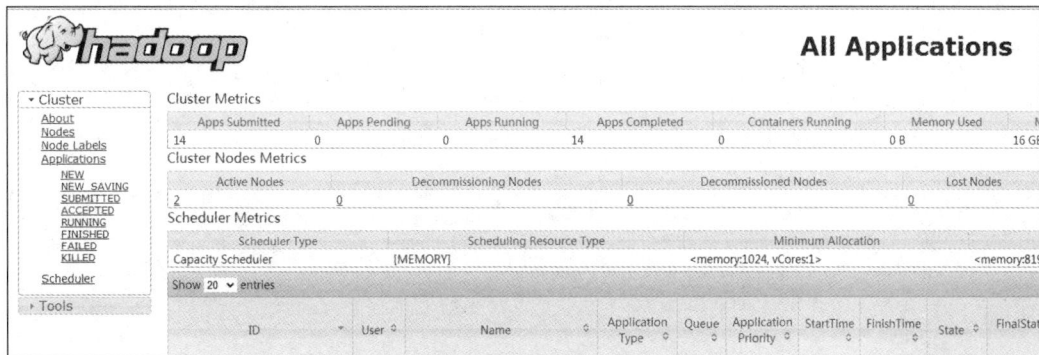

图 5-12　通过浏览器监测 YARN 的运行状态

三、将 MapReduce 程序提交给 YARN 运行

要将 MapReduce 程序提交给 YARN 运行，则需要配置相应的配置文件。MapReduce 的配置文件位于/usr/local/src/hadoop/etc/hadoop 路径下。MapReduce 的配置步骤如下所示。

微课 5-9　将 MapReduce 程序 提交给 YARN 运行

① 修改配置文件。

配置文件位于/usr/local/src/hadoop/etc/hadoop 路径下，打开配置文件，将 mapred-site.xml.template 重命名为 mapred-site.xml，命令如下所示。

```
mv mapred-site.xml.template mapred-site.xml
```

在 mapred-site.xml 的<configuration>和</configuration>标签中添加如下内容。

```
<!--指定 MapReduce 使用 YARN 资源管理器-->
<property>
    <name>mapreduce.framework.name</name>
    <value>yarn</value>
</property>
```

除了上述配置外，还可以通过 mapred-site.xml 文件进行其他配置，如下所示。

```
<property>
<!--Reduce 任务的资源限制-->
    <name>mapreduce.reduce.memory.mb</name>
    <value>4096</value>
</property>
 <!-- 指定执行 MapReduce 作业时，需要使用的路径 -->
<property>
    <name>yarn.app.mapreduce.am.env</name>
    <value>HADOOP_MAPRED_HOME=/usr/local/src/hadoop</value>
</property>
 <!-- 指定执行 Map 作业时，需要使用的路径 -->
<property>
    <name>mapreduce.map.env</name>
    <value>HADOOP_MAPRED_HOME=/usr/local/src/hadoop</value>
```

```
    </property>
    <!-- 指定执行 Reduce 作业时，需要使用的路径 -->
    <property>
        <name>mapreduce.reduce.env</name>
        <value>HADOOP_MAPRED_HOME=/usr/local/src/hadoop</value>
    </property>
    <property>
    <!--Map 任务的资源限制-->
        <name>mapreduce.map.memory.mb</name>
        <value>2048</value>
    </property>
    <property>
    <!--Map 任务子 JVM 的堆大小-->
        <name>mapreduce.map.java.opts</name>
        <value>-Xmx1536M</value>
    <!--Reduce 任务子 JVM 的堆大小-->
        <mame>mapreduce.map.java.opts</mame>
        <value>-Xmx2560M</value>
    </property>
    <property>
    <!--MapReduce JobHistory 服务器主机:端口-->
        <name>mapreduce.jobhistory.address</name>
        <value>master:10020</value>
    </property>
    <property>
    <!--MapReduce JobHistory Server Web UI 主机:端口-->
        <name>mapreduce.jobhistory.webapp.address</name>
        <value>master:19888</value>
    </property>
    <property>
    <!--MapReduce 作业写入历史文件的目录-->
        <name>mapreduce.jobhistory.intermediate-done-dir</name>
        <value>/mr-history/tmp</value>
    </property>
    <property>
    <!--历史文件由 MR JobHistory Server 管理的目录-->
        <name>mapreduce.jobhistory.done-dir</name>
        <value>/mr-history/done</value>
    </property>
```

② 复制整个 mapred-site.xml 到 slave1 和 slave2 两个节点，命令如下所示。

```
scp -r /usr/local/src/hadoop/etc/hadoop/mapred-site.xml root@slave1:/usr/local/src/hadoop/etc/hadoop/mapred-site.xml
scp -r /usr/local/src/hadoop/etc/hadoop/mapred-site.xml root@slave2:/usr/local/src/hadoop/etc/hadoop/mapred-site.xml
```

YARN 是一个资源调度平台，负责为运算程序提供服务器运算资源，相当于一个分布式的操作系统平台。而 MapReduce 等运算程序则相当于运行于操作系统之上的应用程序。

本任务将本项目任务四中编写的 WordCount 程序打包提交到集群运行，提交 MapReduce 程序到集群运行的步骤如下。

① 将任务四编写的代码打包。对于任务四中的代码，需要修改数据输入路径和数据输出路径，其余内容不改变，如下所示。

```
FileInputFormat.setInputPaths(job, new Path("/wordcount/input"));
FileOutputFormat.setOutputPath(job, new Path("/wordcount/output"));
```

② 使用 Xshell 软件的传输功能，将已经生成的 wordcount.jar 包传到 Master 节点上的/usr/local/src 目录。

③ 执行 jar 包，命令如下所示。

```
hadoop jar /usr/local/src/wordcount.jar org.mapreduce.wordcount.JobSubmitter
```

hadoop jar 是执行 jar 包的命令；在/usr/local/src/wordcount.jar 中，wordcount.jar 为 jar 包名称，/usr/local/src 为 jar 包所在的路径；org.tzx.mapreduce.wordcount.JobSubmitter 是代码中包含main()方法的完整类名。hadoop jar 命令会把本节点上 Hadoop 安装目录里面的所有 jar 包和配置文件都加载到本次运行时的 ClassPath 中。

hadoop jar 命令执行过程如图 5-13 所示。

```
23/03/30 11:14:47 WARN mapreduce.JobResourceUploader: Hadoop command-line option parsing not performed. Implement the Tool interface a
nd execute your application with ToolRunner to remedy this.
23/03/30 11:14:51 INFO input.FileInputFormat: Total input files to process : 1
23/03/30 11:14:51 INFO mapreduce.JobSubmitter: number of splits:1
23/03/30 11:14:51 INFO Configuration.deprecation: yarn.resourcemanager.system-metrics-publisher.enabled is deprecated. Instead, use ya
rn.system-metrics-publisher.enabled
23/03/30 11:14:51 INFO mapreduce.JobSubmitter: Submitting tokens for job: job_1680143357796_0001
23/03/30 11:14:52 INFO impl.YarnClientImpl: Submitted application application_1680143357796_0001
23/03/30 11:14:52 INFO mapreduce.Job: The url to track the job: http://hdp-01:8088/proxy/application_1680143357796_0001/
23/03/30 11:14:52 INFO mapreduce.Job: Running job: job_1680143357796_0001
23/03/30 11:15:43 INFO mapreduce.Job: Job job_1680143357796_0001 running in uber mode : false
23/03/30 11:15:43 INFO mapreduce.Job:  map 0% reduce 0%
23/03/30 11:16:36 INFO mapreduce.Job:  map 100% reduce 0%
23/03/30 11:16:57 INFO mapreduce.Job:  map 100% reduce 67%
23/03/30 11:17:22 INFO mapreduce.Job:  map 100% reduce 100%
23/03/30 11:17:26 INFO mapreduce.Job: Job job_1680143357796_0001 completed successfully
23/03/30 11:17:28 INFO mapreduce.Job: Counters: 50
        File System Counters
                FILE: Number of bytes read=139
                FILE: Number of bytes written=793653
                FILE: Number of read operations=0
                FILE: Number of large read operations=0
                FILE: Number of write operations=0
```

图 5-13 hadoop jar 命令执行过程

hadoop jar 命令执行完成之后，可以使用如下命令查看运行结果。

```
hadoop fs -cat /wordcount/output/*
```

课外拓展

将程序提交给集群运行时，需要将代码打包成 jar 包。本书采用 Project Structure 打包 jar 包，具体步骤如下。

① 在 IDEA 主界面中选择主菜单 "File>Project Structure..."，如图 5-14 所示。

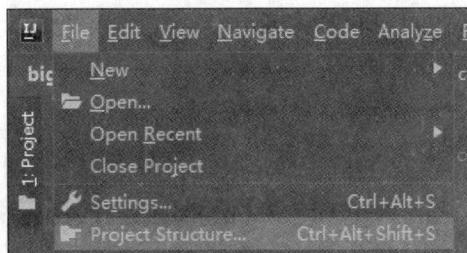

图 5-14 选择 "Project Structure" 界面

② 在打开的"Project Structure"界面中，选择"Artifacts>JAR>From modules with dependencies...",如图 5-15 所示。

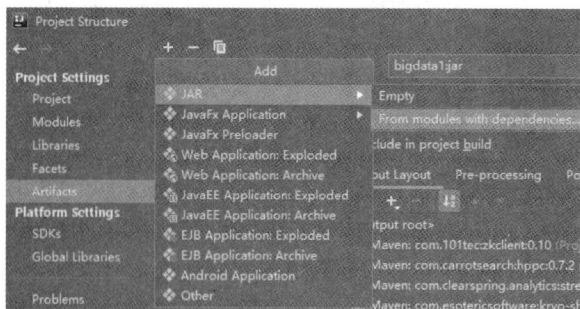

图 5-15 "Project Structure"界面

③ 在出现的"Create JAR from Modules"界面中，选择需要导出的项目"Module"，然后选择导出项目中的一个"Main Class"，如图 5-16 所示。

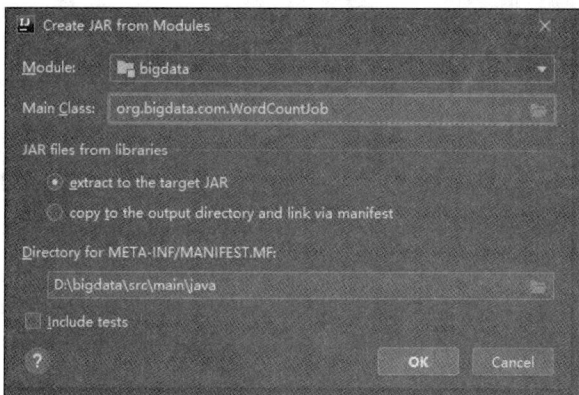

图 5-16 "Create JAR from Modules"界面

选择"extract to tartget JAR"单选项则会将所有依赖全都打包到一个 jar 包中，选择"copy to the output directory and link via manifest"单选项则会将所有依赖的 jar 包复制到输出目录且使用 manifest 进行连接。

④ 将输出目录设置成项目的根目录，选择"Directory for META-INF/MANIFEST.MF"的路径，如图 5-17 所示。

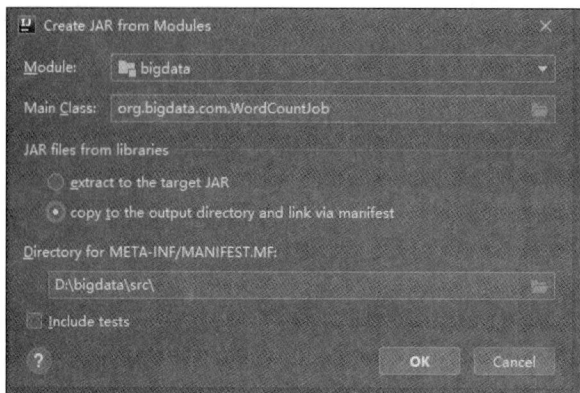

图 5-17 将输出目录设置成项目的根目录

⑤ 选择主菜单"Build>Build Artifacts...",选中 jar 后单击"Build"即可导出 jar 包,如图 5-18 所示。

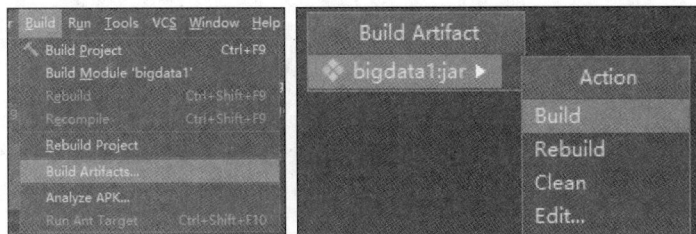

图 5-18 导出 jar 包

任务六 案例分析

任务描述

本任务介绍运用所学 MapReduce 知识完成 MapReduce 的案例分析。

知识链接

一、数据清洗案例

在运行核心业务程序之前,往往要先对数据进行清洗,以清理掉不符合用户要求的数据。本任务使用 MapReduce 程序完成数据清洗,清洗的过程只需要运行 Mapper 程序,不需要运行 Reducer 程序。本案例采用两种方式进行清洗,一种方式为简单解析,即直接使用 Mapper 进行清洗;另一种方式为复杂解析,即将数据封装成 JavaBean,然后使用 Mapper 进行清洗。输入数据为资料中的 web.log 文件。

1. 简单解析

该案例的业务需求是去除日志中字段长度小于或等于 11 的日志。输入数据为资料中的 web.log 文件。

(1)编写 Mapper 方法,命名为 LogMapper。实现数据清洗的 MapReduce 代码如下。

```
package mapreduce.dataclean;
import java.io.IOException;
import org.apache.hadoop.io.LongWritable;
import org.apache.hadoop.io.NullWritable;
import org.apache.hadoop.io.Text;
import org.apache.hadoop.mapreduce.Mapper;
public class LogMapper extends Mapper<LongWritable, Text, Text, NullWritable> {
    Text k = new Text();
    @Override
    protected void map(LongWritable key, Text value, Context context)
            throws IOException, InterruptedException {
        // 获取 1 行数据
        String line = value.toString();
        // 解析日志
        boolean result = parseLog(line, context);
        // 日志不合法退出
```

```
            if (!result) {
                return;
            }
            // 设置 Key
            k.set(line);
            // 写出数据
            context.write(k, NullWritable.get());
        }
        // 解析日志
        private boolean parseLog(String line, Context context) {
            // 截取
            String[] fields = line.split(" ");
            // 字段长度大于 11 的为合法
            if (fields.length > 11) {
                // 计数器
                context.getCounter("map", "true").increment(1);
                return true;
            } else {
                context.getCounter("map", "false").increment(1);
                return false;
            }
        }
    }
}
```

（2）编写 Job 方法。

在写 MapReduce 程序的时候，通常在 main()方法里建立一个 Job 对象，设置它的 JobName，然后配置 I/O 路径，设置 Mapper 类和 Reducer 类，并设置输入和输出路径，然后使用 job.waitForCompletion()提交到 JobTracker，等待 Job 运行并返回，这就是一般的 Job 设置过程。JobTracker 会初始化这个 Job，获取输入分片，然后将一个一个的 Task 任务分配给 TaskTracker 执行，TaskTracker 通过心跳的返回值得到 Task，然后 TaskTracker 就会为收到的 Task 启动一个 JVM 来运行，代码如下所示。

```java
package mapreduce.dataclean;
import org.apache.hadoop.conf.Configuration;
import org.apache.hadoop.fs.Path;
import org.apache.hadoop.io.NullWritable;
import org.apache.hadoop.io.Text;
import org.apache.hadoop.mapreduce.Job;
import org.apache.hadoop.mapreduce.lib.input.FileInputFormat;
import org.apache.hadoop.mapreduce.lib.output.FileOutputFormat;

public class LogDriver {
    public static void main(String[] args) throws Exception {
        // 获取 Job 信息
        Configuration conf = new Configuration();
        Job job = Job.getInstance(conf);
        // 加载 jar 包
        job.setJarByClass(LogDriver.class);
        // 关联 Mapper 类
```

```
        job.setMapperClass(LogMapper.class);
        // 设置最终输出类型
        job.setOutputKeyClass(Text.class);
        job.setOutputValueClass(NullWritable.class);
        // 因为不需要运行 Reducer，所以设置 ReduceTask 个数为 0
        job.setNumReduceTasks(0);
        // 设置输入和输出路径
        FileInputFormat.setInputPaths(job, new Path(args[0]));
        FileOutputFormat.setOutputPath(job, new Path(args[1]));
        // 提交
        boolean result = job.waitForCompletion(true);
        System.exit(result ? 0 : 1);
    }
}
```

2. 复杂解析

采用封装 JavaBean 的方式来完成数据清洗，业务需求是对 Web 访问日志中的各字段进行识别、切分，去除日志中不合法的记录，根据统计需求生成各类访问请求过滤数据。输入数据为资料中的 web.log 文件。

（1）定义一个 JavaBean，用来记录日志数据中的各数据字段，代码如下所示。

```
public void setRequest(String request) {
    this.request = request;}
public String getStatus() {
    return status;}
public void setStatus(String status) {
    this.status = status;}
public String getBody_bytes_sent() {
    return body_bytes_sent;}
public void setBody_bytes_sent(String body_bytes_sent) {
    this.body_bytes_sent = body_bytes_sent;}
public String getHttp_referer() {
    return http_referer;}
public void setHttp_referer(String http_referer) {
    this.http_referer = http_referer;}
public String getHttp_user_agent() {
    return http_user_agent;}
public void setHttp_user_agent(String http_user_agent) {
    this.http_user_agent = http_user_agent;}
public boolean isValid() {
    return valid;}
public void setValid(boolean valid) {
    this.valid = valid;}
@Override
public String toString() {
    StringBuilder sb = new StringBuilder();
    sb.append(this.valid);
        // 001 为分隔符
    sb.append("\001").append(this.remote_addr);
    sb.append("\001").append(this.remote_user);
```

```
            sb.append("\001").append(this.time_local);
            sb.append("\001").append(this.request);
            sb.append("\001").append(this.status);
            sb.append("\001").append(this.body_bytes_sent);
            sb.append("\001").append(this.http_referer);
            sb.append("\001").append(this.http_user_agent);
            return sb.toString(); }
    }
```

（2）编写 Mapper 方法，命名为 ComplexLogMapper，代码如下所示。

```
package mapreduce.dataclean;
import java.io.IOException;
import org.apache.hadoop.io.LongWritable;
import org.apache.hadoop.io.NullWritable;
import org.apache.hadoop.io.Text;
import org.apache.hadoop.mapreduce.Mapper;

public class ComplexLogMapper extends Mapper<LongWritable, Text, Text, NullWritable> {
    Text k = new Text();
    @Override
    protected void map(LongWritable key, Text value, Context context)
    throws IOException, InterruptedException {
        // 获取 1 行
        String line = value.toString();
        // 解析日志是否合法
        LogBean bean = pressLog(line);
        if (!bean.isValid()) {
            return;}
        k.set(bean.toString());
        // 输出
        context.write(k, NullWritable.get());
    }    // 解析日志
    private LogBean pressLog(String line) {
        LogBean logBean = new LogBean();
        // 截取
        String[] fields = line.split(" ");
        if (fields.length > 11) {
            // 封装数据
            logBean.setRemote_addr(fields[0]);
            logBean.setRemote_user(fields[1]);
            logBean.setTime_local(fields[3].substring(1));
            logBean.setRequest(fields[6]);
            logBean.setStatus(fields[8]);
            logBean.setBody_bytes_sent(fields[9]);
            logBean.setHttp_referer(fields[10]);
            if (fields.length > 12) {
                logBean.setHttp_user_agent(fields[11] + " " + fields[12]);
            } else {
                logBean.setHttp_user_agent(fields[11]);
```

```
            }
            // 大于或等于 400，HTTP 错误
            if (Integer.parseInt(logBean.getStatus()) >= 400) {
                logBean.setValid(false);
            }
        } else {
            logBean.setValid(false);
        }
        return logBean;
    }
}
```

（3）编写 Job 方法，命名为 ComplexLogDriver，代码如下所示。

```
package mapreduce.dataclean;
import org.apache.hadoop.conf.Configuration;
import org.apache.hadoop.fs.Path;
import org.apache.hadoop.io.NullWritable;
import org.apache.hadoop.io.Text;
import org.apache.hadoop.mapreduce.Job;
import org.apache.hadoop.mapreduce.lib.input.FileInputFormat;
import org.apache.hadoop.mapreduce.lib.output.FileOutputFormat;
public class ComplexLogDriver{
    public static void main(String[] args) throws Exception {
        // 获取 Job 信息
        Configuration conf = new Configuration();
        Job job = Job.getInstance(conf);
        // 加载 jar 包
        job.setJarByClass(ComplexLogDriver.class);
        // 关联 Mapper 类
        job.setMapperClass(ComplexLogMapper.class);
        // 设置最终输出类型
        job.setOutputKeyClass(Text.class);
        job.setOutputValueClass(NullWritable.class);
        // 设置 ReduceTask 个数为 0，本任务中没有 Reducer，故而将其值设置为 0
        job.setNumReduceTasks(0);
        // 设置输入和输出路径
        FileInputFormat.setInputPaths(job, new Path(args[0]));
        FileOutputFormat.setOutputPath(job, new Path(args[1]));
        // 提交
        boolean result = job.waitForCompletion(true);
        System.exit(result ? 0 : 1);
    }
}
```

二、使用 MapReduce 求 TOPN

本案例主要完成 TOPN 的计算。TOPN 分析法是指将研究对象按照某一指标进行倒序或正序排列，取其中所需的 N 个数据，并对这 N 个数据进行重点分析的方法。本案例输入数据为资料中的 num.txt 文件。

1. 需求分析

输入数据文件为 num.txt，现要求使用 MapReduce 技术提取该文件中最大的 5 个数据，并将最

终结果汇总到一个文件中。

（1）先设置 MapReduce 分区为 1，即 ReduceTask 个数一定只有一个。提取 TOPN，即全局的前 N 条数据，不管中间有几个 Map 阶段、Reduce 阶段，最终只能有一个用来汇总数据。

（2）在 Map 阶段，使用 TreeMap 数据结构保存 TOPN 的数据。TreeMap 默认会根据其键的自然顺序进行排序，也可根据创建映射时提供的 Comparator 类进行排序，其 firstKey()方法用于返回当前集合最小值的键。

（3）在 Reduce 阶段，将 Map 阶段输出数据进行汇总，选出其中的 TOPN 数据，即可满足需求。这里需要注意的是，TreeMap 默认采取正序排列，需求是提取 5 个最大的数据，因此，要重写 Comparator 类的排序方法，从而进行倒序排列。

2. 案例实现

（1）将属性信息封装成 JavaBean，代码如下所示。

```
package cn.bigdata.mr.order.topn.grouping;
import java.io.DataInput;
import java.io.DataOutput;
import java.io.IOException;
import java.io.Serializable;
import org.apache.hadoop.io.WritableComparable;
public class OrderBean implements WritableComparable<OrderBean>{

    private String orderId;
    private String userId;
    private String pdtName;
    private float price;
    private int number;
    private float amountFee;

    public void set(String orderId, String userId, String pdtName, float price, int number) {
        this.orderId = orderId;
        this.userId = userId;
        this.pdtName = pdtName;
        this.price = price;
        this.number = number;
        this.amountFee = price * number;
    }
    public String getOrderId() {
        return orderId;
    }
    public void setOrderId(String orderId) {
        this.orderId = orderId;
    }
    public String getUserId() {
        return userId;
    }
    public void setUserId(String userId) {
        this.userId = userId;
    }
    public String getPdtName() {
```

```
            return pdtName;
        }
        public void setPdtName(String pdtName) {
            this.pdtName = pdtName;
        }
        public float getPrice() {
            return price;
        }
        public void setPrice(float price) {
            this.price = price;
        }
        public int getNumber() {
            return number;
        }
        public void setNumber(int number) {
            this.number = number;
        }
        public float getAmountFee() {
            return amountFee;
        }
        public void setAmountFee(float amountFee) {
            this.amountFee = amountFee;
        }
        @Override
        public String toString() {
            return this.orderId + "," + this.userId + "," + this.pdtName + "," + this.price + "," +
this.number + ","
                    + this.amountFee;
        }
```

（2）对定义的 JavaBean 进行序列化和反序列化操作，代码如下所示。

```
@Override
public void write(DataOutput out) throws IOException {
    out.writeUTF(this.orderId);
    out.writeUTF(this.userId);
    out.writeUTF(this.pdtName);
    out.writeFloat(this.price);
    out.writeInt(this.number);
}
@Override
public void readFields(DataInput in) throws IOException {
    this.orderId = in.readUTF();
    this.userId = in.readUTF();
    this.pdtName = in.readUTF();
    this.price = in.readFloat();
    this.number = in.readInt();
    this.amountFee = this.price * this.number;
}
```

（3）定义比较规则，代码如下所示。

```
// 比较规则：先比较总金额，如果相同，再比较商品名称
@Override
public int compareTo(OrderBean o) {

    return
this.orderId.compareTo(o.getOrderId())==0?Float.compare(o.getAmountFee(),
this.getAmountFee()):this.orderId.compareTo(o.getOrderId());
    }
}
```

（4）重写 Comparator 类的排序方法，从而进行倒序排列，代码如下所示。

```
package cn.bigdata.mr.order.topn.grouping;
import org.apache.hadoop.io.WritableComparable;
import org.apache.hadoop.io.WritableComparator;

public class OrderIdGroupingComparator extends WritableComparator{
    public OrderIdGroupingComparator() {
        super(OrderBean.class,true);
    }

    @Override
    public int compare(WritableComparable a, WritableComparable b) {

        OrderBean o1 = (OrderBean) a;
        OrderBean o2 = (OrderBean) b;

        return o1.getOrderId().compareTo(o2.getOrderId());
    }
}


package cn.bigdata.mr.order.topn.grouping;
import org.apache.hadoop.io.NullWritable;
import org.apache.hadoop.mapreduce.Partitioner;

public class OrderIdPartitioner extends Partitioner<OrderBean, NullWritable>{

    @Override
    public int getPartition(OrderBean key, NullWritable value, int numPartitions) {
        // 按照订单中的 orderId 来分发数据
        return (key.getOrderId().hashCode() & Integer.MAX_VALUE) % numPartitions;
    }

}
```

（5）Map 阶段实现。使用 IDEA 开发工具，编写自定义 Mapper 类 TopnMapper，该类主要用于将文件中的每行数据进行切割提取，并把数据保存到 TreeMap 中，判断 TreeMap 是否大于 5，如果大于 5 就需要移除最小的数据。TreeMap 保存当前文件最大的 5 条数据后，再将之输出到 Reduce 阶段。

Mapper 类代码如下所示。

```
package cn.bigdata.mr.order.topn.grouping;

import java.io.IOException;
import org.apache.hadoop.conf.Configuration;
import org.apache.hadoop.fs.Path;
import org.apache.hadoop.io.LongWritable;
import org.apache.hadoop.io.NullWritable;
import org.apache.hadoop.io.Text;
import org.apache.hadoop.mapreduce.Job;
import org.apache.hadoop.mapreduce.Mapper;
import org.apache.hadoop.mapreduce.Reducer;
import org.apache.hadoop.mapreduce.lib.input.FileInputFormat;
import org.apache.hadoop.mapreduce.lib.output.FileOutputFormat;

public class TopnMapper {
    public static class TopnMapper extends Mapper<LongWritable, Text, OrderBean, NullWritable>{
        OrderBean orderBean = new OrderBean();
        NullWritable v = NullWritable.get();
        @Override
        protected void map(LongWritable key, Text value,
                Mapper<LongWritable, Text, OrderBean, NullWritable>.Context context)
                    throws IOException, InterruptedException {

            String[] fields = value.toString().split(",");

            orderBean.set(fields[0], fields[1], fields[2], Float.parseFloat(fields[3]), Integer.
parseInt(fields[4]));

            context.write(orderBean,v);
        }
    }
}
```

（6）Reduce 阶段实现。根据 Map 阶段的输出结果形式，同样在 cn.bigdata.mr.order.topn.grouping 包下自定义 Reducer 类 TopnReducer，该类主要用于编写 TreeMap 自定义排序规则。当需求取最大值时，只需要在 compare()方法中返回正数即可满足倒序排列。reduce()方法依然是要时刻判断 TreeMap 中存放的数据是前 5 个数，并最终遍历输出最大的 5 个数。

Reducer 类代码如下所示。

```
public static class TopnReducer extends Reducer< OrderBean, NullWritable,  OrderBean,
NullWritable>{
    //虽然 reduce()方法中的参数 key 只有一个，但是只要迭代器迭代一次，key 中的值就会变
    @Override
    protected void reduce(OrderBean key, Iterable<NullWritable> values,
        Reducer<OrderBean, NullWritable, OrderBean, NullWritable>.Context context)
                throws IOException, InterruptedException {
        int i=0;
        for (NullWritable v : values) {
            context.write(key, v);
            if(++i==5) return;
```

```
            }
        }
    }
```

（7）Driver 程序主类实现。编写 MapReduce 程序运行主类，该类主要用于对指定的本地 F:\\mrdata\\order\\input 目录下的源文件（需要提前准备）实现 TOPN 分析，得到文件中最大的 5 个数，并将结果输出到本地 F:\\mrdata\\order\\output 目录下。

为了保证 MapReduce 程序正常执行，需要先在本地 F:\\mrdata\\order\\input 目录下创建文件 num.txt；然后，执行 MapReduce 程序的程序入口类。执行完成后，指定的 F:\\mrdata\\order\\output 目录下将生成结果文件。

Driver 程序主类的代码如下所示。

```java
public static void main(String[] args) throws Exception {
    Configuration conf = new Configuration(); // 默认只加载 core-default.xml 和 core-site.xml
    conf.setInt("order.top.n", 2);
    Job job = Job.getInstance(conf);
    job.setJarByClass(Topn.class);
    job.setMapperClass(TopnMapper.class);
    job.setReducerClass(TopnReducer.class);
    job.setPartitionerClass(OrderIdPartitioner.class);
    job.setGroupingComparatorClass(OrderIdGroupingComparator.class);
    job.setNumReduceTasks(2);
    job.setMapOutputKeyClass(OrderBean.class);
    job.setMapOutputValueClass(NullWritable.class);
    job.setOutputKeyClass(OrderBean.class);
    job.setOutputValueClass(NullWritable.class);
    FileInputFormat.setInputPaths(job, new Path("F:\\mrdata\\order\\input"));
    FileOutputFormat.setOutputPath(job, new Path("F:\\mrdata\\order\\output"));
    job.waitForCompletion(true);
    }
}
```

三、MapReduce 开发总结

在编写 MapReduce 程序时，需要考虑以下几个方面的内容。

1. 输入数据接口 InputFormat

默认使用的实现类是 TextInputFormat，TextInputFormat 的功能是一次读一行文本，然后将该行的起始偏移量作为 Key、行内容作为 Value 返回。

2. 逻辑处理接口 Mapper

用户根据业务需求实现其中 3 个方法：map()、setup()和 cleanup()。

3. 分区 Partitioner

分区 Partitioner 默认实现 HashPartitioner，功能是根据 Key 的哈希值和 Reduce 任务数量来返回一个分区号 key.hashCode()&Integer.MAXVALUE % numReduces。如果业务上有特别的需求，可以自定义分区。

4. 排序 Comparable

当用户自定义的对象作为 Key 来输出时，就必须要实现 WritableComparable 接口，重写其中的 compareTo()方法。

5. 合并 Combiner

合并 Combiner 可以提高程序执行效率，减少 I/O 传输。注意要保证合并不影响原有的业务处理结果。

任务七 MapReduce 性能调优

📖 任务描述

使用 MapReduce 进行大数据计算时，若数据量非常大，MapReduce 的性能会成为影响大数据计算效率的一个关键因素。为了充分利用集群的计算资源，提高计算效率，需要对 MapReduce 性能进行调优。

📖 知识链接

一、MapReduce 性能

微课 5-10
MapReduce 性能
调优

在利用 MapReduce 模型进行大数据集计算时，运行效率是衡量 MapReduce 性能的关键指标。那么哪些因素影响了 MapReduce 程序的运行效率呢？MapReduce 程序运行效率的瓶颈主要有以下几个。

（1）数据倾斜。数据倾斜是指并行处理的数据集中，某一部分数据显著多于其他部分，从而使得该部分的处理速度成为整个数据集处理的瓶颈。即某一个区域的数据量要远远大于其他区域，记录大小远远大于平均值。

（2）MapTask 和 ReduceTask 数设置不合理。在 MapReduce 作业过程中，输入文件会被切分成多个块，每一块都有一个 Map 任务，Map 阶段的输出结果会先写到内存缓冲区，然后由缓冲区写到磁盘上。默认的缓冲区大小是 100MB，溢出阈值是 80MB，也就是说当缓冲区中的数据达到 80MB 的时候就会往磁盘上写。如果 Map 阶段计算完成后的中间结果没有达到 80MB，最终也是要写到磁盘上形成文件。因此，一个 Map 阶段的输出可能有多个溢写文件，这就影响了 MapReduce 的计算效率。

在 MapReduce 作业过程中，Reduce 任务是一个数据聚合的步骤，数量默认为 1。在生产环境下，ReduceTask 设置数量太少，导致 Task 等待时间过长，需要合理延长处理时间。

（3）Map 阶段运行时间太长，导致 Reduce 阶段等待过久。

（4）小文件过多。Map 阶段首先从磁盘读取数据并切片，每个分片由一个 Map 任务处理。当输入海量的小文件时，会启动大量的 Map，效率随之降低。

HDFS 上每个文件都要在 NameNode 上建立一个索引，这个索引的大小约为 150B，当小文件比较多的时候，就会产生很多的索引文件，一方面会大量占用 NameNode 的内存空间，另一方面就是索引文件过大使得索引速度变慢。

（5）大量不可分块的超大文件。源文件无法分块，导致需要通过网络 I/O 从其他节点读取文件块，I/O 开销较大。

（6）溢写次数过多。当 Map 阶段产生的数据非常大时，如果默认的缓冲区大小不够，就会进行非常多次的溢写，进行溢写就意味着要写磁盘，产生 I/O 开销。

产生溢写非常多的时候，虽然可以通过归并阶段的 io.sort.factor 进行优化配置，但是在此之前还可以先执行合并对结果进行处理，再对数据进行归并，此时到归并阶段的数据量将会进一步减少，I/O 开销也会被降到最低。

（7）归并次数过多。归并阶段是 Map 阶段产生溢写之后，对溢写进行归并处理的过程，通过对归

并阶段进行配置也可以达到优化 I/O 开销的目的。归并过程并行处理溢写，每次并行多少个溢写是由参数 io.sort.factor 指定的，默认为 10 个。如果产生的溢写非常多，归并阶段每次只能处理 10 个溢写，那么还是会造成频繁的 I/O 处理，适当调大并行处理的溢写数有利于减少归并次数。但是如果调整的数值过大，并行处理溢写的过程过多会对节点造成很大压力。

二、MapReduce 优化方法

针对 MapReduce 在计算过程中的瓶颈，MapReduce 优化方法主要从以下几个方面考虑：数据输入优化、Map 阶段优化、Reduce 阶段优化、I/O 传输优化和数据倾斜优化。

1. 数据输入优化

（1）合并小文件，即在执行 MapReduce 任务前将小文件进行合并。大量的小文件会产生大量的 Map 任务，增加 Map 任务装载次数，而任务的装载比较耗时，从而导致 Reduce 任务运行较慢，所以需要在 MapReduce 开始前及时进行合并。

（2）采用 CombineTextinputFormat 来作为输入，以应对输入端大量小文件场景。

（3）使用 CombineInputFormat 自定义分片策略对小文件进行合并处理，从而减少 Map 任务的数量，减少 Map 过程使用的时间。

Map 任务的启动数量也和下面这几个参数有关系。

- mapred.min.split.size：Input Split 的最小值，默认为 1。
- mapred.max.split.size：Input Split 的最大值。
- dfs.block.size：HDFS 中一个块的大小，默认值为 128MB。

当 mapred.min.split.size 小于 dfs.block.size 的时候，一个块会被分为多个分片，也就是对应多个 Map 任务。

当 mapred.min.split.size 大于 dfs.block.size 的时候，一个分片可能对应多个块，也就是一个 Map 任务读取多个块数据。

当集群的网络、I/O 等性能较好时，可以适当调高 dfs.block.size 的值。根据数据源的特性，及时调整 mapred.min.split.size 来控制 Map 任务的数量。

（4）在数据采集阶段，建议将小文件或小批数据合并成大文件再上传 HDFS。

2. Map 阶段优化

（1）减少溢写次数。通过调整参数值（mapreduce.task.io.sort.mb 和 mapreduce.map.sort.spill.percent），增大触发溢写的内存上限，减少溢写次数，从而减少磁盘的 I/O 操作。

（2）减少归并次数。通过调整 mapreduce.task.io.sort.factor 参数，增大归并的文件数目，减少归并的次数，从而缩短 MapReduce 处理时间。

（3）在 Map 之后（不影响业务逻辑的前提下），先进行合并处理，减少 I/O 操作。

3. Reduce 阶段优化

（1）合理设置 Map 任务和 Reduce 任务数量。两个都不能设置太少，也不能设置太多。如果设置太少，会导致 Task 等待，延长处理时间；如果设置太多，会导致 Map 任务、Reduce 任务间竞争资源，造成处理超时等错误。

（2）设置 Map 任务、Reduce 任务共存。调整 mapreduce.job.reduce.slowstart.comletedmaps 参数，使 Map 任务运行到一定程度后，Reduce 任务也开始运行，减少 Reduce 任务的等待时间。

（3）合理设置 Reduce 端的缓冲区。默认情况下，数据达到一定阈值的时候，缓冲区中的数据就会写入磁盘，然后 Reduce 任务会从磁盘中获得所有的数据，中间会有读写磁盘的过程，需要大量的 I/O 开销。可以通过参数 mapreduce.reduce.input.buffer percent 来配置，使得缓冲区中的一部分数据可以直接输送到 Reduce 任务，从而减少 I/O 开销，该参数默认为 0。当值大于 0 的时候，会保留指定比例的内存读缓冲区中的数据直接给 Reduce 任务使用。在这种情况下设置缓冲区需要内存，读取数据需要内存，Reduce 计算也要内存，所以要根据作业的运行情况进行调整。

4. I/O 传输优化

（1）采用数据压缩方式。该方式就是合并文件，可以减少 I/O 的时间。推荐使用 Snappy 和 LZO 压缩编码器。Snappy 速度非常快；LZO 是系统自带的压缩编码器，速度也很快，并且支持切片。

（2）使用 SequenceFile 二进制文件。

5. 数据倾斜优化

（1）抽样和范围分区。可以通过对原始数据进行抽样得到的结果集来预设分区边界值。

（2）自定义分区。基于输出键的背景知识进行自定义分区。例如，如果 Map 任务输出键的单词来源于一本书，且其中某几个专业词汇较多，那么就可以自定义分区将这些专业词汇发送给固定的一部分 Reduce 任务，而将其他的都发送给剩余的 Reduce 任务。

（3）使用合并可以优化数据倾斜，合并的目的就是聚合并精简数据。

（4）采用 Map Join，尽量避免 Reduce Join。Reduce Join 有数据倾斜的情况，Map Join 不会。不过 Map Join 先将小表加载、再进行 MapReduce 操作，仅适用于一张表很小、另一张表很大的情况。如果两张表都很大，就不太适用了。

三、常用的调优参数

MapReduce 也可以通过参数设置达到性能优化的目的，常见的性能优化参数有以下两个方面。

1. 资源相关参数

（1）MapReduce 应用程序参数在用户自己的 MapReduce 应用程序中配置就可以生效，需要在 mapred-site.xml 中进行配置，如表 5-4 所示。

表 5-4　MapReduce 应用程序参数

参数	说明
mapreduce.map.memory.mb	一个 Map 任务可使用的资源上限（单位为 MB），默认值为 1024。如果 Map 任务实际使用的资源量超过该值，则会被强制关闭
mapreduce.reduce.memory.mb	一个 ReduceTask 可使用的资源上限（单位为 MB），默认值为 1024。如果 ReduceTask 实际使用的资源量超过该值，则会被强制关闭
mapreduce.map.cpu.vcores	每个 Map 任务可使用的最多 CPU 核心数目，默认值为 1
mapreduce.reduce.cpu.vcores	每个 Reduce 任务可使用的最多 CPU 核心数目，默认值为 1
mapreduce.reduce.shuffle.parallelcopies	每个 Reduce 任务去 Map 任务中取数据的并行数，默认值是 5
mapreduce.reduce.shuffle.merge.percent	控制 Reduce 任务在 Shuffle 阶段触发内存 Merge 到磁盘的内存占用阈值，默认值为 0.66
mapreduce.reduce.shuffle.input.buffer.percent	控制 Reduce 任务在 Shuffle 阶段可以使用的内存缓存占比，默认值为 0.7
mapreduce.reduce.input.buffer.percent	控制 Reduce 任务可以使用的内存缓存占比，默认值为 0.1

（2）YARN 参数在 YARN 启动之前就配置在服务器的配置文件中才能生效，且通过在文件 yarn-site.xml 中进行配置，如表 5-5 所示。

表 5-5　YARN 参数

参数	说明
yarn.scheduler.minimum-allocation-mb	给应用程序 Container 分配的最小内存，默认值为 1024MB
yarn.scheduler.maximum-allocation-mb	给应用程序 Container 分配的最大内存，默认值为 8192MB
yarn.scheduler.minimum-allocation-vcores	每个 Container 申请的最小 CPU 核心数，默认值为 1
yarn.scheduler.maximum-allocation-vcores	每个 Container 申请的最大 CPU 核心数，默认值为 32
yarn.nodemanager.resource.memory-mb	给 Container 分配的最大物理内存，默认值为 8192MB

（3）Shuffle 性能优化参数应在 YARN 启动之前就配置完成，且通过在文件 mapred-site.xml 中进行配置，如表 5-6 所示。

表 5-6　Shuffle 性能优化参数

参数	说明
mapreduce.task.io.sort.mb	Shuffle 的环形缓冲区大小，默认值为 100MB
mapreduce.map.sort.Spill.percent	环形缓冲区溢出的阈值，默认值为 80%

2. 容错相关参数

容错相关参数也能够对 MapReduce 性能进行优化，如表 5-7 所示。

表 5-7　容错相关参数

参数	说明
mapreduce.map.maxattempts	每个 Map 任务最大重试次数，一旦超过该值，则认为 Map 任务运行失败，默认值为 4
mapreduce.reduce.maxattempts	每个 Reduce 任务最大重试次数，一旦超过该值，则认为 Reduce 任务运行失败，默认值为 4
mapreduce.task.timeout	任务超时时间，经常需要设置的一个参数。如果一个任务在一定时间内没有任何进展，既不会读取新的数据，也没有输出数据，则认为该任务被卡住了，也许永远会被卡住。为了防止因为用户程序永远被卡住而不退出，则强制设置该超时时间（单位为毫秒），默认值为 600000。如果程序对每条输入数据的处理时间较长（例如会访问数据库、通过网络拉取数据等），建议将该参数调大，该参数过小常出现的错误提示为"AttemptID:attempt_14267829456721_123456_m_000224_0 Timed out after 300 secsContainer killed by the ApplicationMaster."

总之，Map 任务和 Reduce 任务调优的原则就是减少数据的传输量、尽量使用内存、减少磁盘 I/O 的次数和增大任务并行数。

天翼云 4.0

2022 年 5 月 17 日，中国电信推出天翼云 4.0 算力分发网络平台——"息壤"，实现 3.1 EFLOPS（每秒 310 亿亿次浮点运算）全国算力的调度。"息壤"好比一个算力传输的枢纽，能够在全国范围内实现每分钟数万次、每天上千万次的算力统筹和调度，满足各个领域对算力的极致需求。把我国东部地区需要进行的机器学习、数据推理、智能计算等人工智能（Artificial Intelligence，AI）训练和大数据推理的工作放到我国西部地区，自动配置和调度相应算力，把东部对时延不敏感的、不活跃的、需存档的海量数据，放在西部存储，通过"息壤"，"东数西训""东数西备""东算西也算""东部企业 西部上云"成为现实。

项目实训

数据来源于资料中的age_train.csv文件，包含用户手机设备id（device_id）、性别（gender）、年龄（age）、年龄段（group）4个字段数据。对数据源中的数据进行如下操作。

（1）在HDFS根目录下创建目录"/useranaysis"，并上传age_train.csv数据到/useranaysis目录下。

（2）用户年龄分析。统计不同年龄的用户分布情况，将结果写入/useranaysis/userage，按照年龄分组聚合，求取用户数。统计结果格式为"age_values"，并且表头的内容不在统计范围之内。

（3）年龄与性别联合分析。统计不同年龄下男女用户分布情况，将结果写入/useranaysis/agegender。结果格式为"age:gender_values"，并且表头的内容不在统计范围之内。

（4）年龄段和性别联合分析。统计各个年龄段下男女用户分布情况，将结果写入/useranaysis/agegroup/。获取数据格式为"gender:group"。按照年龄段分组聚合，求取用户数。结果格式为"gender:group_values"，并且表头的内容不在统计范围之内。

项目小结

MapReduce是常用的大数据计算框架，也是Hadoop平台的重要组成部分之一。本项目首先介绍了MapReduce的基础知识和框架原理，以及Hadoop序列化；然后使用单词统计案例引出MapReduce的编程模型，重点介绍了MapReduce的设计思想、设计过程和工作原理，详细阐述了Mapper类和Reducer类；接着介绍了YARN的安装、工作流程、配置等，以及将单词统计案例打包成jar包、提交给YARN集群运行；接着介绍使用MapReduce模型进行案例分析；最后介绍MapReduce性能调优。

MapReduce中的Mapper需要继承MapReduce API提供的Mapper类，并且需要重写Mapper类中的map()方法；Reducer需要继承MapReduce API提供的Reducer类，并且需要重写Reducer类中的reduce()方法；程序执行主类是MapReduce程序的入口类，主要用于启动MapReduce作业，在程序执行主类的main()方法中需要添加任务的配置信息。

项目考核

一、选择题

1. MapReduce每个作业的输出结果文件默认以（　　）开始，依次递增。

    A. part-r-00000   B. part-r-00001   C. hdfs-r-0000   D. hdfs-r-0001

2. 下列关于输入分片的说法中，错误的是（　　）。

    A. 每一个输入分片对应着一个Map任务

    B. 分片是物理意义上的切分

    C. 输入分片是对数据的逻辑结构进行切分

    D. 输入分片存储的并不是真实数据

3. 在MapReduce中，Shuffle的主要作用是（　　）。

    A. 将数据进行拆分

    B. 对映射后的数据进行排序，然后输入Reducer

    C. 经过映射后的输出数据会被排序，然后每个映射器会进行分区

    D. 通过实现自定义的Partitioner来指定哪些数据进入哪个Reducer

4. 要将编写完成的MapReduce程序上传到集群上运行，需要将其打包成（　　）包。

    A. rar   B. zip   C. jar   D. gz

5. （　　）是MapReduce正确的运行模型。

    A. Reduce-Map-Shuffle   B. Shuffle-Map-Reduce

    C. Map-Shuffle-Reduce   D. Map-Reduce-Shuffle

二、判断题

1. MapReduce计算过程中，相同的Key默认会被发送到同一个ReduceTask处理。（　　）

2. 在开发MapReduce程序时，根据需求，可以去掉Reduce阶段。（　　）

3. Hadoop是用Java开发的，所以MapReduce只支持Java编写。（　　）

4. MapReduce适于PB级别以上的海量数据在线处理。（　　）

三、简答题

1. 描述分布式并行计算。

2. 试述MapReduce的优缺点及其应用场景。

3. 简述MapReduce的工作流程。

4. 简述Shuffle在MapReduce中的作用，描述其工作过程。

5. 试述使用MapReduce模型进行编程的过程。

项目六
ZooKeeper

项目导读

ZooKeeper 是开源的分布式应用程序协调服务，是 Google Chubby 的一个开源实现，是 Hadoop 的重要组件。ZooKeeper 扮演管理员的角色。它为分布式应用提供一致性服务的软件，提供的功能包括配置维护、域名服务、分布式同步、组服务等。

项目目标

素质目标	知识目标	技能目标
➤ 通过对中兴新支点高可用集群软件的了解，体会我国自主创新能力。 ➤ 养成事前调研、做好准备工作的习惯 ➤ 贯彻互助共享的精神	➤ 掌握 ZooKeeper 的工作机制和特点。 ➤ 了解高可用集群的工作原理	➤ 掌握 ZooKeeper 的安装与配置方法。 ➤ 掌握高可用集群的搭建方法，能够让高可用集群正常工作

课前学习

1. （　　）是Hadoop HA启动的第一个进程。
   A. 启动ZooKeeper
   B. 启动JournalNode
   C. 在master上执行命令，启动HDFS和YARN
   D. 在slave1上执行命令，启动YARN

2. （　　）是ZooKeeper的进程。
   A. DFSZKFailoverController　　　B. QuorumPeerMain
   C. JournalNode　　　D. NodeManage

任务一　**ZooKeeper 概述**

📖 任务描述

ZooKeeper 由 Yahoo!开发，是 Google Chubby 的开源实现，后来托管到 Apache，于 2010 年 11 月正式成为 Apache 的顶级项目。ZooKeeper 是一个开源的分布式协调服务框架，主要用来解决分布式应用中经常遇到的一些数据管理问题，如统一命名服务、状态同步服务、集群管理、分布式应用配置项的管理等。

📖 知识链接

一、ZooKeeper 简介

ZooKeeper 的设计目标是将那些复杂且容易出错的分布式一致性服务封装起来，构成一个高效可靠的原语集，并以一系列简单易用的接口提供给用户使用。ZooKeeper 从设计模式的角度出发，是一个基于观察者模式设计的分布式服务管

微课 6-1
Zookeeper 概述

理框架。它负责存储和管理数据，然后接受观察者的注册，一旦这些数据的状态发生变化，ZooKeeper 就通知已经在 ZooKeeper 上注册的那些观察者做出相应的反应，从而在集群中实现类似 Master/Slave 管理模式。ZooKeeper 可以保证分布式一致性，其特性主要体现在以下几个方面。

- 全局数据一致：集群中每个服务器保存一份相同的数据副本，客户端无论连接到哪台服务器，所展示的数据都是一致的。
- 可靠性：如果消息被其中一台服务器接收，那么将被所有的服务器接收。
- 顺序性：包括全局有序和偏序两种。全局有序是指如果在一台服务器上消息 a 在消息 b 前发布，则在所有服务器上消息 a 都将在消息 b 前被发布；偏序是指如果一条消息 b 在消息 a 后被同一个发送者发布，消息 a 必将排在消息 b 前面。
- 数据更新原子性：一次数据更新要么成功（半数以上节点更新成功就算成功），要么失败，不存在中间状态。
- 实时性：ZooKeeper 保证客户端将在一个时间间隔范围内获得服务器的更新信息，或者服务器失效的信息。

二、ZooKeeper 工作机制

ZooKeeper 集群中有以下 3 种角色。

- 领导者（Leader）：为客户端提供读写服务，并维护集群状态。它是由集群选举所产生的，是 ZooKeeper 集群工作的核心，是事务请求（写操作）的唯一调度和处理者，用于保证集群事务处理的顺序。
- 跟随者（Follower）：为客户端提供读写服务，并定期向 Leader 汇报自己的节点状态。同时也参与写操作"过半写成功"的策略和 Leader 的选举，处理客户端非事务（读操作）请求，转发事务请求给 Leader，参与集群 Leader 选举投票。此外针对访问量比较大的 ZooKeeper 集群，还可新增观察者角色。
- 观察者（Observer）：为客户端提供读写服务，并定期向 Leader 汇报自己的节点状态，但不参与写操作"过半写成功"的策略和 Leader 的选举，不会参与任何形式的投票，只提供非事务服务，因此，Observer 可以在不影响写性能的情况下提升集群的读性能。观察者观察 ZooKeeper 集群的最新状态变化并将这些状态同步过来，其对于非事务请求可以进行独立处理，对于事务请求，则会转发给 Leader 服务器进行处理。

ZooKeeper 集群中角色分配如表 6-1 所示。

表 6-1　ZooKeeper 集群中角色分配

角色	描述
Leader	Leader 负责进行投票的发起和决议，更新系统状态
Follower	Follower 用于接收客户端请求并向客户端返回结果，在选 Leader 过程中参与投票
Observer	Observer 可以接收客户端连接，将写请求转发给 Leader 节点，但是 Observer 不参加投票过程，只同步 Leader 的状态。Observer 的目的是扩展系统，提高读取速度

ZooKeeper 应用领域范围广，主要应用场景如下。

1．分布式应用配置管理

假如程序分布式部署在多台计算机上，要改变程序的配置文件，需要逐台修改计算机，现在把这些配置全部放到 ZooKeeper 上，保存在 ZooKeeper 的某个目录节点中。然后所有相关应用程序对这个目录节点进行监听，一旦配置信息发生变化，那么每个应用程序就会收到 ZooKeeper 的通知，然后从 ZooKeeper 获取新的配置信息应用到系统中。

2．统一命名服务

ZooKeeper 作为分布式命名服务，通过调用 ZooKeeper 的 API，能够很容易创建一个全局唯一的 Path，这个 Path 就可以作为一个名称。

3．分布式通知和协调服务

ZooKeeper 中特有的 watcher 注册与异步通知机制能够很好地实现分布式环境下不同系统之间的通知与协调，实现对数据变更的实时处理。通常是不同系统都对 ZooKeeper 上同一个 znode 进行监听，其中一个系统更新了 znode，那么另一个系统能够收到通知并做出相应处理。

4．集群管理

集群中每个节点都在 ZooKeeper 上进行注册，所以，通过 ZooKeeper 可以监控节点的状态。

任务二　ZooKeeper 的安装与配置

任务描述

本任务将安装 ZooKeeper，包括 ZooKeeper 的安装和配置 ZooKeeper 的配置文件，以及启动 ZooKeeper。

知识链接

ZooKeeper 服务器中包含各种配置参数，这些参数在 zoo.cfg 的配置文件中定义。如果它们被配置为相同的应用程序，部署在 ZooKeeper 服务中的服务器可以共享一个文件。myid 文件将服务器和其他服务器区分开来，在生产环境中，正确地设置这些参数的值是非常重要的。

微课 6-2
Zookeeper 的安装
与配置

安装 ZooKeeper 的步骤如下（本书中采用使用较多的 ZooKeeper-3.4.13.tar.gz）。

① 下载 ZooKeeper-3.4.13.tar.gz 安装包。

② 使用 Xshell 软件的传输功能，将下载完成的 ZooKeeper-3.4.13.tar.gz 安装包传到 master 节点上的/usr/local/src 目录。

③ 将 ZooKeeper-3.4.13.tar.gz 解压到/usr/local/src 目录下，命令如下所示。

```
tar -zxvf /usr/local/src/zookeeper-3.4.13.tar.gz -C /usr/local/src
```

④ 为了方便配置 ZooKeeper 系统环境变量，此处可以修改 ZooKeeper 安装目录名称，命令如下所示。

```
mv /usr/local/src/zookeeper-3.4.13 /usr/local/src/zookeeper
```

⑤ 配置 ZooKeeper 系统环境变量，打开文件/etc/profile，命令如下所示。

```
vi /etc/profile
```

⑥ 在/etc/profile 文件的末尾添加如下内容。

```
export ZOOKEEPER_HOME=/usr/local/src/zookeeper
export PATH=$PATH:$ZOOKEEPER_HOME/bin
```

⑦ /etc/profile 文件配置完成之后，需要使修改的内容生效，命令如下所示。

```
source /etc/profile
```

⑧ 复制/etc/profile 文件到另外两个节点，命令如下所示。

```
scp -r /etc/profile root@slave1:/etc/profile
scp -r /etc/profile root@slave2:/etc/profile
```

⑨ 在 slave1 和 slave2 节点上刷新/etc/profile 文件，使得修改的内容生效。在 slave1 和 slave2 节点上执行如下命令。

```
source /etc/profile
```

⑩ 生成 zoo.cfg 文件。切换到/usr/local/src/zookeeper/conf 目录，该目录下面有 zoo_sqoop.cfg 文件，复制配置文件，配置文件名为 zoo.cfg（注意配置文件名一定为 zoo.cfg，否则读取不到配置文件）。复制 zoo.cfg 配置文件的命令如下。

```
cp zoo_sqoop.cfg zoo.cfg
```

⑪ 修改 zoo.cfg 文件，修改内容如下。

```
dataDir=/usr/local/src/zookeeper/data
dataLogDir=/usr/local/src/zookeeper/log
```

在 zoo.cfg 文件的末尾添加如下内容。

```
server.1=master:2888:3888
server.2=slave1:2888:3888
server.3=slave2:2888:3888
```

课外拓展

dataDir 是 ZooKeeper 存储内存数据库快照的目录。如果没有单独定义 dataLogDir 参数，则更新到数据库的事务日志也将存储在此目录中。如果数据目录对性能不敏感，事务日志存储在不同的位置，则不需要在专用设备中进行配置。

tickTime 是以毫秒为单位的单次标记的时间长度，是 ZooKeeper 用来确定心跳和会话超时的基本时间单位。默认的 tickTime 参数是 2000 毫秒。减小 tickTime 参数可以实现更快的超时，但会增加网络流量（心跳）和对 ZooKeeper 服务器的处理开销。

dataLogDir 是存储 ZooKeeper 事务日志的目录。服务器使用同步写入刷新事务日志，因此，使用专用事务日志设备非常重要，这样 ZooKeeper 服务器的事务日志记录就不会受到系统中其他进程 I/O 活动的影响，拥有一个专用的日志设备可以提高总体吞吐量，并为请求分配稳定的等待时间。

⑫ 在/usr/local/src/zookeeper 目录下创建 data 目录和 log 目录，data 目录用来存放 ZooKeeper 的数据文件，log 目录用来存放 ZooKeeper 的日志文件。data 目录和 log 目录的创建位置分别与 zoo.cfg 配置文件中 dataDir 和 dataLogDir 的值相同，命令如下所示。

```
cd /usr/local/src/zookeeper
mkdir data
mkdir log
```

⑬ 将 ZooKeeper 安装包复制到另外两个节点，命令如下所示。

```
scp -r /usr/local/src/zookeeper root@slave1:/usr/local/src/zookeeper
scp -r /usr/local/src/zookeeper root@slave2:/usr/local/src/zookeeper
```

⑭ 创建服务器 myid。在 data 目录下创建一个 myid 文件，里面的值可以是任意的，但要和上述服务器 server.x 对应。在本书中，master 节点上 myid 的值为 1，slave1 节点上 myid 的值为 2，slave2 节点上 myid 的值为 3。修改 master 上 myid 的命令如下所示。

```
cd /usr/local/src/zookeeper/data/
echo 1 >> myid
```

在 slave1 节点上修改 myid 的命令如下所示。

```
cd /usr/local/src/zookeeper/data/
echo 2 >> myid
```

在 slave2 节点上修改 myid 的命令如下所示。

```
cd  usr/local/src/zookeeper/data/
echo 3 >> myid
```

⑮ 启动 ZooKeeper 集群。配置文件配置完成之后，就可以启动 ZooKeeper 集群。启动 ZooKeeper 集群需要在每个节点上都使用启动命令，ZooKeeper 集群的服务只能每个节点单独启动，没有命令能一次全部启动。在 master、slave1 和 slave2 节点上分别执行启动 ZooKeeper 集群的命令，命令如下所示。

```
zkServer.sh start
```

⑯ 验证 ZooKeeper 集群。在 master、slave1 和 slave2 节点上分别执行 zkServer.sh status 命令。此时在 master、slave1 和 slave2 任意一个节点上出现一个 Leader 节点（另外两个是 Follower 节点），即集群启动成功。启动成功的信息如下所示。

```
[root@masterzookeeper]# ./bin/zkServer.sh status
zookeeper JMX enabled by default
Using config: /usr/local/src/zookeeper/bin/../conf/zoo.cfg
Mode: follower
[root@slave1 zookeeper]# ./bin/zkServer.sh status
zookeeper JMX enabled by default
Using config: /usr/local/src/zookeeper/bin/../conf/zoo.cfg
Mode: leader
[root@slave2 zookeeper]# ./bin/zkServer.sh status
Zookeeper JMX enabled by default
Using config: /usr/local/src/zookeeper/bin/../conf/zoo.cfg
Mode: follower
```

课外拓展

启动 ZooKeeper 集群，需要在每个节点上都执行启动命令，导致启动 ZooKeeper 集群工作烦琐。那么有没有一种更为便捷的方式启动 ZooKeeper 集群呢？

如果想一次都启动，则需要自己编写脚本。脚本编写过程如下。

（1）创建一个脚本。

```
vi zkmanage.sh
```

（2）编写脚本的内容。

```
#!/bin/bash
for host in master slave1 slave2
  do
    echo "$host:$1"
    ssh $host "source /etc/profile;/usr/local/src/zookeeper/bin/zkServer.sh $1"
  done
```

（3）执行该脚本。

```
sh ./zkmanage.sh start
```

提示

启动ZooKeeper时，每个节点都要关闭防火墙。

任务三 搭建高可用集群

任务描述

高可用集群（High Availability Cluster，HA Cluster）是指以减少服务中断时间为目的的服务器集群。它通过保护用户的业务程序对外不间断提供的服务，把软件、硬件、人为的故障对业务的影响降到最低。

知识链接

搭建高可用集群需要引入 ZooKeeper 集群，以保证当前活动状态的 NameNode 失效时，即刻自动将备用状态的 NameNode 切换为活动状态。ZKFC 的作用体现在以下几个方面。

（1）健康监测：ZKFC 会周期性地向它监控的 NameNode（只有 NameNode 才有 ZKFC 进程，并且每个 NameNode 各一个）发出健康探测命令，从而监测某个 NameNode 是否处于正常工作状态。如果节点宕机、心跳失败，那么 ZKFC 就会标记它处于不健康的状态。

（2）会话管理：如果 NameNode 是健康的，ZKFC 就会在 ZooKeeper 中保持一个打开的会话。如果 NameNode 是 Active 状态的，那么 ZKFC 还会在 ZooKeeper 中占有一个 znode，当 NameNode 宕机时，这个 znode 将会被删除，然后备用的 NameNode 得到这把锁，升级为主的 NameNode，同时标记状态为 Active。宕机的 NameNode 重新启动会再次注册 ZooKeeper，当发现已经有 znode，就自动变为 Standby 状态。如此往复循环，保证高可靠性，但是目前仅支持最多配置两个 NameNode。

（3）master 选举：通过在 ZooKeeper 中维持一个短暂类型的 znode 来实现抢占式的锁机制，从而判断哪个 NameNode 为 Active 状态。

本书中的高可用集群规划如表 6-2 所示。

表 6-2　高可用集群规划

主机名和 IP 地址	安装软件	运行进程
master 192.168.11.128	JDK、Hadoop、ZooKeeper	NameNode、ResourceManager、QuorumPeerMain、DFSZKFailoverController、JournalNode
slave1 192.168.11.129	JDK、Hadoop、ZooKeeper	NameNode、ResourceManager、DataNode、DFSZKFailoverController、JournalNode、QuorumPeerMain
slave2 192.168.11.130	JDK、Hadoop、ZooKeeper	DataNode、NodeManager、JournalNode、QuorumPeerMain

对本书中的高可用集群做如下说明。

（1）在 Hadoop 2.X 中通常有两个 NameNode，一个处于 Ative 状态，另一个处于 Standby 状态。Active NameNode 对外提供服务，而 Standby NameNode 则不对外提供服务，仅同步 Active NameNode 的状态，以便能够在它失败时快速进行切换。

（2）主备 NameNode 之间通过一组 JournalNode 同步元数据信息，一条数据只要成功写入多数，JournalNode 即认为写入成功。通常情况下配置奇数个 JournalNode。

（3）在任务二中已经配置了一个 ZooKeeper 集群，用于 ZKFC 故障转移。当 Active NameNode 宕机，会自动切换 Standby NameNode 为 Active 状态。

扩展阅读

中兴新支点高可用集群软件

中兴新支点高可用集群软件（NewStart HA）为企业提供了通用的高可用环境，不需改变任何服务和应用，即可保证企业在系统故障和部件故障时应用不中断。它支持多种平台，方便统一管理和维护，其磁盘服务锁专利技术能满足虚拟应用场景，保障整个虚拟环境应用服务的安全可用。

高可用集群与 Hadoop 分布式集群搭建过程类似，只是配置文件不一样。本书中只对文件配置进行讲解，与 Hadoop 分布式搭建一样的步骤不再赘述。在修改配置文件之前，Hadoop 分布式集群处于停止状态。搭建高可用集群的步骤如下。

① 依次修改配置文件 core-site.xml、hdfs-site.xml、mapred-site.xml 和 yarn-site.xml。

修改全局参数配置文件 core-site.xml，将<configuration>和</configuration>中的内容修改为如下所示。

```
<configuration>
<!-- 指定 HDFS 的 nameservice 为 had24-->
    <property>
        <name>fs.defaultFS</name>
        <value>hdfs://hdp24/</value>
    </property>
<!-- 指定 ZooKeeper 地址 -->
    <property>
```

```
            <name>ha.zookeeper.quorum</name>
            <value>master:2181,slave1:2181,slave2:2181</value>
        </property>
</configuration>
```

修改配置文件 hdfs-site.xml，将<configuration>和</configuration>中的内容修改为如下所示。

```
<configuration>
<!--指定 HDFS 的 nameservice 为 hdp24，需要和 core-site.xml 中的保持一致 -->
    <property>
        <name>dfs.nameservices</name>
        <value>hdp24</value>
    </property>
<!-- hdp24 下面有两个 NameNode，分别是 nn1，nn2 -->
    <property>
        <name>dfs.ha.namenodes.hdp24</name>
        <value>nn1,nn2</value>
    </property>
<!-- nn1 的 RPC 通信地址 -->
    <property>
        <name>dfs.namenode.rpc-address.hdp24.nn1</name>
        <value>master:9000</value>
    </property>
<!-- nn1 的 HTTP 通信地址 -->
    <property>
        <name>dfs.namenode.http-address.hdp24.nn1</name>
        <value>master:50070</value>
    </property>
<!-- nn2 的 RPC 通信地址 -->
    <property>
        <name>dfs.namenode.rpc-address.hdp24.nn2</name>
        <value>slave1:9000</value>
    </property>
<!-- nn2 的 HTTP 通信地址 -->
    <property>
        <name>dfs.namenode.http-address.hdp24.nn2</name>
        <value>slave1:50070</value>
    </property>
<!-- 指定 NameNode 的元数据在本地磁盘的存放位置 -->
    <property>
        <name>dfs.namenode.name.dir</name>
        <value>/usr/local/src/hadoop/dfs/name</value>
    </property>

    <property>
        <name>dfs.datanode.data.dir</name>
        <value>/usr/local/src/hadoop/dfs/data</value>
    </property>
<!-- 指定 NameNode 的共享 edits 元数据在 JournalNode 上的存放位置 -->
    <property>
```

```
            <name>dfs.namenode.shared.edits.dir</name>
            <value>qjournal://master:8485;slave1:8485;slave2:8485/hdp24</value>
        </property>
        <!-- 指定 JournalNode 在本地磁盘存放数据的位置 -->
        <property>
            <name>dfs.journalnode.edits.dir</name>
            <value>/usr/local/src/hadoop/dfs/journaldata</value>
        </property>
        <!-- 开启 NameNode 失败自动切换 -->
        <property>
            <name>dfs.ha.automatic-failover.enabled</name>
            <value>true</value>
        </property>
        <!-- 配置失败自动切换实现方式 -->
        <property>
            <name>dfs.client.failover.proxy.provider.hdp24</name>
            <value>org.apache.hadoop.hdfs.server.namenode.ha.
ConfiguredFailoverProxyProvider</value>
        </property>
        <!-- 配置隔离机制方法，多个机制用换行分割，即每个机制暂用一行-->
        <property>
            <name>dfs.ha.fencing.methods</name>
            <value>
                sshfence
                shell(/bin/true)
            </value>
        </property>
        <!-- 使用 sshfence 隔离机制时需要 SSH 免密登录 -->
        <property>
            <name>dfs.ha.fencing.ssh.private-key-files</name>
            <value>/home/hadoop/.ssh/id_rsa</value>
        </property>
        <!-- 配置 sshfence 隔离机制超时时间 -->
        <property>
            <name>dfs.ha.fencing.ssh.connect-timeout</name>
            <value>30000</value>
        </property>
</configuration>
```

修改配置文件 mapred-site.xml，将<configuration>和</configuration>中的内容修改为如下所示。

```
<configuration>
<!-- 指定 MapReduce 框架为 YARN 方式 -->
    <property>
        <name>mapreduce.framework.name</name>
        <value>yarn</value>
    </property>
</configuration>
```

修改配置文件 yarn-site.xml，将<configuration>和</configuration>中的内容修改为如下所示。

```xml
<configuration>
<!-- 开启 RM 高可用 -->
    <property>
        <name>yarn.resourcemanager.ha.enabled</name>
        <value>true</value>
    </property>
<!-- 指定 RM 的 cluster id -->
    <property>
        <name>yarn.resourcemanager.cluster-id</name>
        <value>yrc</value>
    </property>
<!-- 指定 RM 的逻辑名称 -->
    <property>
        <name>yarn.resourcemanager.ha.rm-ids</name>
        <value>rm1,rm2</value>
    </property>
<!-- 分别指定 RM 的地址 -->
    <property>
        <name>yarn.resourcemanager.hostname.rm1</name>
        <value>master</value>
    </property>
    <property>
        <name>yarn.resourcemanager.hostname.rm2</name>
        <value>slave1</value>
    </property>
<!-- 指定 Zookeeper 集群地址 -->
    <property>
        <name>yarn.resourcemanager.zk-address</name>
        <value>master:2181,slave1:2181,slave2:2181</value>
    </property>
    <property>
        <name>yarn.nodemanager.aux-services</name>
        <value>mapreduce_shuffle</value>
    </property>
</configuration>
```

② 复制整个 Hadoop 的配置文件到另外两个节点，命令如下所示。

```
scp -r /usr/local/src/hadoop/etc/hadoop root@slave1:/usr/local/src/hadoop/etc
scp -r /usr/local/src/hadoop/etc/hadoop root@slave2:/usr/local/src/hadoop/etc
```

搭建完成之后就可以启动高可用集群，启动高可靠集群的具体操作步骤如下。

① 启动 ZooKeeper 集群。分别在 master 节点、slave1 节点和 slave2 节点上启动 ZooKeeper，执行如下命令（如果 ZooKeeper 集群已经启动，该步骤可以不操作）。

```
cd /usr/local/src/zookeeper
./bin/zkServer.sh start
```

启动成功之后，使用/usr/local/src/zookeeper/bin/zkServer.sh status 命令查看 ZooKeeper 集群中各个节点的状态，如有一个 Leader 和两个 Follower 节点，则启动成功。

② 启动 JournalNode。分别在 master 节点、slave1 节点和 slave2 节点上执行如下命令。

```
hadoop-daemon.sh start journalnode
```

执行完该命令之后，使用 jps 命令可以看到在 master、slave1 和 slave2 节点上出现了 JournalNode 进程。

③ 格式化 NameNode。如果已经搭建好分布式集群，并且 HDFS 上已经存在数据，格式化 NameNode 后，会将原有的/usr/local/src/hadoop/dfs 下面的 name 目录覆盖，导致 HDFS 上的文件不可用，因此，格式化 NameNode 需要谨慎。

在 master 上执行如下命令。

```
hdfs namenode -format
```

④ 将在/usr/local/src/hadoop/dfs 目录生成的 name 目录复制至 slave1 节点上，命令如下所示。

```
scp -r /usr/local/src/hadoop/dfs/name/ root@slave1:/usr/local/src/hadoop/dfs
```

⑤ 格式化 ZKFC（该操作只需在 master 上执行），命令如下所示。

```
hdfs zkfc -formatZK
```

⑥ 启动高可用集群（该操作只需在 master 上执行），命令如下所示。

```
sbin/start-dfs.sh
```

完成高可用集群的搭建之后，接下来测试一下高可用集群。高可用集群启动之后，master 处于 Active 状态，对外提供服务；slave1 处于 Standby 状态。高可用集群界面如图 6-1 所示。

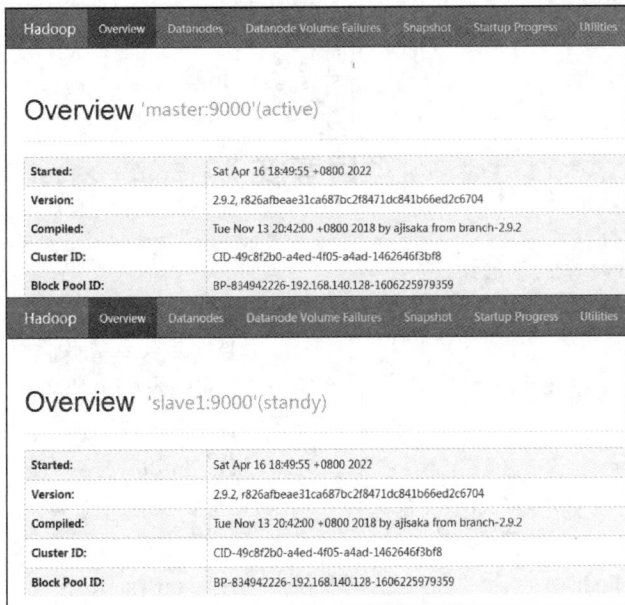

图 6-1 高可用集群界面

如果将master节点上的NameNode停止，master和slave1会有什么变化？

思考

课外拓展

测试集群工作状态的一些指令如下。

查看 HDFS 的各节点状态信息：bin/hdfs dfsadmin –report。

单独启动一个 NameNode 进程：sbin/hadoop-daemon.sh start namenode。

单独启动一个 ZKFC 进程：sbin/hadoop-daemon.sh start zkfc。

项目实训

（1）安装ZooKeeper，对ZooKeeper配置文件进行修改，并启动ZooKeeper。

（2）搭建高可用集群。

项目小结

ZooKeeper的目标就是将封装好的复杂、易出错的关键服务、简单、易用的接口，以及性能高效、功能稳定的系统提供给用户。本项目首先介绍了ZooKeeper的基础知识和工作机制，然后介绍了ZooKeeper的安装与配置，最后介绍了高可用集群的搭建。

项目考核

一、选择题

1. ZooKeeper的特点不包括（　　）。

    A. 顺序一致性   B. 原子性

    C. 可靠性   D. 复合系统映像

2. 在ZooKeeper中有3种角色，（　　）不属于ZooKeeper中的角色。

    A. Observer   B. Leader

    C. Obeyer   D. Follower

3. 下列命令中（在ZooKeeper安装文件夹的bin目录下执行），（　　）是停止ZooKeeper的正确命令。

    A. start-all.sh   B. start-stop.sh

    C. zkServer.sh stop   D. zkServer.sh start

4. ZooKeeper 是一个典型的分布式数据一致性解决方案，（　　）是不属于它实现的功能。

    A. 分布式锁   B. 数据发布/订阅

    C. 响应用户I/O请求   D. 负载均衡

5. ZooKeeper角色不包括（　　）。

    A. 领导者（Leader）   B. 观察者（Observer）

    C. 服务器（Server）   D. 跟随者（Follower）

二、简答题

1. 简述ZooKeeper的应用场景。

2. 描述ZooKeeper的工作原理，及其在高可用集群搭建过程中的作用。

项目七
Hive数据仓库

项目导读

Hive 是基于 Hadoop 的一个数据仓库工具，用来进行数据提取、转化、加载。Hive 可以存储、查询和分析存储在 Hadoop 中的大规模数据。Hive 数据仓库工具能将结构化的数据文件映射为数据库表，并提供类 SQL 查询功能，能将 HQL 语句转变成 MapReduce 任务来执行。

本项目首先介绍 Hive 的基础知识和应用场景、Hive 的安装与配置，接着介绍表操作、Hive 数据类型、Hive 函数，然后介绍数据迁移工具 Sqoop，最后介绍使用 Hive 进行案例分析。

项目目标

素质目标	知识目标	技能目标
➤ 养成事前调研、做好准备工作的习惯。 ➤ 贯彻互助共享的精神	➤ 掌握 Hive 的工作原理和特点。 ➤ 了解 Hive 的应用场景。 ➤ 了解 Sqoop 的原理及特点。	➤ 掌握 Hive 的安装与配置。 ➤ 学会使用 Hive 进行建表与数据导入、导出。 ➤ 学会使用 Hive 进行数据操作和查询操作。 ➤ 掌握 Hive 数据类型的使用方法。 ➤ 掌握 Hive 内置函数的使用方法。 ➤ 掌握数据迁移工具 Sqoop 的使用方法

课前学习

1. 以下关于Hive的描述正确的是（　　　　）。
   A. Hive适用于联机（Online）事务处理
   B. Hive能提供实时查询功能
   C. Hive可以完成大量不可变数据的批处理作业
   D. Hive适合关系型数据环境
2. Hive默认的元存储是保存在内嵌的（　　　　）数据库中。
   A. MySQL
   B. Derby
   C. Oracle
   D. SQLServer

任务一　Hive 概述

📖 任务描述

　　Hive 是一个构建在 Hadoop 上的数据仓库框架，是一个通用的、可伸缩的数据处理平台，可以将结构化的数据文件映射为表，并提供类 SQL 查询功能。设计它的目的是让精通 SQL 的人员能够对存放在 HDFS 中的大规模数据集进行高效的操作。

📖 知识链接

微课 7-1　Hive 概述

一、Hive 应用场景

　　Hive 并非数据库。Hive 所提供的数据存储、查询和分析功能，从本质上来说并非传统数据库所提供的存储、查询、分析功能。Hive 数据仓库工具可将结构化的数据文件映射为数据库表，并提供类似 SQL 的查询语言 HQL（Hive Query Language），能将 HQL 语句转变成 MapReduce 任务来执行，通过 HQL 语句实现快速 MapReduce 统计，使 MapReduce 编程变得更加简单、方便。

　　Hive 要分析的数据存储在 HDFS，Hive 为数据创建的表结构（Schema）存储在关系型数据库管理系统中。Hive 构建在基于静态批处理的 Hadoop 之上，Hadoop 通常都有较高的延迟并且在作业提交和调度的时候需要大量的开销，因此 Hive 并不能够在大规模数据集上实现低延迟、快速的查询。

　　Hive 查询操作过程严格遵守 Hadoop MapReduce 的作业执行模型。Hive 将用户的 HQL 语句通过解释器转换为 MapReduce 作业提交到 Hadoop 集群上，Hadoop 监控作业执行过程，然后返回作业执行结果给用户。Hive 的最佳使用场合是大数据集的批处理作业，如网络日志分析。Hive 在 Hadoop 中扮演数据仓库的角色。Hive 允许使用类似于 SQL 的语法进行数据查询，更适用于数据仓库的任务，主要应用于静态的结构以及需要经常分析的工作场景。

　　使用 Hive 进行数据分析时具有以下优点。

　　（1）操作接口采用类 SQL 语法，便于熟悉 SQL 的用户上手和理解。

　　（2）Hive 能够处理大规模数据集，充分发挥 Hadoop 集群的计算能力。

　　（3）Hive 支持用户自定义函数，用户可以根据需求开发自定义函数扩展分析能力。

　　在使用 Hive 进行数据分析时，也存在一些缺点。

　　（1）Hive 的查询执行延迟相对较高，因此，不太适用于对实时性有严格要求的场景。

　　（2）HQL 表达能力有一定局限性，难以表达复杂的迭代式算法和数据挖掘模型。

　　（3）在处理少量数据时，Hive 的查询效率相比直接使用 MapReduce 编程可能更低。

　　总而言之，Hive 适合处理对实时性要求不高的业务和批处理（如数据仓库的统计分析等），并不适合处理实时数据。Hive 并不能解决所有的大数据问题，例如，它不提供在线事务处理、实时数据查询及记录级的数据更新，不适合实现复杂的机器学习算法等。但是，Hive 在批量处理海量数据上表现良好。

二、数据仓库

　　数据仓库，英文名称为 Data Warehouse，可简写为 DW 或 DWH，是数据库的一种概念上的升级。数据仓库的目的是构建面向分析的集成化数据环境，为企业提供分析性报告和决策支持。数据仓库本身并不"生产"任何数据，同时自身也不需要"消费"任何的数据，数据来源于外部，并且开放给外部应用。这也是叫"仓库"而不叫"工厂"的原因。

　　数据仓库系统架构如图 7-1 所示。

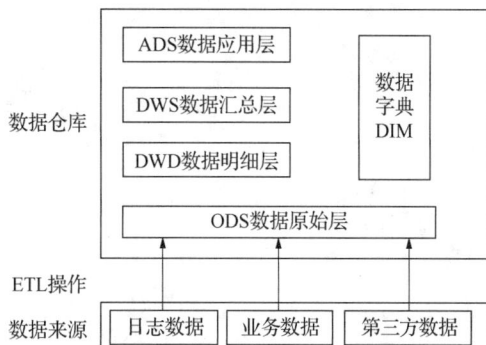

图 7-1　数据仓库系统架构

数据仓库具有以下特点。

（1）主题性：数据仓库是针对某个主题进行组织的，可以将多种不同的数据源进行整合。而传统的数据库主要针对某个项目而言，数据相对分散和孤立。

（2）集成性：数据仓库需要将多个数据源的数据存到一起，但是这些数据以前的存储方式不同，所以需要经历抽取、清洗、转换的过程。

（3）稳定性：数据仓库保存的数据是一系列历史快照，不允许修改，只能分析。

（4）时变性：数据仓库会定期接收到新的数据，反映出最新的数据变化。

数据仓库是在数据库已经大量存在的情况下，为了进一步挖掘数据资源、为了决策需要而产生的。它并不是所谓的"大型数据库"。为了更好地服务前端应用，对于数据仓库应该注意以下几方面。

（1）效率要足够高。数据仓库的分析数据一般按日、周、月、季、年等维度进行分割。一般来说，以日为周期的数据要求的效率最高，要求 24 小时甚至 12 小时内，客户能看到数据分析结果。由于有的企业每日的数据量很大，设计不好的数据仓库会经常出问题，延迟 1~3 日才给出结果，这样显然不行。

（2）数据质量要高。数据仓库所提供的各种信息和数据要尽可能准确。数据仓库流程通常分为多个步骤（包括数据清洗、装载、查询、展现等），复杂的架构会有更多层次。若数据源有"脏"数据或者代码不严谨，可能导致数据失真并分析出错误的结果，从而造成损失。

（3）扩展性要强。大型数据仓库系统架构设计复杂，是因为考虑到了未来的扩展性，未来不用花费精力去重建数据仓库系统就能很稳定地运行，主要体现在数据建模的合理性。在数据仓库中应多一些中间层，以使海量数据流有足够的缓冲区，不至于数据量大就运行不起来。

三、Hive 简介

Apache Hive 是由 Apache 软件基金会的志愿者 Meta 提供的开源项目，其最初是 Apache Hadoop 下的一个子项目，后来升级为 Apache 的顶级项目。Hive 的优点是学习成本低，可以通过 HQL 语句实现快速 MapReduce 统计，使 MapReduce 变得更加简单，而不必开发专门的 MapReduce 应用程序。Hive 十分适合对数据仓库进行统计分析。

Hive 的本质是将 HQL 语句转化成 MapReduce 程序，HQL 语句转化成 MapReduce 程序的流程如图 7-2 所示。

Hive 是为了简化用户编写 MapReduce 程序而生成的一种框架，Hive 本身不存储和计算数据。它完全依赖于 HDFS 和 MapReduce。Hive 处理的数据存储在 HDFS 上，Hive 分析数据底层的实现是 MapReduce，执行程序运行在 YARN 上。

由于 Hive 采用了 HQL，因此，很容易将 Hive 理解为数据库。其实从结构上来看，Hive 和数据库除了拥有类似的查询语言，没有其他类似之处。Hive 与数据库的不同之处主要体现在以下几个方面。

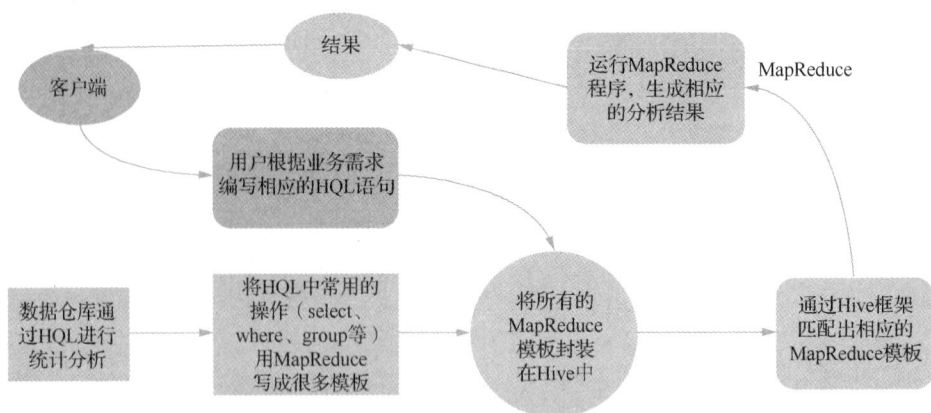

图 7-2　HQL 语句转化成 MapReduce 程序的流程

（1）查询语言不同。

由于 SQL 被广泛地应用在数据仓库中，因此，Hive 开发者专门针对 Hive 的特性设计了类 SQL 的查询语言 HQL。熟悉 SQL 开发的开发者可以很方便地使用 HQL 进行开发。

（2）数据存储位置不同。

Hive 是建立在 Hadoop 之上的，所有 Hive 的数据都是存储在 HDFS 中的。而数据库则将数据保存在本地文件系统中。

（3）数据更新不同。

Hive 不支持对数据的更新和添加，所有的数据都是在加载时确定好的。而数据库中的数据通常需要频繁修改。

（4）执行方式不同。

Hive 中大多数查询的执行是通过 Hadoop 提供的 MapReduce 来实现的，而数据库则不是。

（5）执行时延迟不同。

Hive 在查询数据的时候，需要扫描整个表，因此，延迟较高。另外一个导致 Hive 执行延迟高的因素是 MapReduce 框架，由于 MapReduce 本身具有较高的延迟，因此，在利用 MapReduce 执行 Hive 查询时，也会有较高的延迟。相对 Hive 来说，数据库的执行延迟较低。当然，这个低是有条件的，即数据规模较小。当数据规模大到超过数据库的处理能力的时候，Hive 的并行计算更能体现出优势。

（6）可扩展性不同。

由于 Hive 是建立在 Hadoop 之上的，因此，Hive 的可扩展性和 Hadoop 的可扩展性是一致的。而数据库在扩展能力上非常有限。

（7）数据规模不同。

由于 Hive 建立在集群上并可以利用 MapReduce 进行并行计算，因此，可以支持很大规模的数据。相对而言，数据库可以支持的数据规模较小。

Hive 通过给用户提供的一系列接口接收用户的指令（HQL 语句），利用驱动器结合元数据将这些指令翻译成 MapReduce 任务，提交到 Hadoop 中执行，最后，将执行返回的结果输出到用户接口。Hive 架构如图 7-3 所示。

Hive 架构主要包括以下内容。

（1）用户接口。

常见的用户接口有 CLI（Command Line Interface）、JDBC/ODBC、Web UI 等。

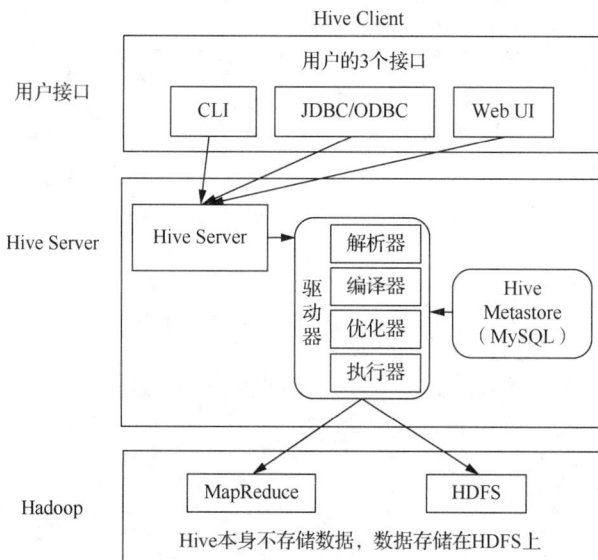

图 7-3　Hive 架构

（2）Hive Server。

Hive Serve 主要包含驱动器（Driver）和元数据管理（Metastore）两个组件。驱动器包含了解析器（Parser）、编译器（Compiler）、优化器（Optimizer）和执行器（Executor）。解析器将 HQL 字符串进行语法分析，如表是否存在、字段是否存在、HQL 语义是否有误；编译器进行语法分析后编译生成执行计划；优化器对执行计划进行优化；执行器开始对计划进行执行。

元数据管理组件负责存储和管理 Hive 中的元数据信息，如表、数据库、分区等。Hive 中的元数据存储在关系型数据库中，Hive 或其他执行引擎通过读取数据库获取需要的元数据。

（3）Hadoop。

Hadoop 主要涉及 MapRedcue 和 HDFS。MapReduce 主要用于计算，HDFS 主要用于存储。

任务二　Hive 的安装与配置

📖 任务描述

本任务将安装 Hive，包括 MySQL 数据库的安装、安装与配置 Hive，以及验证 Hive。

📘 知识链接

Hive 的元数据需要保存在关系数据库 MySQL 中。首先在 CentOS 7 环境下安装 MySQL 数据库，以便将 Hive 的元数据保存到 MySQL 数据库中；然后搭建 Hive 环境及修改配置文件；最后验证 Hive 是否安装成功。

一、MySQL 数据库的安装

CentOS 7 预装了 MariaDB，MariaDB 是 MySQL 数据库的一个分支，且完全兼容 MySQL 数据库。为避免冲突，先将其卸载，然后安装要使用的 MySQL 数据库。本书使用的 MySQL 数据库为 5.7.18 版本，使用 rpm 方式进行安装。

① 查询 MariaDB 是否存在，命令如下所示。

微课 7-2　MySQL 数据库的安装

```
rpm -qa | grep mariadb
```

如果存在，则会提示类似如下信息。

```
mariadb-libs-5.5.65-1.el7.x86_64
```

② 将查询到的 MariaDB 软件包卸载，命令如下所示。

```
rpm -e --nodeps mariadb-libs-5.5.65-1.el7.x86_64
```

③ 下载 mysql-5.7.18 安装文件，依次执行以下命令安装 MySQL 数据库。

```
rpm -ivh mysql-community-common-5.7.18-1.el7.x86_64.rpm
rpm -ivh mysql-community-libs-5.7.18-1.el7.x86_64.rpm
rpm -ivh mysql-community-client-5.7.18-1.el7.x86_64.rpm
rpm -ivh mysql-community-server-5.7.18-1.el7.x86_64.rpm
```

④ 启动 MySQL 数据库服务，命令如下所示。

```
systemctl start mysqld
```

⑤ 查看 MySQL 数据库状态，执行 systemctl status mysqld 命令，如果出现如下内容，则表示 MySQL 数据库服务启动成功。

```
mysqld.service - MySQL Server
Loaded: loaded (/usr/lib/systemd/system/mysqld.service; enabled; vendor preset: disabled)
Active: active (running) since Fri 2022-05-20 20:54:04 CST; 5 months 10 days ago
```

⑥ MySQL 数据库服务启动成功之后，用户可以从终端登录到 MySQL 数据库。首次登录时，需要对初始密码进行修改，可使用如下命令查询初始密码。

```
cat /var/log/mysqld.log | grep password
```

将密码复制下来，此次的初始密码为 MPg5lhk4?>Ui

```
2020-05-07T02:34:03.336724Z 1 [Note] A temporary password is generated for
root@localhost: MPg5lhk4?>Ui
```

⑦ MySQL 数据库初始化。执行 mysql_secure_installation 命令初始化 MySQL 数据库，按照下面的步骤依次输入相关内容，执行过程如下。

```
[root@master ~]# mysql_secure_installation
Securing the MySQL server deployment.
Enter password for user root: # 输入/var/log/mysqld.log 文件中查询到的默认 root 用户登录密码
The 'validate_password' plugin is installed on the server.
The subsequent steps will run with the existing configuration
of the plugin.
Using existing password for root.
Estimated strength of the password: 100
Change the password for root ? ((Press y|Y for Yes, any other key for No) : y
New password:  # 输入新密码 Password123$
Re-enter new password: # 再次输入新密码 Password123$
Estimated strength of the password: 100
Do you wish to continue with the password provided?(Press y|Y for Yes, any other key for
No) : y  # 输入 y
By default, a MySQL installation has an anonymous user,
allowing anyone to log into MySQL without having to have
a user account created for them. This is intended only for
testing, and to make the installation go a bit smoother.
You should remove them before moving into a production
environment.
Remove anonymous users? (Press y|Y for Yes, any other key for No) : y# 输入 y
Success.
Normally, root should only be allowed to connect from
```

'localhost'. This ensures that someone cannot guess at
the root password from the network.
Disallow root login remotely? (Press y|Y for Yes, any other key for No) : n # 输入 n
... skipping.
By default, MySQL comes with a database named 'test' that
anyone can access. This is also intended only for testing,
and should be removed before moving into a production
environment.

⑧ 修改完初始密码之后，即可登录到 MySQL 数据库，执行如下命令。

```
mysql -uroot -p
```

输入新设定的密码 Password123$。

⑨ 添加 root 用户从本地和远程访问 MySQL 数据库表单的授权、root 用户本地访问授权，使得 root 用户可以在任何地方登录任何库、任何表，命令如下所示。

```
grant all privileges on *.* to root@'localhost' identified by 'Password123$';
```

添加 root 用户远程访问授权，命令如下所示。

```
grant all privileges on *.* to root@'%' identified by 'Password123$';
```

刷新授权，输入如下命令。

```
flush privileges;
```

授权完成之后，可以使用下面的命令查看用户的授权情况。

```
select user,host from mysql.user where user='root';
```

出现图 7-4 所示界面，则表示授权成功。

```
mysql> select user,host from mysql.user where user='root';
+------+-----------+
| user | host      |
+------+-----------+
| root | %         |
| root | localhost |
+------+-----------+
2 rows in set (0.00 sec)
```

图 7-4 授权成功界面

⑩ 退出 MySQL 数据库，命令如下所示。

```
mysql>exit;
```

exit 命令是退出当前的登录用户，MySQL 数据库服务仍然在后台运行。如果想让 MySQL 数据库服务停止运行，则执行 systemctl stop mysqld 命令。

二、安装与配置 Hive

MySQL 数据库安装成功之后，需要安装和配置 Hive。本书采用的安装包为 apache-hive-2.3.9-bin.tar.gz，具体操作步骤如下。

微课 7-3 安装与
配置 Hive

① 下载 apache-hive-2.3.9-bin.tar.gz。

② 使用 Xshell 软件的传输功能，将下载完成的 apache-hive-2.3.9-bin.tar.gz 安装包传到 master 节点上的/usr/local/src 目录。

③ 将 apache-hive-2.3.9-bin.tar.gz 解压到/usr/local/src 目录下，命令如下所示。

```
tar -zxvf /usr/local/src/apache-hive-2.3.9-bin.tar.gz -C /usr/local/src
```

④ 为了方便配置 Hive 系统环境变量，此处可以修改目录名，命令如下所示。

```
mv /usr/local/src/apache-hive-2.3.4-bin /usr/local/src/hive
```

⑤ 修改 Hive 的配置文件，配置文件位于/usr/local/src/hive/conf 目录，在该目录下可以使用自带的 hive-default.xml.template 文件。由于该文件中内容较多，在本书中使用新建 hive-site.xml 的方式。使用如下命令新建 hive-site.xml。

```
vi hive-site.xml
```

hive-site.xml 的内容如下所示。

```
<?xml version="1.0" encoding="UTF-8" standalone="no"?>
<?xml-stylesheet type="text/xsl" href="configuration.xsl"?>
<configuration>
    <property>
        <name>javax.jdo.option.ConnectionURL</name>
        <value>jdbc:mysql://master:3306/hive?createDatabaseIfNotExist=true&amp;
characterEncoding=utf8</value>
    </property>
    <property>
        <name>javax.jdo.option.ConnectionDriverName</name>
        <value>com.mysql.cj.jdbc.Driver</value>
    </property>
    <property>
        <name>javax.jdo.option.ConnectionUserName</name>
        <value>root</value>
    </property>
    <property>
        <name>javax.jdo.option.ConnectionPassword</name>
        <value>Password123$</value>
    </property>
</configuration>
```

在上述配置文件中，javax.jdo.option.ConnectionURL 参数用来设置元数据连接字符串，javax.jdo.option.ConnectionDriverName 参数用来设置存储元数据的数据库驱动器，javax.jdo.option.ConnectionUserName 参数用来设置存储元数据的数据库用户名，javax.jdo.option.ConnectionPassword 参数用来设置存储元数据的数据库密码。

除了上述配置外，用户还可以通过 hive-site.xml 文件进行其他配置，如下所示。

```
<property>
<!--本机表默认位置的 URI-->
    <name>hive.metastore.warehouse.dir</name>
    <value>/user/hive/warehouse</value>
</property>
<property>
<!--Metastore 远程地址，默认端口为 9083-->
    <name>hive.metastore.uris</name>
    <value>thrift://master:9083</value>
</property>
<property>
<!--客户端显示数据表头信息-->
    <name>hive.cli.print.header</name>
    <value>true</value>
</property>
<property>
```

```
<!--客户端显示当前数据库信息-->
    <name>hive.cli.print.current.db</name>
    <value>true</value>
</property>
<property>
<!--绑定的主机的 TCP 接口-->
    <name>hive.server2.thrift.bind.host</name>
    <value>master</value>
</property>
<property>
<!--绑定的 TCP 的主机端口，默认为 10000-->
    <name>hive.server2.thrift.port</name>
    <value>10000</value>
</property>
<property>
<!--最小工作线程数，默认为 5-->
    <name>hive.server2.thrift.min.worker.threads</name>
    <value>5</value>
</property>
<property>
<!--最大工作线程数，默认为 500-->
    <name>hive.server2.thrift.max.worker.threads</name>
    <value>500</value>
</property>
<property>
<!--Hive 作业的暂存空间-->
    <name>hive.exec.scratchdir</name>
    <value>/tmp/hiveinfo</value>
</property>
```

课外拓展

    `<value>jdbc:mysql://master:3306/hive?createDatabaseIfNotExist=true&amp;characterEncoding=utf8</value>`中的 hive 是数据库的名称，该数据库可以自行命名，用来存储 Hive 中的元数据信息；master 是让 MySQL 存储元数据的主机名。

    配置 JDBC URI 时，将&改写为&（因为&符号在 xml 中有特殊语义，必须进行转义）。如果使用官方自带的配置文件模板，将<description>标签删除，该标签是官方用来解释这个配置属性的作用，可能会带有特殊符号，Hive 启动时会报错。

如果想要设置 Hive 在 HDFS 中的存储路径，可以使用如下参数配置。

```
<property>
        <name>hive.metastore.warehouse.dir</name>
        <value>/user/hive/warehouse</value>
</property>
```

知识点拨

hive.metastore.warehouse.dir 如非特殊需求不需要配置，默认值为/user/hive/warehouse。

⑥ 上传一个 MySQL 的驱动 jar 包到 Hive 的安装目录的 lib 中，MySQL 的驱动 jar 包需要自行下载，本书中使用的是 mysql-connector-java-8.0.16.jar。使用 Xshell 文件传输功能，直接将 jar 包拖动到 Hive 安装目录下的 lib 目录中。

⑦ 配置 Hive 系统环境变量。使用如下命令打开文件/etc/profile。

```
vi /etc/profile
```

⑧ 在文件的末尾添加如下内容。

```
export HIVE_HOME=/usr/local/src/hive
export PATH=$PATH:$HIVE_HOME/bin
```

⑨ 刷新/etc/profile 文件，使得修改的内容生效，命令如下所示。

```
source /etc/profile
```

此时 Hive 已经安装完毕，接下来对 Hive 进行验证。

三、验证 Hive

由于 Hive 是安装部署在 Hadoop 集群之上的，在启动 Hive 之前，必须确保要连接的 Hadoop 集群处于启动状态，并且能够正常运行。除此之外，还要保证 MySQL 数据库服务是运行状态。如果没有启动 Hadoop 集群和 MySQL 数据库服务，Hive 将不能正常运行。

启动 Hive 以验证 Hive 是否安装成功。启动 Hive 主要包括以下几种方式。

1. Shell 交互式方式

在命令行执行 Hive 命令，如果出现如下内容，则说明 Hive 安装成功。

```
hive (default)>
```

进入 Hive 后，可以查看当前的数据库，命令如下所示。

```
show databases;
```

课外拓展

通过设置一些参数，可让 Hive 使用起来更便捷，示例如下。

1. 在 Hive 提示符中显示当前所在的数据库名称，命令如下所示。

```
hive>set hive.cli.print.current.db=true;
```

2. 在查询结果中显示列名，命令如下所示。

```
hive>set hive.cli.print.header=true;
```

3. 通过编辑~/.hiverc 文件来进行永久性的配置，以使设置自动生效，无须每次手动设置，命令如下所示。

```
vi ~/.hiverc
set hive.cli.print.current.db=true;
set hive.cli.print.header=true;
```

2. Hive 服务方式

使用 Hive 服务方式启动 Hive 需要启动 hiveserver2 服务，命令如下所示。

```
[root@master hive]$ bin/hiveserver2
```
上述命令会将这个服务启动在前台，此时服务页面不能关闭。如果要启动在后台，命令如下所示。
```
[root@master hive]$ nohup hiveserver2 1>/dev/null 2>&1 &
```
hiveserver2 服务启动成功后，此时再打开一个终端，使用 beeline 去连接 hiveserver2 服务，连接方式有以下两种。

（1）首先进入 beeline 的命令界面，输入如下命令。
```
[root@master hive]#/usr/local/src/hive/bin/beeline
```
然后输入如下命令连接 hiveserver2，输入启动 HDFS 的用户名和密码。
```
beeline> !connect jdbc:hive2://master:10000
```
使用如下命令退出 beeline。
```
!quit
```
（2）启动时直接连接 beeline，命令如下所示。
```
beeline -u jdbc:hive2://master:10000 -n hadoop
```

3. Hive 命令方式

大量的 Hive 查询任务，如果用交互式 Shell 来进行输入，显然效率极其低下。因此，生产中更多是使用脚本化运行机制，该机制的核心点是 Hive 可以用一次性命令的方式来执行给定的 HQL 语句。使用 Hive 命令方式显示 Hive 中的数据库，命令如下所示。
```
hive -e "show databases"
```

知识拓展

用户可以使用宿主机上安装 MySQL 数据库客户端的方式连接 master 上安装的 MySQL 数据库，图 7-5 所示为通过 SQLyog 连接到 master 上的 MySQL 数据库的连接方式。

通过 SQLyog 可以查看 Hive 的元数据信息，DBS 表中存储着 Hive 中的数据库信息；TBLS 中的存储着 Hive 中的表信息，包括表名、数据位置、所有者等信息；VERSION 中存储着版本信息。Hive 的元数据信息表如图 7-6 所示。

图 7-5　通过 SQLyog 连接到 master 上的 MySQL 数据库的连接方式 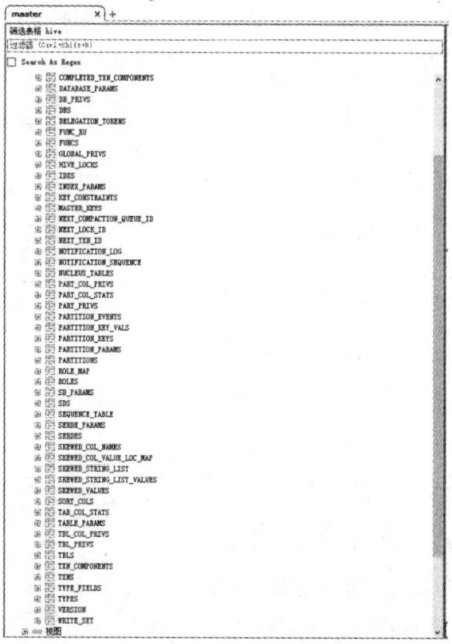　　图 7-6　Hive 的元数据信息表

任务三　表操作

📖 任务描述

Hive 中的数据以数据表的形式存在，数据表中的数据跟 HDFS 上的数据相对应。Hive 中的表分为内部表、外部表和分区表等。本任务主要介绍 Hive 中表的相关操作。

138

📚 知识链接

一、创建数据库

（1）创建数据库的语法格式如下。

```
create database dbname
```

create database 为创建数据库关键字，dbname 为数据库名称。

微课 7-4　数据库操作

（2）创建数据库之前，先查看一下有哪些数据库，显示已有数据库的命令如下所示。

```
hive> show databases;
```

第一次执行该命令时，会报如下错误，此时需要初始化数据。

FAILED: SemanticException org.apache.hadoop.hive.ql.metadata.HiveException: java.lang.RuntimeException: Unable to instantiate org.apache.hadoop.hive.ql.metadata.SessionHiveMetaStoreClient

在 Linux 操作系统命令行下执行如下命令。

```
schematool –dbType mysql –initSchema
```

Hive 中有一个默认的数据库。默认数据库信息如下。

- 库名：default。
- 库目录：hdfs://master:9000/user/hive/warehouse。

（3）在 Hive 中新建数据库。

① 创建一个名为 bigdata 的数据库，在 HDFS 上默认存储路径是/user/hive/warehouse/*.db，命令如下所示。

```
create database bigdata;
```

数据库建好后，在 HDFS 中会生成一个库目录。

```
hdfs://master:9000/user/hive/warehouse/bigdata
```

② 如果数据库已经存在，再创建就会报如下错误。

```
hive> create database bigdata;
```

FAILED: Execution Error, return code 1 from org.apache.hadoop.Hive.ql.exec.DDLTask. Database soft863db already exists

为了避免创建过程中报错，可以使用 if not exists 判断数据库是否存在，命令如下所示。

```
hive (default)> create database if not exists bigdata;
```

二、查询数据库

1. 显示数据库信息

显示数据库信息的命令如下所示。

```
hive> desc database bigdata;
```

显示数据库信息界面如图 7-7 所示。

2. 使用数据库

使用数据库的命令如下所示。

```
hive (default)> use bigdata;
```

图 7-7　显示数据库信息界面

三、删除数据库

（1）删除数据库的命令如下所示。

hive>drop database bigdata;

（2）如果删除的数据库不存在，直接删除则会报如下错误。

hive> drop database bigdata;
FAILED: SemanticException [Error 10072]: Database does not exist: bigdata

为了避免上述错误，在删除数据库时可以使用 if exists 判断数据库是否存在，命令如下所示。

hive> drop database if exists bigdata;

（3）如果数据库不为空，使用 drop 命令删除数据库，则会出现如下错误。

hive> drop database bigdata;
FAILED: Execution Error, return code 1 from org.apache.hadoop.Hive.ql.exec.DDLTask.
InvalidOperationException(message:Database bigdata is not empty. One or more tables exist.)

为了避免上述错误，删除非空数据库时可以使用 cascade 命令强制删除，命令如下所示。

hive> drop database bigdata cascade;

四、Hive 表

Hive 表是有多种类型的，可以分为 4 种：内部表，外部表，分区表，桶表。每种表的应用场景不一样，本书只介绍前 3 种。

1. 内部表

微课 7-5　Hive 表

默认创建的表都属于内部表，有时也被称为管理表。因为对这种表，Hive 会控制内部表数据的生命周期。内部表是 Hive 默认表类型，表数据默认存储在 warehouse 目录中。当删除表时，表的数据和元数据将会被同时删除。

在 Hive 中创建内部表的方法有多种，根据不同场合需求可以采用不同创建表的方法。常见的创建表方法包括以下几种。

（1）普通创建表，建表语法如下所示。

CREATE [EXTERNAL] TABLE [IF NOT EXISTS] table_name
[(col_name data_type [COMMENT col_comment], ...)]
[COMMENT table_comment]
[PARTITIONED BY (col_name data_type [COMMENT col_comment], ...)]
[CLUSTERED BY (col_name, col_name, ...)]
ROW FORMAT DELIMITED [FIELDS TERMINATED BY char] [COLLECTION ITEMS
TERMINATED BY char] [MAP KEYS TERMINATED BY char] [LINES TERMINATED BY char]
[STORED AS] 文件存储类型
[LOCATION hdfs_path]

建表语法中各个字段说明如下。

① CREATE TABLE：创建一个指定名字的表。如果这个名字的表已经存在，则抛出异常；用户可以用 IF NOT EXISTS 选项来避免出现这个异常。

② EXTERNAL：创建表的时候，选择该参数，则可以创建一个外部表，同时指定一个指向实际

数据的路径（LOCATION）。Hive 创建内部表时，会将数据移动到数据仓库指向的路径；若创建外部表，仅记录数据所在的路径，不对数据的位置做任何改变。在删除表的时候，内部表的元数据和数据会被一起删除，而外部表只删除元数据，不删除数据。

③ COMMENT：为表和列添加注释。

④ PARTITIONED BY：创建分区表。

⑤ CLUSTERED BY：创建分桶表。

在建表的时候，用户需要为表指定列。用户在指定表的列的同时也会指定分隔符，Hive 通过分隔符确定表具体列的数据。下面为常见的分隔方式。

- 列分隔符：,。
- MAP STRUCT 和 ARRAY 的分隔符：_。
- MAP 中的 Key 与 Value 的分隔符：:。
- 行分隔符：\n。

⑥ STORED AS：指定文件存储类型。

常用的文件存储类型有 SEQUENCEFILE（二进制序列文件）、TEXTFILE（文本）、RCFILE（列式存储格式文件）。如果文件数据是纯文本，可以使用 STORED AS TEXTFILE。如果数据需要压缩，则使用 STORED AS SEQUENCEFILE。

⑦ LOCATION：指定表在 HDFS 上的存储位置。

接下来根据上述普通创建表的语法，在 bigdata 数据库下面创建一个学生信息表，包含 id 和 name 两个字段。

首先，打开数据库，命令如下所示。

```
USE bigdata;
```

然后，创建数据库表，命令如下所示。

```
CREATE TABLE IF NOT EXISTS student(
id int, name string)
ROW FORMAT DELIMITED FIELDS TERMINATED BY '\t';
```

（2）根据查询结果创建表。

该创建表的方法不仅会创建表结构，还会将查询的结果添加到新创建的表中。

```
CREATE TABLE IF NOT EXISTS student01
AS SELECT id, name FROM student;
```

（3）根据已经存在的表结构创建表。

该创建表的方法仅创建表结构。

```
CREATE TABLE IF NOT EXISTS student3 LIKE student;
```

表创建成功之后，还可以查询表的类型，查询表类型的命令如下所示。

```
hive (default)> DESC FORMATTED student2;
Table Type:              MANAGED_TABLE
```

上述建表方法创建的都是内部表，默认情况下，Hive 会将这些表的数据存储在由配置项 hive.metastore.warehouse.dir 所定义目录的子目录下。当删除一个内部表时，Hive 也会删除这个表中的数据。内部表不适合和其他工具共享数据。

内部表的特点：在内部表被删除后，表的元数据和表数据都从 HDFS 中完全删除。Hive 内部表的管理既包含逻辑以及语法上的管理，也包含实际物理意义上的管理，即创建 Hive 内部表时，数据将真实存在于表所在的目录内；删除内部表时，物理数据和文件也一并删除。

使用内部表的场景主要有以下几种。

（1）ETL 数据清理使用内部表做中间表，清理时 HDFS 上的文件同步删除。

（2）统计分析时，不涉及数据共享数据的情况。

（3）需要对元数据和表数据进行管理时。

2．外部表

在外部表中，Hive 并不认为其完全拥有这份数据。删除该表并不会删除这份数据，不过描述表的元数据信息会被删除。外部表管理仅在逻辑和语法意义上，即新建的表仅指向一个外部目录而已。同样，删除时也并不物理删除外部目录，而仅将引用和定义删除。

外部表的特点是表中的数据在删除后仍然在 HDFS 中。如果创建一个外部表，在删除表之后，只有与表相关的元数据被删除，而表的内容不会被删除。

接下来以企业部门和员工数据为例（原始数据来源见配套资源中的 dept.txt 和 emp.txt 文件），分别创建部门和员工外部表。

微课 7-6 内部表和外部表操作

创建部门外部表，建表语句如下。

```
CREATE EXTERNAL TABLE IF NOT EXISTS dept(deptno int,dname string,loc string)
ROW FORMAT DELIMITED FIELDS TERMINATED BY '\t';
```

创建员工外部表，建表语句如下。

```
CREATE EXTERNAL TABLE IF NOT EXISTS EMP(empno int,ename string,job string,mgr int,hiredate string, sal double, comm double,deptno int)
ROW FORMAT DELIMITED FIELDS TERMINATED BY '\t';
```

查看创建的部门表和员工表，命令如下所示。

```
hive (default)> SHOW tables;
OK
dept
emp
```

表创建成功之后，还可以查询表的类型，查询表类型的命令如下所示。

```
hive (default)> DESC FORMATTED dept;
Table Type:   EXTERNAL_TABLE
```

在大多数情况下，内部表和外部表两者的区别不是很明显。如果数据的所有处理都在 Hive 中进行，那么可倾向于选择内部表。如果 Hive 和其他工具针对相同的数据集做处理，那么外部表更合适。一种常见的模式是使用外部表访问存储在 HDFS（通常由其他工具创建）中的初始数据，然后使用 Hive 转换数据并将其结果放在内部表中。外部表也可用于将 Hive 的处理结果导出供其他应用使用。

一般情况下，企业内部都使用外部表。因为会有多人操作数据仓库，可能会产生数据表误删除操作，为了保证数据的安全性，通常会使用外部表。

内部表和外部表的区别如下。

（1）内部表的目录在 Hive 的仓库目录中，未被 EXTERNAL 修饰；而外部表的目录由用户指定，被 EXTERNAL 修饰。

（2）内部表数据由 Hive 自身管理，外部表数据由 HDFS 管理。

（3）内部表数据存储的位置是 hive.metastore.warehouse.dir（默认为/user/hive/warehouse），外部表数据的存储位置可以根据实际情况指定。

（4）删除内部表会直接删除元数据及存储数据；删除外部表仅会删除元数据，HDFS 上的文件并不会被删除。

（5）对内部表的修改会直接同步给元数据；而对外部表的表结构和分区进行修改，则需要修复，修复命令为 MSCK REPAIR TABLE table_name;。

（6）创建内部表时，会将数据移动到数据仓库指向的路径；若创建外部表，仅记录数据所在的路径，不对数据的位置做任何改变。外部表相对来说更加安全，数据组织也更加灵活，更方便共

享源数据。

需要注意的是，传统数据库对表数据验证是写时模式，而 Hive 遵循的是读时模式，即只有在读的时候 Hive 才检查、解析具体的数据字段。

读时模式的优势是加载数据非常迅速，因为它不需要读取数据进行解析，仅进行文件的复制或者移动。

写时模式的优势是提升了查询性能，因为预先解析之后可以对列建立索引，并压缩。但这样会花费更多的加载时间。

3．分区表

分区表实际上对应 HDFS 上的一个独立文件夹，该文件夹下是该分区所有的数据文件。Hive 中的分区就是分目录，把一个大的数据集根据业务需要分割成小的数据集。在查询时通过 WHERE 子句中的表达式选择查询所需要指定的分区，这样查询效率会高很多。分区表的实质是在表目录中为数据文件创建分区子目录，以便在查询时针对分区子目录中的数据进行处理，缩小读取数据的范围。

微课 7-7　分区表操作

如果一个表中数据很多，查询就会很慢，耗费大量时间。为了在查询其中部分数据的时候能快速查找，引入了分区的概念。分区表可以根据 PARTITIONED BY 创建。

（1）一个表可以拥有一个或者多个分区，每个分区以目录的形式单独存在于表的目录下。

（2）分区以伪字段（伪列）的形式存在于表结构中，通过 describe tablename（或者 desc [formatted]tablename）命令可以查看到该字段。但是该字段不存放实际的数据内容，仅是分区的表示。

（3）分区建表分为两种，一种是单分区，也就是说在表目录下只有一级目录；另一种是多分区，表目录下有多个目录嵌套。

在做数据挖掘和分析的时候，有时只针对某一段时间（如某一个月）的数据，而在创建表的时候是将所有时间的数据都放在一起的，这样就会导致在进行分析的时候会分析所有的数据，如果数据量很大效率就会很低。利用 Hive 提供的分区表，可以针对特定的数据进行查询和分析。原来可能要分析 100GB 的数据文件，经过分区后可能只需要分析 10GB 的文件，这样可以大大提升数据分析的效率。

接下来以 access 表为例，对分区表进行介绍。

（1）在 bigdata 数据库下，创建分区表 access，命令如下所示。

```
hive (default)> CREATE TABLE access (ip string,url string,access_time string)
PARTITIONED BY(month string)
ROW FORMAT DELIMITED FIELDS TERMINATED by ',';
```

PARTITIONED BY 指定分区字段名称和类型，该数据表中的分区字段为 month。该语句执行完之后会在 HDFS 上产生相应的文件，位于/user/hive/warehouse/bigdata.db/access。

（2）加载数据到分区表中，命令如下所示。

```
hive (default)> LOAD DATA LOCAL INPATH '/root/2023_05.txt' INTO TABLE access
PARTITION(month='202305');
hive (default)> LOAD DATA LOCAL INPATH '/root/2023_06.txt' INTO TABLE access
PARTITION(month='202306');
```

在/user/hive/warehouse/bigdata.db/access 下产生的目录如图 7-8 所示。

（3）查询分区表中的数据。

查询分区表中分区 202306 中的数据，命令如下所示。

```
hive (default)> SELECT * FROM access WHERE month='202306';
```

查询结果如图 7-9 所示。

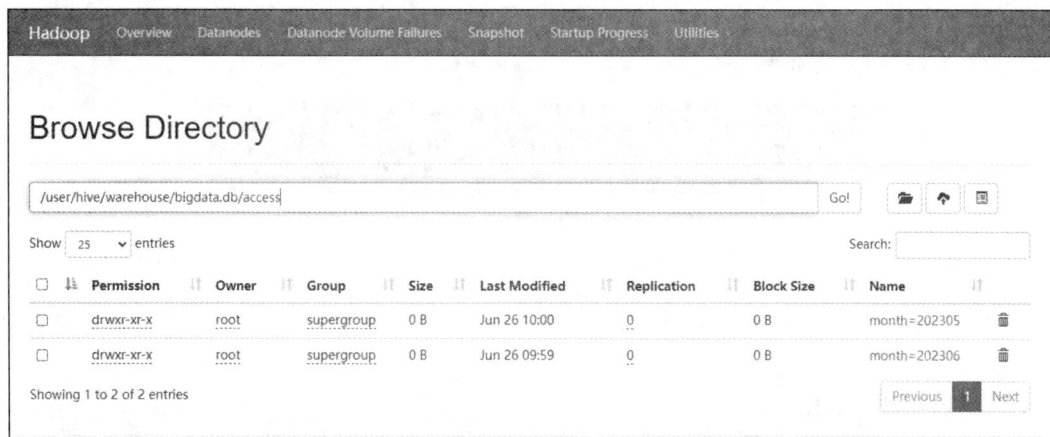

图 7-8　HDFS 上对应的分区

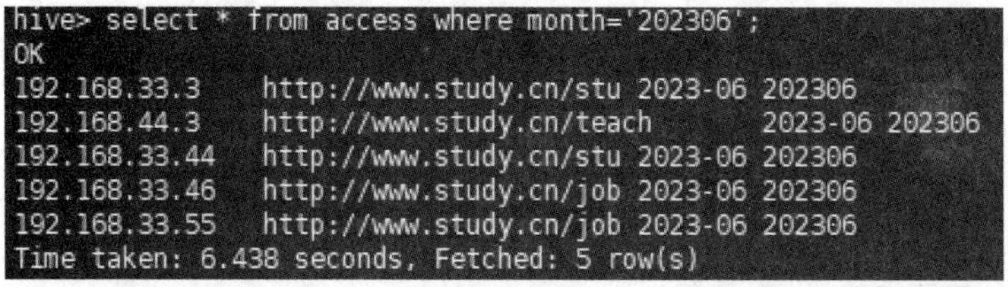

图 7-9　查询结果 1

还可以查看分区表有多少分区，命令如下所示。

```
hive>SHOW PARTITIONS access;
```

查询结果如图 7-10 所示。

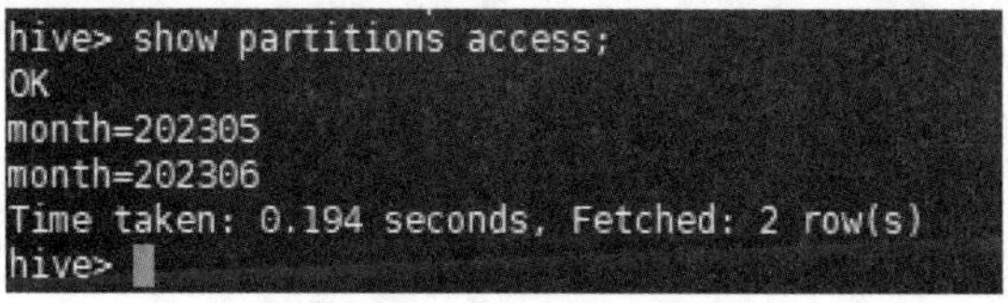

图 7-10　查询结果 2

（4）增加分区。增加单个分区，如增加分区 202304，命令如下所示。

```
hive (default)> ALTER TABLE access ADD PARTITION(month='202304') ;
```

从 HDFS 上可以看到增加了新的目录"month=202304"，如图 7-11 所示。

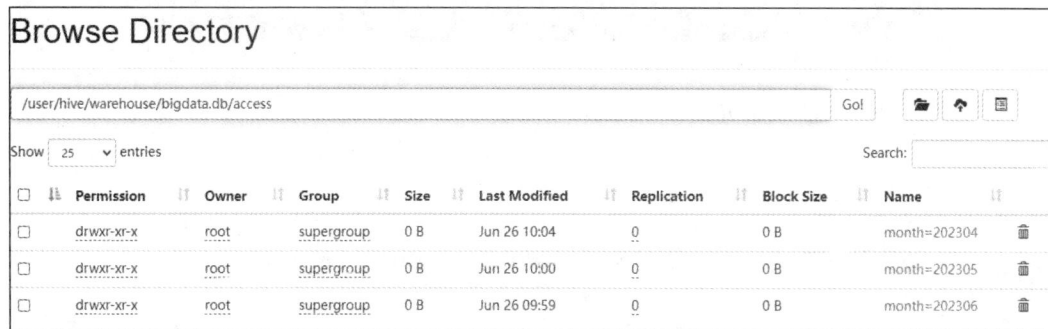

图 7-11　HDFS 上增加的分区

（5）删除分区。删除单个分区，如删除 202304 分区，命令如下所示。

```
hive (default)> ALTER TABLE access DROP PARTITION (month='202304');
```

删除结果如图 7-12 所示。

图 7-12　删除结果

五、数据导入

创建好 Hive 中的表之后，就需要将数据导入 Hive 表中，称之为数据的导入。常见的数据导入方法如下。

1. 向表中加载数据

向表中加载数据的语法如下。

```
hive>LOAD DATA [LOCAL] INPATH '/usr/local/data/student.txt'
[OVERWRITE] INTO TABLE student [PARTITION (partcol1=val1,...)];
```

微课 7-8　数据导入导出

语法中关键字的含义如下。

- LOAD DATA：表示加载数据。
- LOCAL：表示从本地加载数据到 Hive 表，否则从 HDFS 加载数据到 Hive 表。当从 HDFS 导入时，会把数据剪切到表的目录下。
- INPATH：表示加载数据的路径。
- INTO TABLE：表示加载到哪张表。
- student：表示具体的表。
- OVERWRITE：表示覆盖表中已有数据，否则表示追加。
- PARTITION：表示上传到指定分区。

（1）将本地文件加载到 Hive 表中。

将之前创建的本地文件加载到 Hive 表的命令如下所示。

```
hive (default)> LOAD DATA LOCAL INPATH '/root/student.txt' INTO TABLE student;
```

其中，数据位于根目录下，文件名为 student.txt。在创建表的时候，列分隔符使用的是\t，也就是制表符，因此，文件中的学号和姓名间隔也需要使用制表符。如果不是用制表符分隔的，加载到数据表中的数据将全部为空。

将数据加载到 Hive 表中后，student.txt 也会随之被上传到表所在 HDFS 上，对应的位置变化如图 7-13 所示。

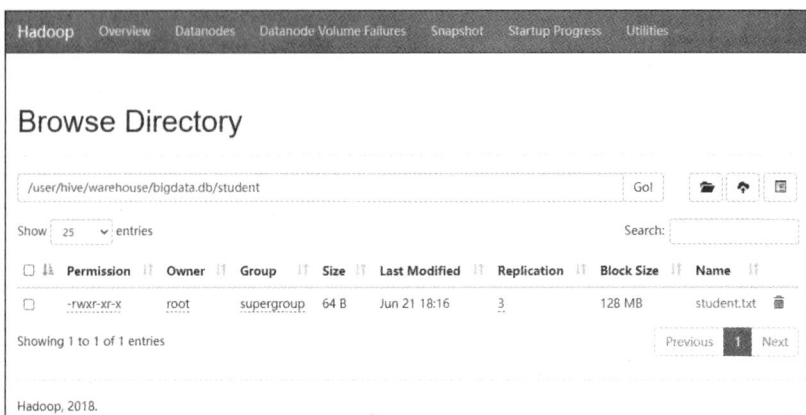

图 7-13　HDFS 对应的位置变化

（2）加载 HDFS 文件到 Hive 中。

使用与上述相同的数据源，上传文件到 HDFS 的根目录，命令如下所示。

hadoop fs -put ./student.txt /

手动清除 student 表中的数据，并加载数据到 student 表中，命令如下所示。

hive (default)>LOAD DATA LDCAL INPATH '/student.txt' INTO TABLE student;

此时，上传至 HDFS 根目录下的 student.txt 文件已经加载到 student 表中，HDFS 根目录下的 student.txt 文件已经被移动到 student 表所在的目录下。

（3）直接把文件上传到表所在的 HDFS 目录。

使用 HDFS 命令行操作命令，将数据文件上传至 Hive 表所对应的目录下即可，命令如下所示。

hadoop fs -put /root/student1.txt /user/hive/warehouse/bigdata.db/student

（4）加载数据覆盖表中已有的数据。

表中原有数据将被覆盖掉，命令如下所示。

hive (default)>LOAD DATA LOCAL INPATH '/root/student.txt' OVERWRITE INTO TABLE student;

INTO 指向表中插入数据，OVERWRITE 指覆盖掉原有数据。

2. 通过查询语句向表中插入数据

通过查询语句可向表中插入数据。这种方法支持插入，不支持删除和更新。数据可以插入普通表和分区表，命令如下所示。

hive (default)> INSERT INTO TABLE student SELECT id,name FROM student;

3. 通过查询语句创建表并加载数据

通过查询语句创建表并加载数据，根据查询结果创建表，查询的结果会被添加到新创建的表中，语法如下所示。

```
CREATE TABLE IF NOT EXISTS student2
AS SELECT id, name from student;
```

4. 创建表时指定加载数据路径

（1）将数据集上传到 HDFS 上根目录下的 usr/student 目录，命令如下所示。

hadoop fs -put /root/student.txt /usr/student/student.txt;

（2）创建表 student4，并用 location 关键字指定其在 HDFS 上的位置，location 关键字后面紧跟数据源在 HDFS 上的位置信息。

```
hive (default)> CREATE TABLE IF NOT EXISTS student4(
                id int, name string)
                ROW FORMAT DELIMITED FIELDS TERMINATED BY '\t'
                LOCATION '/usr/student';
```

/usr/student 目录下需要有待传入 Hive 表中的数据。

六、数据导出

可以将数据导入 Hive，也可以将 Hive 表中的数据导出。常见的数据导出方法如下。

1. insert 方式导出

（1）将查询结果导出到本地。

将 student 表中的数据导出到本地根目录下的 student 目录，命令如下所示。

```
hive (default)> INSERT OVERWRITE LOCAL DIRECTORY '/root/student'
            SELECT * from student;
```

导出的目录一定要指定一个不存在的新目录，否则会把原目录里所有的东西都覆盖掉。

'/root/student'中 student 是目录，导出到本地后，会在 student 目录下产生一个文件 000000_0，如图 7-14 所示。

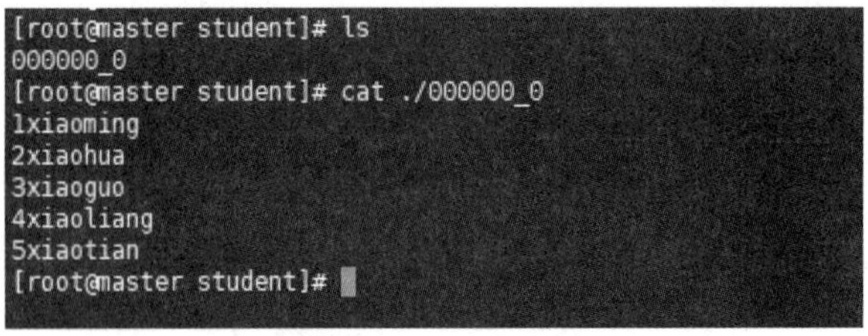

图 7-14　导出到本地

导出到本地的数据，列之间的没有分隔符。

（2）将查询结果格式化导出到本地，命令如下所示。

```
hive (default)> INSERT OVERWRITE LOCAL DIRECTORY '/root/student2'
               ROW FORMAT DELIMITED FIELDS TERMINATED BY '\t'
               SELECT * FROM student2;
```

将 student2 表中的数据导出到本地根目录下的 student2 目录，导出文件的列分隔符为制表符。

（3）将查询结果导出到 HDFS 上，命令如下所示。

```
hive (default)> INSERT OVERWRITE DIRECTORY '/usr/student4'
               ROW FORMAT DELIMITED FIELDS TERMINATED BY '\t'
               SELECT * FROM student4;
```

将 student4 表查询结果导出到 HDFS 上的/usr/student4 目录，此时不需要写关键字 LOCAL，导出文件的列分隔符为制表符。

2. hive shell 命令导出

使用 hive shell 命令导出的基本语法如下。

```
hive -e 执行语句 > file
hive -f 脚本 > file
```

执行该命令时，需退出 Hive 客户端。将 student 表中的数据导出到根目录下的 student2.txt 文件，命令如下所示。

```
hive -e 'SELECT * FROM bigdata.student' > /root/student2.txt;
```

上述语句将 bigdata 数据库下的 student 表中的数据全部导出到根目录下的 student2.txt 文件。hive -e 后面紧跟的应是 HQL 语句，hive -f 后面紧跟的应是 HQL 脚本。

3. 使用 export 导出到 HDFS

该命令在 Hive 客户端执行，将 student4 表中的内容导出到 HDFS 的/usr/local/data/student4 目录，命令如下所示。

```
hive (default)> EXPORT TABLE student4 TO '/usr/local/data/student4';
```

导出后会在 student4 目录下生成文件，如图 7-15 所示。

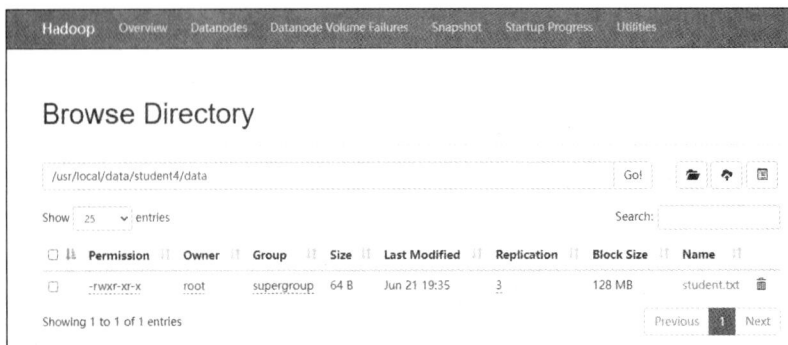

图 7-15　在 student4 目录下生成文件

最终结果在/usr/local/data/student4/data 目录下，其实就是把 student4 表所在的 HDFS 路径下的数据文件复制到指定的目录。

七、修改表

1. 表重命名

（1）语法如下。

```
ALTER TABLE table_name RENAME TO new_table_name;
```

（2）实操案例如下。

```
hive (default)> ALTER TABLE student RENAME TO student5;
```

2. 添加、更新列信息

（1）查询表结构命令如下所示。

```
hive>DESC student5;
```

（2）添加列命令如下所示。

```
hive (default)> ALTER TABLE student5 ADD COLUMNS(addr STRING);
```

（3）更新列命令如下所示。

```
hive (default)> ALTER TABLE student5 CHANGE COLUMN addr address STRING;
```

八、删除表

删除表包括删除表中数据及表结构、删除表中数据，如下所示。

1. 删除表中数据及表结构

在操作表的时候，有时候不再需要表中的数据和表结构，此时需要删除表中数据和表结构，命令如下所示。

```
DROP TABLE student5;
```

2. 删除表中数据

有时候只需要删除表中数据，不希望删除表结构，此时需要使用 trucate 命令。trucate 命令只能删除内部表中的数据，不能删除外部表中的数据，命令如下所示。

```
hive (default)> TRUNCATE TABLE student4;
```

九、查询

Hive 提供了方便的数据查询功能。Hive 也使用 SELECT 语句进行数据查询，与关系型数据库的查询语句类似。Hive 中查询语句的语法格式如下所示。

```
SELECT [ALL | DISTINCT] select_expr, select_expr, ...
  FROM table_reference
  [WHERE where_condition]
  [GROUP BY col_list]
  [ORDER BY col_list]
  [CLUSTER BY col_list
  | [DISTRIBUTE BY col_list] [SORT BY col_list]
  ]
  [LIMIT number]
```

使用 DISTINCT 选项可以返回去除重复项后的数据集；table_reference 可以是表、子查询、视图或连接（JOIN）；GROUP BY 可以对数据进行分组查询操作；CLUSTER BY、DISTRIBUTE BY 和 SORT BY 可以对查询结果集排序；LIMIT 可以限制结果集的行数。

首先创建一个表 emp 用于查询操作，命令如下所示。

```
CREATE EXTERNAL TABLE IF NOT EXISTS emp
(empno INT,ename STRING,job STRING,mgr INT,hiredate STRING, sal DOUBLE, comm
DOUBLE,deptno INT)
ROW FORMAT DELIMITED FIELDS TERMINATED BY '\t';
```

将本地数据 emp.txt 文件加载到 emp 表中，命令如下所示。

```
LOAD DATA LOCAL INPATH '/root/emp.txt' INTO TABLE emp;
```

1. 基本查询

基本查询是 Hive 中的常用操作。

（1）全表查询，命令如下所示。

```
hive (default)> SELECT * FROM emp;
```

微课 7-9　表查询
操作

*代表的是所有列。在写 HQL 语句时，要注意 HQL 大小写不敏感。HQL 语句可以写在一行或者多行，各子句一般要分行写。

（2）选择特定列查询，命令如下所示。

```
hive (default)> SELECT empno, ename FROM emp;
```

（3）列别名。列别名的作用是重命名一个列，以便于计算。列别名通常紧跟在列名之后，也可以使用关键字 AS 分隔列名和列别名。

```
hive (default)> SELECT ename AS name, deptno dn FROM emp;
```

（4）算术运算符。Hive 中常见的算术运算符如表 7-1 所示。

表 7-1　Hive 中常见的算术运算符

运算符	示例	描述
+	A+B	A 和 B 相加
−	A−B	A 减去 B
*	A*B	A 和 B 相乘
/	A/B	A 除以 B
%	A%B	A 对 B 取余
&	A&B	A 和 B 按位取与
|	A|B	A 和 B 按位取或
^	A^B	A 和 B 按位取异或
~	~A	A 按位取反

（5）常用函数。Hive 中常用函数有以下几种。

求总行数（COUNT），命令如下所示。

```
hive (default)> SELECT COUNT(*) cnt FROM emp;
```

求工资的最大值（MAX），命令如下所示。

```
hive (default)> SELECT MAX(sal) max_sal FROM emp;
```

求工资的最小值（MIN），命令如下所示。

```
hive (default)> SELECT MIN(sal) min_sal FROM emp;
```

求工资的总和（SUM），命令如下所示。

```
hive (default)> SELECT SUM(sal) sum_sal FROM emp;
```

求工资的平均值（AVG），命令如下所示。

```
hive (default)> SELECT AVG(sal) avg_sal FROM emp;
```

（6）LIMIT 语句。典型的查询会返回多行数据，LIMIT 语句用于限制返回的行数，命令如下所示。

```
hive (default)> SELECT * FROM emp LIMIT 5;
```

2. WHERE 语句

使用 WHERE 语句可将不满足条件的行过滤掉，WHERE 语句后应紧随 FROM 语句。

如查询薪酬大于 1000 的所有员工，命令如下所示。

```
hive (default)> SELECT * FROM emp WHERE sal >1000;
```

（1）谓词操作符，如表 7-2 所示。这些操作符同样可以用于 HAVING 语句。

表 7-2　谓词操作符

操作符	示例	支持的数据类型	描述
=	A=B	基本数据类型	如果 A 等于 B，则返回 TRUE；否则返回 FALSE
!=	A!=B	基本数据类型	如果 A 不等于 B，则返回 TRUE；否则返回 FALSE
<	A<B	基本数据类型	如果 A 小于 B，则返回 TRUE；否则返回 FALSE
<=	A<=B	基本数据类型	如果 A 小于等于 B，则返回 TRUE；否则返回 FALSE
>	A>B	基本数据类型	如果 A 大于 B，则返回 TRUE；否则返回 FALSE
>=	A>=B	基本数据类型	如果 A 大于等于 B，则返回 TRUE；否则返回 FALSE
[NOT] BETWEEN	A [NOT] BETWEEN B AND C	基本数据类型	如果 A 的值大于等于 B 且小于或等于 C，则结果为 TRUE；否则为 FALSE。如果使用 NOT 关键字，则可达到相反的效果
IS	A IS NULL	所有数据类型	如果 A 等于 NULL，则返回 TRUE；否则返回 FALSE
IS NOT	A IS NOT NULL	所有数据类型	如果 A 不等于 NULL，则返回 TRUE；否则返回 FALSE
IN	IN(数值 1，数值 2)	所有数据类型	等于数值 1 或数值 2，则返回 TRUE；否则返回 FALSE
[NOT] LIKE	A [NOT] LIKE B	STRING 类型	B 是一个 HQL 下的简单正则表达式，如果 A 与其匹配则返回 TRUE；否则返回 FALSE

如查询薪酬等于 5000 的所有员工，命令如下所示。

```
hive (default)> SELECT * FROM emp WHERE sal =5000;
```

如查询薪酬在 500 到 1000 的员工，命令如下所示。

```
hive (default)> SELECT * FROM emp WHERE sal BETWEEN 500 AND 1000;
```

如查询 comm 为空的所有员工，命令如下所示。

```
hive (default)> SELECT * FROM emp WHERE comm is NULL;
```

如查询薪酬是 1500 和 5000 的员工，命令如下所示。

```
hive (default)> SELECT * FROM emp WHERE sal IN (1500, 5000);
```

（2）LIKE 关键字。使用 LIKE 关键字可选择类似的值，选择条件可以包含字符或数字。%代表零个或多个字符，_代表一个字符。

如查询薪酬以 2 开头的员工，命令如下所示。

```
hive (default)> SELECT * FROM emp where sal LIKE '2%';
```

如查询薪酬第二个数值为 2 的相应员工，命令如下所示。

```
hive (default)> SELECT * FROM emp where sal LIKE '_2%';
```

（3）逻辑运算符。Hive 中常见的逻辑运算符如表 7-3 所示。

表 7-3　Hive 中常见的逻辑运算符

运算符	含义
AND	逻辑并
OR	逻辑或
NOT	逻辑否

如查询薪酬大于 1000、部门编号为 30 的员工，命令如下所示。

hive (default)> SELECT * FROM emp WHERE sal>1000 AND deptno=30;

如查询薪酬大于 1000 或者部门编号为 30 的员工，命令如下所示。

hive (default)> SELECT * FROM emp WHERE sal>1000 OR deptno=30;

如查询除了编号为 20 和 30 的部门以外的员工，命令如下所示。

hive (default)> SELECT * FROM emp WHERE deptno NOT IN(30, 20);

3. 分组

（1）GROUP BY 语句。GROUP BY 语句通常会和聚合函数（如 COUNT()、MAX()、MIN()、AVG()、SUM()）一起使用，按照一个或者多个列对结果进行分组，然后对每个组执行聚合操作。

如计算每个部门的平均薪酬，命令如下所示。

hive (default)> SELECT t.deptno, avg(t.sal) avg_sal FROM emp t GROUP BY t.deptno;

如计算 emp 每个部门中每个岗位的最高薪酬，命令如下所示。

hive (default)> SELECT t.deptno, t.job, MAX(t.sal) max_sal FROM emp t GROUP BY t.deptno, t.job;

GROUP BY 语句后不能用列别名，因为执行到 GROUP BY 语句时，还没执行到 SELECT 语句，列别名还没生效。

（2）HAVING 语句。

HAVING 语句与 WHERE 语句的不同点如下。

① WHERE 语句针对表中的列发挥作用，查询数据；HAVING 语句针对 GROUP BY 语句后的查询结果中的列发挥作用，筛选数据。

② WHERE 语句后面不能用分组函数，而 HAVING 语句后面可以使用分组函数。

③ HAVING 语句只用于 GROUP BY 语句分组统计情况。

错误使用示例如下。

Hive (myHive)> SELECT * FROM student HAVING st_age < 20;

如求每个部门的平均薪酬，命令如下所示。

hive (default)> SELECT deptno, avg(sal) FROM emp GROUP BY deptno;

如求平均薪酬大于 2000 的部门编号，命令如下所示。

hive (default)> SELECT deptno, avg(sal) avg_sal FROM emp GROUP BY deptno HAVING avg_sal > 2000;

4. JOIN 语句

（1）等值连接。Hive 支持通常的 SQL JOIN 语句，但是只支持等值连接，不支持非等值连接。

如根据员工表和部门表中的部门编号，查询员工编号、员工名称和部门编号，命令如下所示。

hive (default)> SELECT e.empno, e.ename, d.deptno, d.dname FROM emp e JOIN dept d ON e.deptno = d.deptno;

如合并员工表和部门表，命令如下所示。

hive (default)> SELECT e.empno, e.ename, d.deptno FROM emp e join dept d ON e.deptno = d.deptno;

（2）内连接（INNER JOIN）。只有在进行连接的两个表中都存在，且与连接条件相匹配的数据才会被保留下来，命令如下所示。

```
hive (default)> SELECT e.empno, e.ename, d.deptno FROM emp e JOIN dept d ON e.deptno = d.deptno;
```

（3）左连接（LEFT JOIN）。JOIN 操作符左边表中被 select 指定字段的所有记录将会被返回。

（4）右连接（RIGHT JOIN）。JOIN 操作符右边表中被 select 指定字段的所有记录将会被返回。

（5）满连接（FULL JOIN）。将会返回所有表中被 select 指定字段的所有记录。如果任一表的指定字段没有符合条件的值，使用 NULL 值替代。

5. 排序

（1）全局排序（ORDER BY）。ORDER BY：对查询的结果做一次全局排序，所有的数据都会到同一个 Reducer 进行处理。因此，全局排序适用于只有一个 Reducer 任务的情况。

如查询员工信息，按工资升序排列，命令如下所示。

```
hive (default)> SELECT * FROM emp ORDER BY sal;
```

如查询员工信息，按工资降序排列，命令如下所示。

```
hive (default)> SELECT * FROM emp ORDER BY sal DESC;
```

（2）按照列别名排序。

如按照员工薪水的 2 倍排列，命令如下所示。

```
hive (default)> SELECT ename, sal*2 twosal FROM emp ORDER BY twosal;
```

（3）多个列排序。

如按照部门和工资升序排列，命令如下所示。

```
hive (default)> SELECT ename, deptno, sal FROM emp ORDER BY deptno, sal;
```

（4）每个 Reducer 内部排序（Sort By）。

设置 Reducer 个数，命令如下所示。

```
hive (default)> SET mapreduce.job.reduces=3;
```

查看 Reducer 个数，命令如下所示。

```
hive (default)> SET mapreduce.job.reduces;
```

根据部门编号降序查看员工信息，命令如下所示。

```
hive (default)> SELECT ename, deptno, sal FROM emp SORT BY deptno DESC;
```

将查询结果导入文件（按照部门编号降序排列），命令如下所示。

```
hive (default)> INSERT OVERWRITE LOCAL DIRECTORY '/usr/local/data/sortby-result'
ROW FORMAT DELIMITED FIELDS TERMINATED BY '\t'
SELECT ename, deptno, sal FROM emp SORT BY deptno DESC;
```

6. 分区排序（DISTRIBUTE BY）

Hive 要求 DISTRIBUTE BY 语句写在 SORT BY 语句之前。对 DISTRIBUTE BY 语句进行测试，一定要分配多个 Reducer 进行处理，否则无法看到 DISTRIBUTE BY 语句的效果。

先按照部门编号分区，再按照员工编号降序排列，命令如下所示。

```
hive (default)> SET mapreduce.job.reduces=3;
hive (default)> INSERT OVERWRITE LOCAL DIRECTORY '/usr/local/data/distribute-result'
ROW FORMAT DELIMITED FIELDS TERMINATED BY '\t'
SELECT ename, deptno, sal, empno FROM emp DISTRIBUTE BY deptno SORT BY empno DESC;
```

7. CLUSTER BY

当 DISTRIBUTE BY 语句和 SORT BY 语句字段相同时，可以使用 CLUSTER BY 语句方式。

CLUSTER BY 语句除了具有 DISTRIBUTE BY 语句的功能外，还兼具 SORT BY 语句的功能。但是排序只能是升序，不能指定排序规则为 ASC 或者 DESC。

以下两种写法等价。

```
SELECT * FROM emp CLUSTER BY deptno;
SELECT * FROM emp DISTRIBUTE BY deptno SORT BY deptno;
```

任务四　Hive 数据类型

任务描述

Hive 中的数据类型包含基本数据类型和复合数据类型，下面分别进行介绍。

微课 7-10　Hive
数据类型

知识链接

一、基本数据类型

Hive 基本数据类型包括整型（INT）、双精度浮点型（DOUBLE）、字符型（STRING）、布尔型（BOOLEAN）等。基本数据类型如表 7-4 所示。

表 7-4　基本数据类型

类型	描述
TINYINT（tinyint）	1 字节（8 位）有符号整数，取值范围为-128～127
SMALLINT（smallint）	2 字节（16 位）有符号整数，取值范围为-32768～32767
INT（int）	4 字节（32 位）有符号整数
BIGINT（bigint）	8 字节（64 位）有符号整数
FLOAT（float）	4 字节（32 位）单精度浮点数
DOUBLE（double）	8 字节（64 位）双精度浮点数
DECIMAL(decimal)	任意精度的带符号小数
BOOLEAN（boolean）	TRUE 或者 FALSE
STRING（string）	字符串
VARCHAR（varchar）	变长字符串
CHAR（char）	固定长度字符串
BINANY（binany）	字节序列
TIMESTAMP（timestamp）	时间戳
DATE（date）	日期

二、复合数据类型

Hive 除了提供基本数据类型外，还提供 STRUCT（结构体）、MAP（键值对元组）和 ARRAY（数组）3 种复合数据类型。复合数据类型如表 7-5 所示。

表 7-5　复合数据类型

数据类型	描述
STRUCT	和 C 语言中的 struct 类似，都可以通过"点语法"访问元素内容。例如，如果某个列的数据类型是 STRUCT{first STRING, last STRING}，那么第一个元素可以通过字段 first 来引用

数据类型	描述
MAP	MAP 是键值对元组，使用数组表示法可以访问数据。例如，如果某个列的数据类型是 MAP，其中键值对是'first'->'John'和'last'->'Doe'，那么可以通过字段名['last']获取最后一个元素
ARRAY	数组是具有相同类型和名称的变量的集合。这些变量称为数组的元素，每个数组元素都有一个索引，索引从 0 开始。例如，数组值为['John', 'Doe']，那么第二个元素可以通过索引[1]进行引用

下面通过实例介绍复合数据类型的定义与使用方法。

创建一个学生表"student"，表中属性除了包括基本数据类型的 id（学号）、name（姓名）和 gender（性别）外，还包括数组类型的 score（成绩，依次是语文、数学和英语成绩）、键值对类型的 tel（联系电话，依次是父亲和母亲的联系电话）和结构体类型的 address（地址）。可执行以下命令创建 student 表。

```
hive> CREATE TABLE student(
    > id INT,
    > name STRING,
    > gender STRING,
    > score ARRAY<INT>,
    > tel MAP<STRING,BIGINT>,
    > address STRUCT<province:STRING,city:STRING,street:STRING,
    community:STRING,building_num:INT>)
    > ROW FORMAT DELIMITED
    > FIELDS TERMINATED BY ","
    > COLLECTION ITEMS TERMINATED BY "&"
    > MAP KEYS TERMINATED BY ":"
    > STORED AS textfile;
```

然后，执行以下命令将"student.txt"文件加载到 student 表中。

```
hive> LOAD DATA LOCAL INPATH '/root/student.txt' INTO TABLE student;
```

1. ARRAY（数组）

score 是一个整型数组，表示学生成绩。数组是类型和名称均相同的变量的集合，因此，需要定义数组元素的类型（如"score ARRAY<INT>"）。与 Java 中的数组类似，数组的索引从 0 开始，并且可以通过索引访问数据。

要获取每个学生的数学成绩，可执行以下命令。

```
hive> SELECT name,score[1] FROM student;
```

2. MAP（键值对元组）

联系电话是 MAP 数据类型，是一个键值对元组。联系电话中的元素可以通过 Key 来访问。要获取每个学生的父亲的联系电话，可执行以下命令。

```
hive> SELECT name,tel["father"] FROM student;
```

3. STRUCT（结构体）

地址是 STRUCT 数据类型，它是一个包含不同基本数据类型的结构体，可以通过"点语法"的方式访问地址的元素。如要获取每个学生的家庭住址的省和市信息，可执行以下命令。

```
SELECT name,address.province,address.city FROM student;
```

任务五 Hive 函数

任务描述

Hive 函数可分为内置函数和窗口函数。

知识链接

微课 7-11　Hive
函数

一、内置函数

Hive 中常见的内置函数如表 7-6 所示。

表 7-6　常见内置函数

分类	函数	描述
数值相关函数	GREATEST(T v1, T v2, ...)	返回一组同类型数据中的最大值（过滤 NULL 值）
	LEAST(T v1, T v2, ...)	返回一组同类型数据中的最小值（过滤 NULL 值）
	RAND()	返回 0~1 之间的随机值
	RAND(INT seed)	返回一个稳定的随机数序列
	ROUND(DOUBLE A)	返回参数 A 四舍五入后的 BIGINT 值
字符串相关函数	UPPER(STRING A)、UCASE(STRING A)	将字符串 A 中的小写字母转换成大写字母
	LOWER(STRING A)、LCASE(STRING A)	将字符串 A 中的大写字母转换成小写字母
	CONCAT(STRING A, STRING B, ...)	字符串拼接函数，返回 A 连接 B 等产生的字符串
	REGEXP_REPLACE(STRING A, STRING B, STRING C)	字符串替换函数，用字符串 C 替换字符串 A 中的 B
	REPEAT(STRING str, INT n)	返回字符串 str 重复 n 次的结果
	TRIM(STRING A)、LTRIM(STRING A)、RTRIM(STRING A)	TRIM(STRING A)删除字符串两边的空格，但不会删除中间的空格；LTRIM(STRING A)和 RTRIM(STRING A)分别删除左边和右边的空格
	LENGTH(STRING str)	获取字符串 str 的长度
	SPLIT(STRING str, regex)	按给定的正则表达式 regex 分割字符串 str，将结果作为字符串数组返回
	SUBSTR（STRING a, STRING b）	从字符串 a 中第 b 位开始取，取右边所有的字符
条件函数	IF(BOOLEAN testCondition, T valueTrue, T valueFalseOrNULL)	函数会根据条件返回不同的值，如果满足条件则返回第一个参数值，否则返回第二个参数值
	NVL(T value, T default_value)	判断值是否为空，如果 T（可以为任意数据类型）为空则返回默认值
	COALESCE(T v1, T v2, ...)	返回第一个不为空的值
	ISNULL(a)、ISNOTNULL(a)	ISNULL(a)判断是否为空，ISNOTNULL(a)判断是否为非空。它们的返回值均为布尔型

分类	函数	描述
条件函数	CASE a WHEN b THEN c [WHEN d THEN e]* [ELSE f] END	如果 a==b，就返回 c；如果 a==d，就返回 e；如果都不等，则返回 f。其中，WHEN...THEN...语句至少有一个，且 ELSE 语句可以省略，但 END 不可省略
时间相关函数	UNIX_TIMESTAMP()	获取当前系统时间，返回值为整数，单位为秒
	TO_DATE(string-timestamp)	将时间戳转换为日期，传入参数也可以是当前时间戳 current_timestamp
	DATEDIFF(STRING enddate, STRING startdate)	返回两个日期相差的天数
	DATE_ADD(STRING startdate, INT days)	获取增加天数后的日期
	LAST_DAY(STRING date)	获取传入日期的月末日期
聚合函数	COUNT(*)、COUNT(expr)	返回检索行的总数
	SUM(col)、SUM(DISTINCT col)	返回 col 所有元素的总和
	AVG(col)、AVG(DISTINCT col)	返回 col 所有元素的平均值
	MIN(col)	返回 col 所有元素的最小值
	MAX(col)	返回 col 所有元素的最大值
类型转换函数	CAST(expr as <type>)	将一种数据类型转换为另一种数据类型
膨胀函数	EXPLODE()	行数据转换成列数据，可以用于 ARRAY 和 MAP 类型的数据，函数中的参数传入的是 ARRARY 数据类型的列名。此函数不能关联原有的表中的其他字段，不能与 GROUP BY、CLUSTER BY、DISTRIBUTE BY、SORT BY 连用，不能进行 UDTF 嵌套，不允许选择其他表达式

155

二、窗口函数

在 SQL 中有一类函数叫作聚合函数，例如 sum()、avg()、max()等。这类函数可以将多行数据按照规则聚集为一行，一般来讲聚集后的行数要少于聚集前的行数。但是有时想要既显示聚集前的数据、又显示聚集后的数据，这时便引入了窗口函数。窗口函数又叫 OLAP 函数或者分析函数，兼具分组和排序功能。over()默认的窗口大小是从第一行到最后一行的所有数据，partition by 是按照要求进行分组，这样设定之后，over()的窗口大小就是一个分组。当只指定分组时，sum()、avg()统计的数据就是分组内的数据，当既指定分组又指定排序时，sum()、avg()统计的数据就是分组第一行到当前行的数据。窗口函数最重要的关键字是 partition by 和 order by。

1. 分组求 TOPN

查询每种性别中年龄最大的 2 条数据。

（1）创建 userinfo 表，数据来源见配套资源中的 user.txt 文件，命令如下所示。

```
CREATE TABLE userinfo(id INT,age INT,name STRING,gender STRING)
ROW FORMAT DELIMITED
FIELDS TERMINATED BY ',';
```

（2）将本地数据 user.txt 文件加载到 userinfo 表中，命令如下所示。

```
LOAD DATA LOCAL INPATH '/root/user.txt' INTO TABLE userinfo;
```

（3）使用 row_number()函数，先对表中的数据按照性别分组，然后按照年龄倒序排列并进行标记，命令如下所示。

```
SELECT id,age,name,gender,
ROW_NUMBER() OVER(PARTITION BY gender ORDER BY age DESC) AS rank
FROM userinfo;
```

（4）利用上面的结果，令 rank<=2 即为最终需求，命令如下所示。

```
SELECT id,age,name,gender
FROM
(SELECT id,age,name,gender,
ROW_NUMBER() OVER(PARTITION BY gender ORDER BY age DESC) AS rank
FROM userinfo) tmp
WHERE rank<=2;
```

2. 窗口分析函数

计算指标时，有时候需要累计指标，例如求某个指标截至某个月的总和，就可以使用该函数。操作步骤如下所示。

（1）创建 index 表，数据来源见资料中的 index.txt 文件，命令如下所示。

```
CREATE TABLE index(username string,month string,counts int)
ROW FORMAT DELIMITED
FIELDS TERMINATED BY ',';
```

（2）将本地数据 index.txt 文件加载到 index 表中，命令如下所示。

```
load data local inpath '/root/index.txt' into table index;
```

（3）使用窗口分析函数，实现在窗口中进行逐行累加，命令如下所示。

```
SELECT username,month,counts,
SUM(counts) OVER(PARTITION BY username ORDER BY month ROWS BETWEEN
UNBOUNDED PRECEDING AND CURRENT ROW) AS accumulate
FROM index;
```

上述语句按照 username 分组，按照 month 排序，month 后面的关键字表示选取本行以及本行之前的所有行。

任务六　数据迁移工具 Sqoop

任务描述

Sqoop 由 Apache 软件基金会提供，是一个用于在 Hadoop 和关系型数据库服务器之间传输数据的工具。它可用于从关系型数据库（如 MySQL、Oracle）导出数据到 Hadoop HDFS、Hive 等，也可用于从 Hadoop HDFS、Hive 导出数据到关系型数据库。

知识链接

一、Sqoop 简介

Sqoop 项目开始于 2009 年，最早作为 Hadoop 的一个第三方模块存在。后来为了让使用者能够快速部署，也为了让开发人员能够更快速地迭代开发，Sqoop 独立成为一个 Apache 项目。

微课 7-12　Sqoop 简介

Apache Sqoop 可以在 Hadoop 和关系型数据库之间转移大量数据。Sqoop 类似于其他 ETL 工具，使用元数据模型来判断数据类型，并在数据从数据源转移到 Hadoop 时确保类型安全的数据处理。

Sqoop 可以高效、可控地利用资源，可以通过调整任务数来控制任务的并发度，自动完成数据映射和转换。Sqoop 可将导入或导出命令转换成 MapReduce 作业。Sqoop 架构部署简单、使用方便，但也存在一些缺点，如命令行方式容易出错、格式紧耦合、无法支持所有数据类型、安全机制不够完善等。

二、安装 Sqoop

安装 Sqoop 的步骤如下，本书中采用的安装包为 sqoop-1.4.7.bin_hadoop-2.6.0.tar.gz。

① 下载 sqoop-1.4.7.bin_hadoop-2.6.0.tar.gz 安装包。

② 使用 Xshell 软件的传输功能，将安装包传到 master 节点上的/usr/local/src 目录。

微课 7-13 安装 Sqoop

③ 文件解压。将 sqoop-1.4.7.bin_hadoop-2.6.0.tar.gz 解压到/usr/local/src 目录下，命令如下所示。

```
tar -zxvf /usr/local/src/sqoop-1.4.7.bin_hadoop-2.6.0.tar.gz -C /usr/local/src
```

④ 为了方便配置 Sqoop 系统环境变量，此处可以修改目录名，命令如下所示。

```
mv /usr/local/src/sqoop-1.4.7.bin__hadoop-2.6.0/ /usr/local/src/sqoop
```

⑤ 修改系统变量。配置 Sqoop 系统环境变量，打开文件/etc/profile，命令如下所示。

```
vi /etc/profile
```

在文件的末尾添加如下内容。

```
export SQOOP_HOME=/usr/local/src/sqoop
export PATH=$PATH:$SQOOP_HOME/bin
```

⑥ 刷新/etc/profile 文件，使修改的内容生效，命令如下所示。

```
source /etc/profile
```

⑦ 配置启动文件。切换到/usr/local/src/sqoop/conf 目录修改 sqoop-env-template.sh 文件改名为 sqoop-env.sh，命令如下所示。

```
mv sqoop-env-template.sh sqoop-env.sh
```

修改配置文件内容如下。

```
export Hadoop_COMMON_HOME=/usr/local/src/hadoop
export Hadoop_MAPRED_HOME=/usr/local/src/hadoop
export Hive_HOME=/usr/local/src/hive
```

⑧ 复制 lib 文件。将 Hive 安装包目录下 lib 目录中的 mysql-connector-java-5.1.28.jar 复制到 Sqoop 安装包目录下的 lib 目录，命令如下所示。

```
cp /usr/local/src/hive/lib/mysql-connector-java-5.1.28.jar $SQOOP_HOME/lib/
```

⑨ 启动 Sqoop，命令如下所示。

```
sqoop-version
```

⑩ 验证 Sqoop 与 MySQL 数据库的连通性，命令如下所示。

```
sqoop-list-databases --connect jdbc:mysql://master:3306 --username root --password
Password123$
```

上述命令验证 Sqoop 与 MySQL 数据库是否互通，其中 root 是指 MySQL 数据库的用户，Password123$为用户密码。

```
sqoop-list-tables --connect jdbc:mysql://master:3306/hive --username
root --password Password123$
```

上述命令验证 Sqoop 与 MySQL 数据库是否互通。

三、导入导出数据

Sqoop 是连接关系型数据库和 Hadoop 的桥梁，主要有导入和导出两个方面的功能，包括将关系型数据库的数据导入 Hadoop 及其相关的系统，如 Hive 和

微课 7-14 Sqoop 数据迁移

HBase；将数据从 Hadoop 系统里抽取并导出到关系型数据库。

1. 将 MySQL 数据库数据导入 Hive

（1）创建 MySQL 数据库和数据表。

首先，创建 MySQL 数据库 sqoop，然后，在 sqoop 中创建 student 表，最后在 student 表中插入 3 条数据，命令如下所示。

```
[root@master ~]$ mysql -uroot -p        # 登录 MySQL 数据库
Enter password:
mysql> create database sqoop;           # 创建 sqoop 库
Query OK, 1 row affected (0.00 sec)
mysql> use sqoop;          # 使用 sqoop 库
Database changed
mysql> create table student(number char(9) primary key, name varchar(10));
    Query OK, 0 rows affected (0.01 sec)    # 创建 student 表，该数据表有 number（学号）和 name
（姓名）两个字段
mysql> insert into student values('01','zhangsan');        # 向 student 表插入 3 条数据
Query OK, 1 row affected (0.05 sec)
mysql> insert into student values('02','lisi');
Query OK, 1 row affected (0.01 sec)

mysql> insert into student values('03','wangwu');
Query OK, 1 row affected (0.00 sec)
mysql> select * from student;          # 查询 student 表的数据
+--------+----------+
| number | name     |
+--------+----------+
| 01     | zhangsan |
| 02     | lisi     |
| 03     | wangwu   |
+--------+----------+
3 rows in set (0.00 sec)
```

（2）在 Hive 中创建 sqoop 数据库和 student 表。

```
[root@master ~]$ hive          # 启动 Hive 命令行
Logging initialized using configuration in jar:file:/usr/local/src/hive/lib/hive-common-
1.1.0.jar!/hive-log4j.properties
SLF4J: Class path contains multiple SLF4J bindings.
SLF4J: Found binding in [jar:file:/usr/Hadoop/share/Hadoop/common/lib/
slf4j-log4j12-1.7.5.jar!/org/slf4j/impl/StaticLoggerBinder.class]
SLF4J: Found binding in [jar:file:/usr/local/src/hive/lib/hive-jdbc-1.1.0-standalone.jar!/
org/slf4j/impl/StaticLoggerBinder.class]
SLF4J: See http://www.slf4j.org/codes.html#multiple_bindings for an explanation.
SLF4J: Actual binding is of type [org.slf4j.impl.Log4jLoggerFactory]
hive> create database sqoop;          # 创建 sqoop 库
OK
Time taken: 0.679 seconds
hive> show databases;          # 查询所有数据库
OK
default
sqoop
Time taken: 0.178 seconds, Fetched: 2 row(s)
```

```
hive>
hive> use sqoop;              #使用 sqoop 库
OK
hive> create table student(number STRING, name STRING)
row format delimited
fields terminated by "|"
stored as textfile;           # 创建 student 表
OK
hive> exit;                   # 退出 Hive 命令行
```

（3）第一次导出数据时，需要把 Hive 安装目录下 lib 目录下的 hive-common-2.3.4.jar 包复制到 sqoop 安装目录下的 lib 目录，命令如下所示。

```
cp /usr/local/src/hive/lib/hive-common-2.3.4.jar /usr/local/src/sqoop/lib/
```

（4）从 MySQL 数据库导出 sqoop 数据库 student 表中的数据，并导入 Hive 中 sqoop 数据库中的 student 表，命令如下所示。

```
[root@master ~]$ sqoop import --connect jdbc:mysql://master:3306/sqoop --username root --password Password123$ --table student --fields-terminated-by '|' --delete-target-dir --num-mappers 1 --hive-import --hive-database sqoop --hive-table student
```

需要说明该命令的以下几个参数。

① --connect：MySQL 数据库的 URL。

② --username 和--password：MySQL 数据库的用户名和密码。

③ --table：导出的数据表。

④ --fields-terminated-by：Hive 中字段的分隔符。

⑤ --delete-target-dir：删除存在的 import 目标目录。

⑥ --num-mappers：Hadoop 执行 Sqoop 导入导出启动的 Map 任务数量。

⑦ --hive-import --hive-database：导出到 Hive 的数据库。

⑧ --hive-table：导出到 Hive 的表。

上述命令执行成功之后，MySQL 数据库中 sqoop 数据库的学生表信息就会被导入 Hive 中 sqoop 数据库的 student 表。

2. 从 Hive 导出数据并将之导入 MySQL 数据库

使用 truncate 命令对 MySQL 数据库中 sqoop 数据库的 student 表进行删除，然后将 Hive 中数据导出并将之导入 MySQL 数据库，命令如下所示。

```
[root@master ~]$ sqoop export --connect "jdbc:mysql://master:3306/sqoop" --username root --password Password123$ --table student --input-fields-terminated-by '|' --export-dir /user/hive/warehouse/sqoop.db/student/*
```

需要说明该命令的以下几个参数。

① --connect：MySQL 数据库的 URL。

② --username 和--password：MySQL 数据库的用户名和密码。

③ --table：导出的数据表。

④ --fields-terminated-by：Hive 中字段的分隔符。

⑤ --export-dir：Hive 数据表在 HDFS 中的存储路径。

除了 Sqoop 的导入导出命令，Sqoop 还有常用设置命令，如下所示。

（1）列出 MySQL 数据库中的所有数据库。

```
[root@master ~]$ sqoop list-databases --connect jdbc:mysql://master:3306/ --username root --password Password123$
```

（2）连接 MySQL 数据库并列出数据库中的表。

```
[root@master ~]$ sqoop list-tables --connect jdbc:mysql://master:3306/sqoop --username
root --password Password123$
```

命令中的 sqoop 为 MySQL 数据库名称，username 和 password 分别为 MySQL 数据库的用户名和密码。

（3）将关系型数据的表结构复制到 Hive 中，此处只是复制表的结构，表中的内容不复制。

```
[root@master ~]$sqoop create-hive-table --connect jdbc:mysql://master:3306/sqoop
--table student --username root --password Password123$ -hive-table test
```

其中--table student 为 MySQL 数据库中的数据库 sqoop 中的表，-hive-table test 为 hive 中新建的表名称。

（4）从数据库导出表的数据到 HDFS 上的文件。

```
[root@master ~]$sqoop import --connect jdbc:mysql://master:3306/sqoop --username root
--password Password123$ --table student --num-mappers 1 --target-dir /user/student
```

--num-mappers 为 Hadoop 执行 Sqoop 导入导出启动的 Map 任务数，--target-dir 为导出数据的路径，本语句将数据导出到 HDFS 的/user/student 目录。

（5）从数据库增量导入表数据到 HDFS。

进入 MySQL 数据库，在 student 表中插入数据。

```
[root@master ~]$mysql –u root –p #密码 Password123$
mysql>use sqoop;
mysql> insert into student values('01','aaa');
mysql> insert into student values('02','bbb');
mysql> insert into student values('04','sss');
mysql> alert table student modify column number int;   #非数值型的值不能当作增量
mysql> exit;
```

使用 sqoop 命令将数据从 MySQL 数据库导入 HDFS。

```
[root@master ~]$sqoop import –connect jdbc:mysql://master:3306/sample –username root
–password Password123$ –table student --num-mappers 1 –target-dir /user/student –check-
column number –incremental append –last-value 3
```

任务七 案例分析

任务描述

本任务运用所学 Hive 知识完成 Hive 的案例分析。

知识链接

一、汉字统计分析

本案例中的文本内容见配套资源中的 report.txt 文件。使用 Hive 进行单词统计分析的步骤如下。

（1）创建表映射，命令如下所示。

```
CREATE TABLE wc(sentence string);
```

（2）将数据加载到表中，命令如下所示。

```
LOAD DATA LOCAL INPATH '/root/report.txt' INTO TABLE wc;
```

（3）统计汉字出现的次数，命令如下所示。

```
SELECT word,count(1) AS cnts
```

160

```
FROM (
    SELECT EXPLODE(split(sentence, '')) AS word
    FROM wc
    ) tmp
GROUP BY word
ORDER BY cnts DESC;
```

二、统计日志数据

本案例使用 Hive 进行日志分析，统计每日活跃用户和每日新增用户。

本案例中数据的字段包括 IP 地址、用户 id、访问时间和访问地址，所需数据来源于配套资源中的 weblog 文件，包含 20221116.txt、20221117.txt 和 20221118.txt 文件。

1. 统计每日活跃用户

统计每日活跃用户的步骤如下。

（1）创建表。

① 创建 Hive 表，建立表映射日志数据，命令如下所示。

```
CREATE TABLE weblog(ip STRING,uid STRING,access_time STRING,url STRING)
PARTITIONED BY(day STRING)
ROW FORMAT DELIMITED FIELDS TERMINATED BY ',';
```

② 建表保存日活数据，命令如下所示。

```
CREATE TABLE activeday(ip STRING,uid STRING,first_access STRING,url STRING)
PARTITIONED BY(day STRING);
```

③ 创建历史表，命令如下所示。

```
CREATE TABLE userhistory(uid STRING);
```

④ 新增用户表，命令如下所示。

```
CREATE TABLE newday like activeday;
```

（2）导入数据。

数据位于/root 目录下，20221116.txt 中的数据为 2022 年 11 月 16 日的数据；20221117.txt 中的数据为 2022 年 11 月 17 日的数据；20221118.txt 中的数据为 2022 年 11 月 18 日的数据，导入数据的命令如下所示。

```
LOAD DATA LOCAL INPATH '/root/20221116.txt' INTO TABLE weblog PARTITION(day='2022-11-16');
LOAD DATA LOCAL INPATH '/root/20221117.txt' INTO TABLE weblog PARTITION(day='2022-11-17');
LOAD DATA LOCAL INPATH '/root/20221118.txt' INTO TABLE weblog PARTITION(day='2022-11-18');
```

（3）统计每日活跃用户。

① 统计 11 月 16 日活跃用户，及活跃用户的最早访问时间，命令如下所示。

```
INSERT INTO TABLE activeday PARTITION(day='2022-11-16')
SELECT ip,uid,access_time,url
FROM
(SELECT ip,uid,access_time,url,
ROW_NUMBER()OVER(PARTITION BY uid ORDER BY access_time) AS rn
FROM weblog
WHERE day='2022-11-16') tmp
WHERE rn=1;
```

② 统计 11 月 17 日活跃用户，及活跃用户的最早访问时间，命令如下所示。

```
INSERT INTO TABLE activeday PARTITION(day='2022-11-17')
SELECT ip,uid,access_time,url
FROM
(SELECT ip,uid,access_time,url,
ROW_NUMBER()OVER(PARTITION BY uid ORDER BY access_time) AS rn
FROM weblog
WHERE day='2022-11-17') tmp
WHERE rn=1;
```

③ 统计 11 月 18 日活跃用户，及活跃用户的最早访问时间，命令如下所示。

```
INSERT INTO TABLE activeday PARTITION(day='2022-11-18')
SELECT ip,uid,access_time,url
FROM
(SELECT ip,uid,access_time,url,
ROW_NUMBER()OVER(PARTITION BY uid ORDER BY access_time) AS rn
FROM weblog
WHERE day='2022-11-18') tmp
WHERE rn=1;
```

2. 统计每日新增用户

统计每日新增用户需要将活跃用户跟历史用户表关联，那些在历史用户表中尚不存在的用户即为当日新增用户。统计每日新增活跃用户的步骤如下。

（1）统计 11 月 16 日新增用户，命令如下所示。

```
INSERT INTO TABLE new_day PARTITION(day='2022-11-16')
SELECT ip,uid,first_access,url
FROM
(SELECT a.ip,a.uid,a.first_access,a.url,b.uid AS b_uid
FROM activeday a
LEFT JOIN userhistory b ON a.uid=b.uid
WHERE a.day='2022-11-16') tmp
WHERE tmp.b_uid IS NULL;
```

（2）将 11 月 16 日新增用户数据插入历史表，命令如下所示。

```
INSERT INTO TABLE userhistory
SELECT uid
FROM newday WHERE day='2022-11-16';
```

（3）统计 11 月 17 日新增用户数据，命令如下所示。

```
INSERT INTO TABLE newday PARTITION(day='2022-11-17')
SELECT ip,uid,first_access,url
FROM
(SELECT a.ip,a.uid,a.first_access,a.url,b.uid AS b_uid
from activeday a
LEFT JOIN userhistory b ON a.uid=b.uid
WHERE a.day='2022-11-17') tmp
WHERE tmp.b_uid is null;
```

（4）将 11 月 15 日的新增用户数据插入历史表，命令如下所示。

```
INSERT INTO TABLE user history
SELECT uid
FROM newday WHERE day='2022-11-15';
```

在实际生产环境中，不能每次都通过 Hive 端进行操作，这样会给用户带来很多重复工作。采用脚本的形式，可以定时执行脚本，节省大量的人力，提高计算效率。采用脚本的执行步骤如下。

（1）新建 Shell 脚本，命令如下所示。

```
vi user_etl.sh
```

（2）在 user_etl.sh 文件中输入如下内容。

```
#!/bin/bash
day_str=`date -d '-1 day' +'%Y-%m-%d'`
echo "准备处理$day_str 的数据"
HQL_user_active_day="
INSERT INTO TABLE bigdata.activeday PARTITION(day=\"$day_str\")
SELECT ip,uid,access_time,url FROM
(SELECT ip,uid,access_time,url,
ROW_NUMBER()OVER(PARTITION BY uid ORDER BY access_time) AS rn
FROM weblog WHERE day=\"$day_str\") tmp
where rn=1"
Hive -e "$HQL_user_active_day"
echo "$day_str 的每日活跃数据处理完成"
HQL_user_new_day="
INSERT INTO TABLE newday PARTITION(day=\"$day_str\")
SELECT ip,uid,first_access,url FROM
(SELECT a.ip,a.uid,a.first_access,a.url,b.uid AS b_uid
FROM activeday a
LEFT JOIN userhistory b ON a.uid=b.uid
WHERE a.day=\"$day_str\") tmp
WHERE tmp.b_uid IS NULL"
Hive -e "$HQL_user_new_day"
echo "新增$day_str 的数据完成"
HQL_new_to_history="
INSERT INTO TABLE userhistory
SELECT uid
FROM bigdata.newday where day=\"$day_str\"
"
Hive -e "$HQL_new_to_history"
echo "插入$day_str 历史数据完成"
```

上面写的脚本减少了工作人员的工作量，但是每次还要执行脚本，想想是否可以设置定时执行脚本？如何操作？

使用CentOS 7操作系统自带的crond服务操作，假设该脚本每天凌晨1点执行，那么定时执行脚本的操作步骤如下。

（1）启动crond服务，命令如下所示。

```
systemctl start crond
```

（2）编辑当前用户的crontab文件内容，命令如下所示。

```
crontab -e
```

（3）在打开的文件中加入要定期执行的脚本，加入内容如下。

```
00 01 * * * sh /root/user_etl.sh
```

该脚本在每天凌晨1点就会被自动执行。

思考

项目实训

1. 首先，安装MySQL数据库，然后，启动MySQL数据库，最后，查询MySQL数据库中的数据表。

2. 安装Hive，使用Shell交互式方式进入Hive。

3. 在Hive中新建student表，表中包含学号、姓名、年级、年龄、性别字段，使用不同方式将配套资源中的student.txt文件导入student数据库表中。

4. 在Hive中新建person表，表中包含姓名、年龄和性别字段，将配套资源中的person.txt文件导入person数据表，使用窗口分析函数统计不同性别的人员，并分别按年龄从大到小排序。

5. 使用Hive计算每日新增用户和每日活跃用户。

6. 安装Sqoop，并验证Sqoop是否安装成功。

项目小结

Hive是基于Hadoop的一个数据仓库工具，可以将结构化的数据文件映射为表，并提供类SQL查询功能，这使得Hive适合数据仓库的统计分析。使用HQL可进行数据仓库分析管理，例如ETL、历史数据查询和数据分析等。Hive不仅可以操作HDFS中的数据，也可以操作其他存储系统如HBase等中的数据。

Sqoop是一款开源的工具，主要用于在Hadoop（Hive）与传统的关系型数据库间进行数据的传递，可以将关系型数据库中的数据导入HDFS，也可以将HDFS的数据导入关系型数据库。

本项目首先介绍了Hive的基础知识和应用场景，然后介绍了Hive的安装与配置，以及表操作、Hive数据类型和Hive函数，接着介绍了数据迁移工具Sqoop，最后介绍了使用Hive进行案例分析。

项目考核

一、选择题

1. 如果想清空Hive中某个表的数据，可以使用（　　）命令。

    A. ALTER　　　　　B. TRUNCARE　　　　C. DROP　　　　　D. CREATE

2. 创建表时，如果只想复制表结构，不复制数据，可以使用（　　）关键字。

    A. EXTERBAL　　B. LIKE　　　　　　C. CASCADE　　　D. LOCATION

3. Sqoop工具接收到命令后通过任务翻译器将命令转换为（　　）。

    A. MapReduce任务　　　　　　　　　B. Translate任务

    C. Map任务　　　　　　　　　　　　D. Reduce 任务

4. MySQL数据库驱动文件放置于Hive的（　　）目录。

    A. jar　　　　　　　B. lib　　　　　　　C. bin　　　　　　D. sbin

二、简答题

1. 简述MySQL数据库在Hive中的作用。
2. 什么是内部表和外部表？二者有何不同？
3. Hive提供了哪些复合数据类型？
4. 简述Sqoop是如何进行数据导入导出的。
5. 分别描述Hive导入和导出数据的方法有哪些。

项目八
HBase实战

项目导读

HBase 是一个面向列、高性能、高可靠、可伸缩的分布式存储系统。它可以基于普通计算机搭建分布式存储集群。HBase 以 HDFS 为文件存储系统，以 MapReduce 为海量数据处理框架，以 ZooKeeper 为协同服务工具。

本项目首先介绍非关系型数据库，然后介绍 HBase 的实现原理、数据模型等，接着介绍 HBase 的安装与配置，最后介绍 HBase Shell 命令操作和 HBase Java API 操作。

项目目标

素质目标	知识目标	技能目标
➤ 通过对华为云数据库 GaussDB 的了解，体会我国自主创新能力。 ➤ 养成事前调研、做好准备工作的习惯。 ➤ 贯彻互助共享的精神	➤ 掌握 HBase 的实现原理。 ➤ 了解 HBase 的存储架构。 ➤ 了解 HBase 的数据模型	➤ 掌握 HBase 的安装与配置。 ➤ 学会使用 HBase Shell 命令操作 HBase。 ➤ 能够独立完成 HBase Java API 的编写

课前学习

选择题
1. 下面是典型的非关系型数据库的是（　　　）。
   A. Hive　　　B. MySQL　　　　　　C. HBase　　　　　　D. Oracle
2. 下列不是HBase的特点的是（　　　）。
   A. 高可靠　　　　　　　　　　　B. 高性能
   C. 面向列　　　　　　　　　　　D. 紧密

任务一 HBase 概述

任务描述

HBase 的目标是存储并处理大型的数据，具体来说是仅需使用普通的硬件配置，就能够处理数十亿行、数百万列的大型数据。

知识链接

微课 8-1 HBase 概述

一、非关系型数据库简介

传统的关系型数据库在处理 Web 2.0 网站时，出现了很多难以克服的问题，而非关系型数据库则由于其本身的特点得到了非常迅速的发展。非关系型数据库（NoSQL）的产生就是为了解决大规模数据集和多重数据种类带来的问题，特别是大数据应用难题。NoSQL 仅仅是一个概念，泛指非关系型数据库，不保证关系数据的 ACID 特性。NoSQL 是一项全新的数据库革命性运动，其拥护者们提倡运用非关系数据存储。相对于关系型数据库，NoSQL 无疑是一种全新的思维。

常见的非关系型数据库有以下几种。

1. 键值（Key-Value）数据库

这一类数据库主要使用哈希表，表中有特定的键和指针指向特定的数据。键值数据库的优势在于简单、易部署。但是如果只对部分值进行查询或更新，效率比较低下。

2. 列存储数据库

列存储数据库通常用来应对分布式存储的海量数据，其特点是指向多个列。这些列是由列家族来安排的。

3. 文档型数据库

文档型数据库的灵感来自 Lotus Notes 办公软件，而且它同键值数据库类似。该类型数据库的数据模型是版本化的文档，将半结构化的文档以特定的格式如 JavaScript 对象符号（JavaScript Object Notation，JSON）存储。文档型数据库可以看作键值数据库的升级，允许嵌套键值。在处理网页等复杂数据时，文档型数据库比传统键值数据库的查询效率更高。

4. 图形（Graph）数据库

图形数据库使用灵活的图形模型，能够扩展到多个服务器上。

NoSQL 数据库没有标准的查询语言，因此，进行数据库查询需要制定数据模型，许多 NoSQL 数据库都有描述性状态迁移（Representational State Transfer，REST）式的数据接口或者查询 API。不同类型非关系型数据库对比如表 8-1 所示。

表 8-1 不同类型非关系型数据库对比

分类	代表产品	典型应用场景	数据模型	优点	缺点
键值数据库	Redis	缓存，主要用于处理大量数据的高访问负载，也用于一些日志系统	Key 指向 Value 的键值对，通常用 Hash 表来实现	查找速度快	无法存储结构化信息，条件查询效率低
列存储数据库	HBase	分布式文件系统	以列簇式存储，将同一列数据存在一起	查找速度快，可扩展性强，更容易进行分布式扩展	功能相对局限

分类	代表产品	典型应用场景	数据模型	优点	缺点
文档型数据库	MongoDB	Web 应用	基于 BSON 格式，支持灵活的数据结构。允许单个集合中的文档具有不同的字段集	数据结构要求不严格，表结构可变，不需要像关系型数据库一样预先定义表结构	查询性能不高，而且缺乏统一的查询语法
图形数据库	Neo4J	社交网络、推荐系统等。专注于构建关系图谱	图结构	利用图结构相关算法。例如最短路径寻址、N 度关系查找等	很多时候需要对整个图做计算才能得出需要的信息，而且不太好应用于分布式的集群方案

NoSQL 并没有明确的范围和定义，但其存在如下特征。

1. 易扩展

NoSQL 数据库种类繁多，其共同的特点是去掉关系型数据库的关系特性。数据之间无关系，这样就非常容易扩展，在架构的层面上带来了可扩展的能力。

2. 大数据量，高性能

NoSQL 数据库都具有非常高的读写性能，尤其在大数据量下表现优秀。这得益于它的无关系性，数据库的结构简单。

3. 灵活的数据模型

NoSQL 无须事先为要存储的数据建立字段，随时可以存储自定义格式的数据。而在关系型数据库里，增删字段是一件非常麻烦的事情，如对于数据量非常大的表增加字段很困难。

4. 高可用

NoSQL 在不太影响性能的情况下就可以方便地实现高可用的架构。例如 Cassandra、HBase 模型，通过复制模型也能实现高可用。

NoSQL 数据库被广泛应用，在以下几种情况下应用比较多。

（1）数据模型比较简单。

（2）对数据库性能要求较高。

（3）不需要高度的数据一致性。

（4）对于给定键比较容易映射复杂值的环境。

二、HBase 简介

HBase 是 Google Bigtable 的开源实现。HBase 是一个非关系型数据库，非常适合于非结构化数据存储。HBase 是基于列而不是基于行的模式，支持在大规模数据集上随机、实时读写数据。

HBase 并不适用于解决所有问题，通常作为 Hadoop 之上的数据查询引擎。HBase 适合于 TB 级、PB 级以上数据查询。HBase 读数据非常快（毫秒级），适合对数据进行随机读操作、高并发操作。HBase 写入数据慢，不适用于有高写入性能要求的业务。

HBase 是 Hadoop 生态系统中的结构化存储工具，HDFS 为它提供了高可靠的底层存储支持；MapReduce 为它提供了卓越的海量数据处理能力；而 ZooKeeper 作为协调工具，则为它提供了稳定服务和数据恢复机制。

HBase 具有以下几个特点。

1. 海量存储

HBase 适合存储 PB 级别的海量数据，在 PB 级别的数据以及采用普通计算机存储的情况下，能在几十到几百毫秒内返回数据，这与HBase的极易扩展性息息相关。HBase正是因为良好的扩展性，才为海量数据的存储提供了便利。

2. 列式存储

HBase的列式存储其实是列族存储。HBase是根据列族来存储数据的，列族下面可以有非常多的列。在创建表的时候就必须指定列族。

3. 极易扩展

HBase的扩展性主要体现在两个方面，包括基于上层处理能力的扩展和基于存储的扩展。通过横向添加节点，进行水平扩展，可提升HBase的上层处理能力。HBase可以通过增加节点的方式进行线性扩展，使得可以在用普通计算机构建的集群上管理超大规模稀疏表。

4. 稀疏

稀疏主要是指HBase列的灵活性。在列族中，可以指定任意多的列，在列数据为空的情况下不会占用存储空间。HBase表中的列可根据需求来动态增加，并且每个单元（由行和列来确定）的数据可以存在多个版本。

HBase与传统数据库相比有很多的不同，主要体现在以下几个方面。

（1）HBase的数据存储类型单一，而关系型数据库具有更加丰富的类型选择和存储方式。

（2）HBase仅支持简单的操作，并不支持像传统关系型数据库那样丰富的函数及表连接操作。

（3）HBase的更新操作实际上是插入新的数据且仍保留旧的数据，这与传统关系型数据库的替换修改不同。

（4）HBase的查询只能通过行键进行，表的设计难度较大。

Hive和HBase都是以Hadoop为基础构建的，如基于HDFS进行数据存储、运用MapReduce进行数据计算。但它们之间也有许多差异，主要体现在以下几个方面。

（1）Hive支持HQL查询，并将HQL语句解析成MapReduce任务；而HBase不支持HQL。

（2）Hive不支持行级别的更新，而HBase支持数据的增、删、改、查。

（3）Hive本身不存储数据，仅存储表的元数据信息，是一种离线批量处理数据的数据仓库；而HBase可以联机实时处理数据，是一种分布式数据库。

三、HBase实现原理

HBase由一个或者多个HMaster节点和多个RegionServer节点组成集群。其中HMaster和RegionServer的状态存储在ZooKeeper上，HBase的数据存储在HDFS上的HFile文件中。HBase组成如图8-1所示。

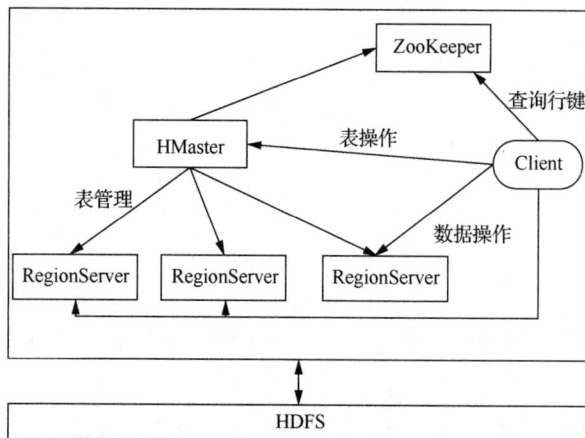

图8-1 HBase组成

接下来介绍几个组件的相关功能。

1. Client

Client 包含访问 HBase 的接口，另外 Client 还维护对应的 Cache 中元数据信息，来加速 HBase 的访问。

2. ZooKeeper

HBase 通过 ZooKeeper 来实现 HMaster 的高可用、RegionServer 的监控、元数据的入口以及集群配置的维护等功能。通过 ZooKeeper 来保证集群中只有 1 个 HMaster 在运行，如果 HMaster 异常，会通过竞争机制产生新的 HMaster 提供服务。通过 ZooKeeper 来监控 RegionServer 的状态，当 RegionSevrer 有异常的时候，通过回调的形式通知 HMaster RegionServer 上下线的信息。通过 ZoopKeeper 存储元数据的统一入口地址。

3. HMaster

HMaster 节点的主要职责是为 RegionServer 分配 Region（数据存储和管理的基本单元），维护整个集群的负载均衡和集群的元数据信息。若发现失效的 Region，则将失效的 Region 分配到正常的 RegionServer 上。当 RegionSever 失效的时候，协调对应 HLog 的拆分。

4. RegionServer

RegionServer 直接对接 Client 的读写请求，是真正的"干活"的节点。RegionServer 管理 HMaster 为其分配的 Region，负责和底层 HDFS 的交互，存储数据到 HDFS，负责 Region 变大以后的拆分，负责 HFile 的合并工作。

RegionServer 内部架构如图 8-2 所示。

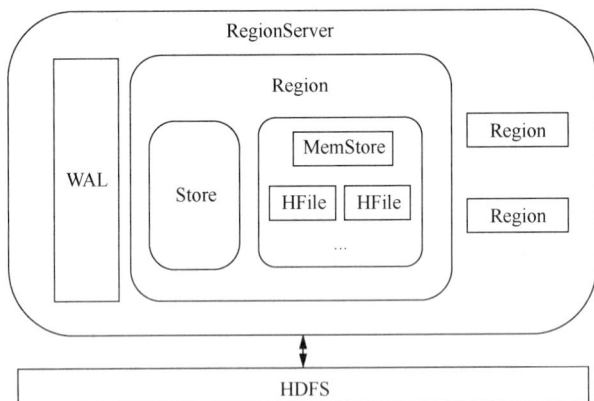

图 8-2　RegionServer 内部架构

Region 内部架构如图 8-3 所示。

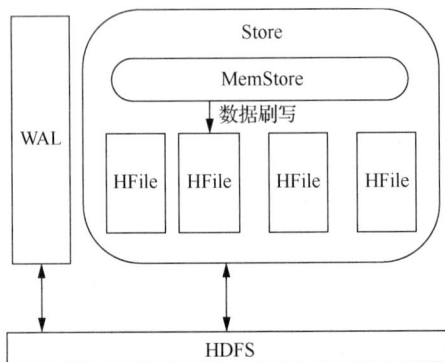

图 8-3　Region 内部架构

在 Store 中有两个重要组成部分。

• MemStore：每个 Store 中有一个 MemStore 实例。数据写入 WAL 之后就会被放入 MemStore。MemStore 是内存的存储对象，只有当 MemStore（默认容量为 64MB）满了的时候才会将数据刷写（Flush）到 HFile 中。

• HFile：在 Store 中有多个 HFile。当 MemStore 满了之后 HBase 就会在 HDFS 上生成一个新的 HFile，然后把 MemStore 中的内容写到这个 HFile 中。HFile 直接跟 HDFS 打交道，是数据的存储实体。

知识拓展

预写日志（Write-Ahead Log，WAL）实现预先写入。当操作到达 Region 的时候，HBase 先把操作写到 WAL 里面，实现 WAL 的类叫作 HLog。然后 HBase 会把数据放到基于内存实现的 MemStore 里，等数据达到一定的数量时才刷写到最终存储的 HFile 内。

而如果在这个过程中服务器宕机或者断电了，那么数据就丢失了。WAL 是一个保险机制，数据在写到 MemStore 之前，先被写到 WAL。这样当故障恢复的时候可以从 WAL 中恢复数据。只有当 WAL 日志写成功以后，Client 才会被告知数据提交成功。如果写 WAL 失败会告知 Client 提交失败的多个 Region，每一个 Region 都有起始行键和结束行键，代表它所存储的行范围。

5. HDFS

HDFS 为 HBase 提供最终的底层数据存储服务，同时为 HBase 提供高可用（HLog 存储在 HDFS）的支持，具体功能可概括为提供元数据和表数据的底层分布式存储服务。

四、HBase 的数据模型

HBase 中的数据存储在表（Table）中，类似于关系型数据库。表中的每一行（Row）代表一个独立的实体，由一个唯一的行键（RowKey）标识。列族（Column Family）是表结构的一部分，用于对列进行分组管理。每个表至少需要有一个列族。列（Column）是列族中的基本单元，用于存储具体的数据。单元格（Cell）是数据的最小存储单元。每个单元格由行键、列族、列限定符（列名）和时间戳（版本号）共同确定。

HBase 存储架构如图 8-4 所示。

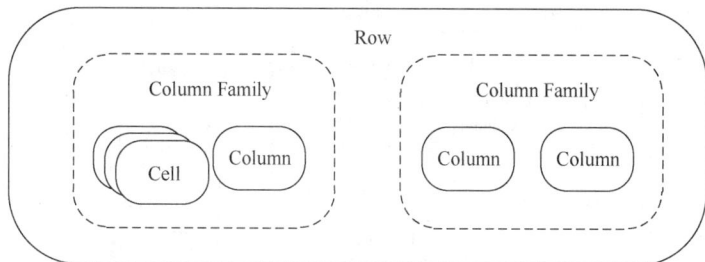

图 8-4 HBase 存储架构

在 HBase 中，行键是表中每一行数据的唯一标识，是由用户指定的不重复的字符串。行键会直接决定行的存储位置。HBase 无法根据某个列来排序，系统是根据行键来排序的。

建表的时候不需要指定列，因为列是可变的，它非常灵活，唯一需要确定的就是列族。一个表有几个列族是一开始就定好的。表的很多属性，例如过期时间、数据块缓存以及是否压缩等都定义在列族上，而不是定义在表上或者列上。同一个表里的不同列族可以有完全不同的属性配置，但是同一个列族内的所有列都有相同的属性。在 HBase 中一个列的名称前面总是它所属的列族。列名称的规范是"行键:列族:列名:版本号"。

知识拓展

一个表要设置多少个列族比较合适？

官方的建议是越少越好，列族太多会极大程度地降低数据库性能。而且根据目前的 HBase 实现，列族设置得太多，容易出 bug。

在 HBase 中，每个单元格可以保存同一数据的多个版本，并通过时间戳（版本号）来区分。通过"行键:列族:列:版本号"表达式可以唯一确定一个历史版本的数据。当在某个位置插入新数据时，如果该位置已有数据，新数据会被插入到最新的版本中，之前的版本会被保留。如果在插入数据时不指定版本号，HBase 会自动为其分配一个时间戳作为版本号，时间戳越大表示数据越新。一个单元格中只存储一个版本的数据，多个版本的值被存储在同一行、同一列族、同一列的多个单元格中。

传统关系型数据库的表结构如图 8-5 所示。

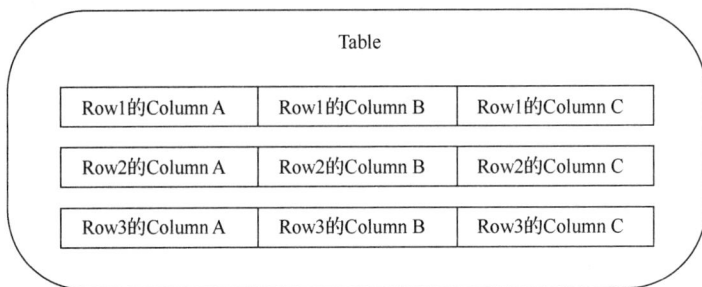

图 8-5　传统关系型数据库的表结构

传统关系型数据库中每个列都是不可分割的，也就是说 3 个列必须在一起，而且要被存储在同一台服务器上，甚至是同一个文件里面。

HBase 的表结构如图 8-6 所示。

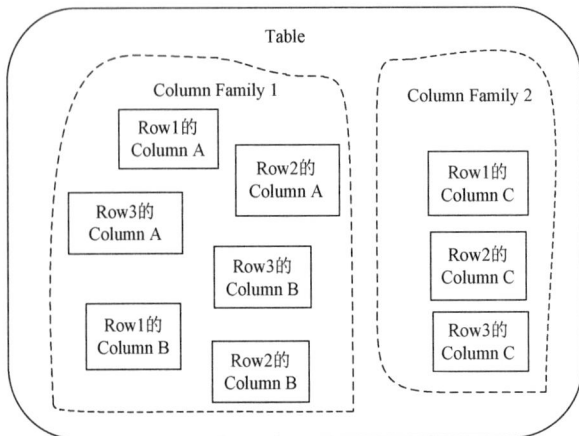

图 8-6　HBase 的表结构

HBase 中的每一个行都是离散的，行的概念被减弱到只是抽象的存在。把多个列标定为一个行的关键词是行键，这也是行这个概念在 HBase 中的唯一体现。在 HBase 中，每一个存储语句都必须精确地写出数据是要被存储到哪个单元格，如果一行有 10 列，那存储一行的数据得写 10 列的语句。而在传统数据库中，存储语句可以把整个行的数据一次性写入。

任务二　HBase 的安装与配置

📖 任务描述

本任务包括 HBase 的安装和 HBase 配置文件的修改，以及启动 HBase 数据库。

📚 知识链接

本书采用的安装包为 hbase-1.3.5-bin.tar.gz，安装 HBase 的步骤如下。

① 下载 hbase-1.3.5-bin.tar.gz 安装包。

② 使用 Xshell 软件的传输功能，将安装包传到 master 节点上的/usr/local/src 目录。

微课 8-2　HBase 的安装与配置

③ 将 hbase-1.3.5-bin.tar.gz 解压到/usr/local/src 目录，命令如下所示。

```
tar -zxvf /usr/local/src/hbase-1.3.5-bin.tar.gz -C /usr/local/src
```

④ 为了方便配置 HBase 系统环境变量，此处可以修改 HBase 的安装目录名，命令如下所示。

```
mv /usr/local/src/hbase-1.3.5 /usr/local/src/hbase
```

⑤ 配置 HBase 系统环境变量，打开文件/etc/profile，命令如下所示。

```
vi /etc/profile
```

在文件的末尾添加如下内容。

```
export HBASE_HOME=/usr/local/src/hbase
export PATH=$PATH:$HBASE_HOME/bin
```

⑥ /etc/profile 文件配置完成之后，需要使修改的内容生效，命令如下所示。

```
source /etc/profile
```

⑦ 修改 HBase 的配置文件。配置文件位于/usr/local/src/hbase/conf 目录，依次修改 hbase-env.sh 文件、hbase-site.xml 文件和 regionservers 文件。

修改配置文件 hbase-env.sh，修改内容如下所示。

```
export JAVA_HOME=/usr/local/src/jdk
export HADOOP_HOME=/usr/local/src/hadoop
export HADOOP_CONF_DIR=${HADOOP_HOME}/etc/hadoop
export HBASE_MANAGES_ZK=false
export HBASE_LOG_DIR=${HBASE_HOME}/logs
export HBASE_PID_DIR=${HBASE_HOME}/pid
```

> **注意**　JAVA_HOME 为 JDK 所在位置；HBASE_MANAGES_ZK 表示是否使用 HBase 自带的 ZooKeeper 环境，由于已经配置过 ZooKeeper 环境，此处设置为 false（默认情况下为 true，即不使用 HBase 自带的 ZooKeeper）；HBASE_LOG_DIR 与 HBASE_PID_DIR 分别为日志与 pid 文件输出目录。

修改 hbase-site.xml，将<configuration>和</configuration>中的内容修改为如下所示。

```
<!-- 指定 HBase 在 HDFS 上存储的路径 -->
    <property>
```

```
        <name>hbase.rootdir</name>
        <value>hdfs://master:9000/hbase</value>
    </property>
<!-- 指定 HBase 是否采用分布式部署 -->
    <property>
        <name>hbase.cluster.distributed</name>
        <value>true</value>
    </property>
<!-- 指定 ZooKeeper 地址，多个地址用 "," 分隔 -->
    <property>
        <name>hbase.zookeeper.quorum</name>
        <value>master:2181,slave1:2181,slave2:2181</value>
    </property>
<!-- 指定通过浏览器访问 HBase 的端口 -->
    <property>
        <name>hbase.master.info.port</name>
        <value>16010</value>
    </property>
<!--指定 HBase 在本地生成文件的路径-->
    <property>
        <name>hbase.tmp.dir</name>
        <value>/usr/local/src/hbase/tmp</value>
    </property>
```

<!--设置 RegionServer 与 ZooKeeper 间的连接超时时间。当断开连接超过该超时时间后，ReigonServer 会被 ZooKeeper 从集群清单中移除，HMaster 收到移除通知后会对这台 Server 负责的 Region 重新部署，让其他存活的 RegionServer 接管-->

```
    <property>
        <name>zookeeper.session.timeout</name>
        <value>120000</value>
    </property>
```

除了上述配置外，还可以通过 hbase-site.xml 文件进行其他配置，如下所示。

```
    <property>
    <!--当前节点的父节点路径-->
        <name>zookeeper.znode.parent</name>
        <value>/hbase</value>
    </property>
    <property>
    <!--设置 ZooKeeper 的数据目录-->
        <name>hbase.zookeeper.property.dataDir</name>
        <value>/usr/local/src/ZooKeeper/data</value>
    </property>
    <property>
    <!--控制 HBase 是否检查流功能-->
        <name>hbase.unsafe.stream.capability.enforce</name>
        <value>false</value>
    </property>
    <property>
```

```
<!--客户端访问端口-->
    <name>hbase.zookeeper.property.clientPort</name>
    <value>2181</value>
</property>
```

修改 regionservers 文件。regionservers 文件位于/usr/local/src/hbase/conf，使用如下命令打开该文件。

```
Vi regionservers
```

在该文件中加入如下内容。

```
master
slave1
slave2
```

⑧ 复制整个 hbase 安装目录到另外两个节点，命令如下所示。

```
scp -r /usr/local/src/hbase root@slave1:/usr/local/src
scp -r /usr/local/src/hbase root@slave2:/usr/local/src
```

⑨ 启动 HBase 集群，执行如下命令。

```
start-hbase.sh
```

使用 jps 命令查看，若在 master 上出现 HMaster 节点和 HRegionServer 节点，在 slave1 上出现 HRegionServer 节点，在 slave2 上出现 HRegionServer 节点，则说明启动成功。使用 jps 命令查看 master 节点的结果如下所示。

```
3795 NameNode
4084 ResourceManager
4392 QuorumPeerMain
92392 HMaster
92636 Jps
92527 HRegionServer
```

⑩ 启动成功之后，通过 http://master:16010 来访问 Web 页面，如图 8-7 所示。

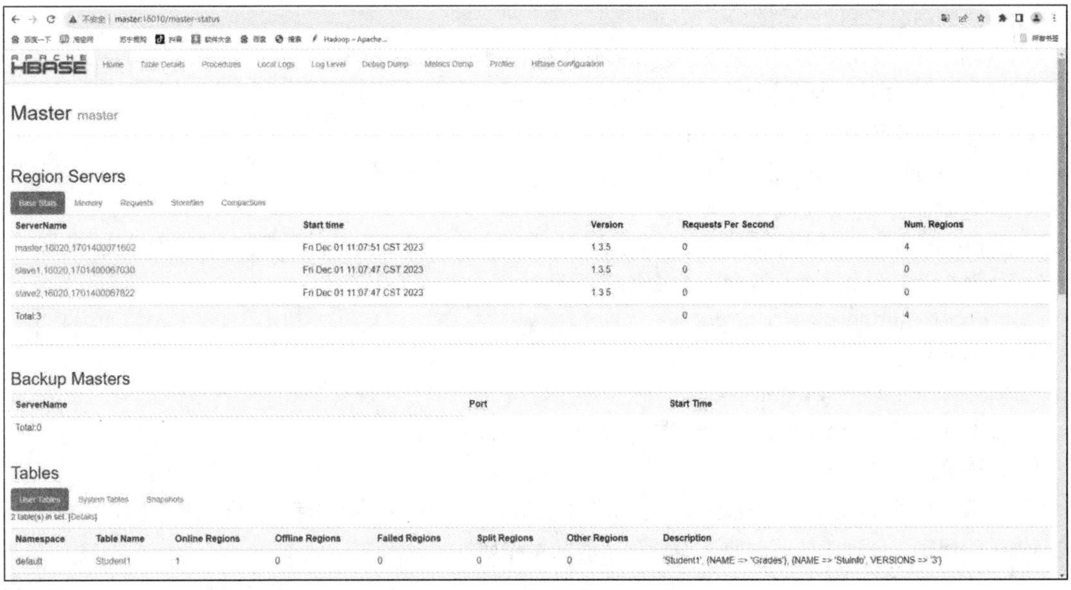

图 8-7 HBase 对应的 Web 页面

任务三　HBase Shell 命令操作

📖 任务描述

本任务主要介绍通过 HBase Shell 来完成对 HBase 的相关操作。

📖 知识链接

在使用具体的 Shell 命令操作 HBase 之前，需要启动 Hadoop 集群，再启动 HBase。启动 HBase Shell 之后，可以方便地创建、修改和删除表，还可以插入数据、删除表中数据等。

1. 基本 Shell 命令

（1）启动 HBase Shell，进入 Shell 命令提示符状态，命令如下所示。

```
hbase shell
```

（2）查看表信息，命令如下所示。

```
hbase(main):001:0>list
```

（3）查看 HBase 的运行状态，命令如下所示。

```
hbase(main):001:0>status
```

（4）查看 HBase 的版本信息，命令如下所示。

```
hbase(main):001:0>version
```

（5）获取 HBase Shell 帮助，命令如下所示。

```
hbase(main):001:0>help
```

（6）退出 HBase Shell，命令如下所示。

```
hbase(main):001:0>exit
```

微课 8-3　HBase Shell 命令操作

2. 命名空间操作

命名空间（NameSpace）是对表的逻辑分组，类似于关系型数据库中的数据库。利用命名空间，在多用户场景下可做到更好的资源和数据隔离。为了方便管理，不同的业务域以命名空间来划分，这样管理起来会更加容易，类似于 Hive 中的数据库，不同的数据库下可以放不同类型的表。HBase 中有两个默认的命名空间，分别如下。

- default：默认情况下，创建表时，表都创建在 default 命名空间下。
- hbase：用于存放系统的内建表，如 namespace、meta 等。

（1）创建命名空间，命令如下所示。

```
create_namespace 'bigdata'
```

（2）查看命名空间，命令如下所示。

```
list_namespace
```

（3）查看某个具体的命名空间，命令如下所示。

```
describe_namespace 'bigdata'
```

（4）删除命名空间，命令如下所示。

```
drop_namespace 'bigdata'
```

在删除命名空间时要确保命名空间里没有表，否则会报错。

3. 表操作

与关系型数据库不同，在 HBase 中基本组成为表，不存在多个数据库。因此，在 HBase 中存储数据先要创建表，创建表的同时需要设置列族的数量和属性。

（1）创建表。

HBase 使用 create 命令来创建表，创建表时需要指明表名和列族名，如创建学生信息表 student

的命令如下。

```
create 'Student','StuInfo','Grades'
```

这条命令创建了名为 Student 的表，表中包含两个列族，分别为 StuInfo 和 Grades。值得注意的是，在 HBase Shell 语法中，所有字符串参数都必须包含在单引号中，且区分大小写，如 Student 和 student 代表两个不同的表。

表创建完成之后，可以查看表结构，命令如下所示。

```
desc 'Student'
```

此时该表创建在默认命名空间中，将表创建到 bigdata 命名空间中的命令如下所示。

```
create 'bigdata:Student','StuInfo','Grades'
```

另外，在上述命令中没有对列族参数进行定义，因此，使用的都是默认参数。如果创建表时要设置列族的参数，可参考以下方式。

```
create 'Student1', {NAME => 'StuInfo', VERSIONS => 3}, {NAME =>'Grades', BLOCKCACHE => true}
```

大括号内是对列族的定义，NAME、VERSIONS 和 BLOCKCACHE 是参数名，无须使用单引号；符号=>表示将后面的值赋给指定参数。VERSIONS =>3 是指此单元格内的数据可以保留最近的 3 个版本，BLOCKCACHE=>true 指允许读取数据时进行缓存。

（2）添加列族。

向"Student"表中添加列族"Scores"，首先查看该表是否存在，命令如下所示。

```
exists 'Student'
```

添加列族之前，需要使该表处于不可用状态，命令如下所示。

```
disable 'Student'
```

表处于不可用状态后，可以向表中添加列族"Scores"，命令如下所示。

```
alter 'Student',{NAME=>'Scores',VERSIONS => 3}
```

添加列族完成后，将该表的状态设置为可用，命令如下所示。

```
enable 'Student'
```

（3）删除列族。

在"Student"表中删除列族"Scores"，首先查看该表是否存在，命令如下所示。

```
exists 'Student'
```

删除列族之前，需要使该表处于不可用状态，命令如下所示。

```
disable 'Student'
```

表处于不可用状态后，删除表中列族"Scores"，命令如下所示。

```
alter 'Student',{NAME=>'Scores',METHOD => 'delete'}
```

删除列族完成后，将该表的状态设置为可用，命令如下所示。

```
enable 'Student'
```

（4）插入数据。

HBase 使用 put 命令向数据表中插入数据。put 命令用于向表中添加一行新数据，或覆盖指定行的数据，命令如下所示。

```
put 'Student','0001','StuInfo:Name','zhangsan',1
put 'Student','0002','StuInfo:Name','zhonghua'
put 'Student','0003','StuInfo:Name','aiguo'
```

在上述命令中：第一个参数 Student 为表名；第二个参数为行键的名称，为字符串类型；第三个参数 StuInfo:Name 为列族和列的名称，中间用冒号隔开（列族名必须是已经创建的，否则 HBase 会报错；列名是临时定义的，因此，列族里的列是可以随意扩展的）；第四个参数为单元格的值（在 HBase 里，所有数据都是字符串的形式）；最后一个参数为时间戳，如果不设置时间戳，则系统会自动插入当前时间的时间戳。

使用 put 命令也可以实现更新数据，例如，将'0001'的'StuInfo:Name'的属性值更改为'lisi'，可执行以下命令。

```
put 'Student','0001','StuInfo:Name','lisi',1
```

（5）查看和扫描数据。

get 命令用来获取 HBase 表中某行的数据，其用法如下所示。

```
get 'Student','0001'
```

想要查看表中的数据行数，可以使用 count 命令，其用法如下所示。

```
count 'Student'
```

如果想获取表中的所有数据，即对全表进行扫描，则可以使用 scan 命令，其用法如下所示。

```
scan 'Student'
```

（6）查看表结构信息。

要查看表结构信息，可执行以下命令。

```
describe 'Student'
```

（7）按行或者列删除数据。

要删除某列数据，可以执行以下命令。

```
delete 'Student','0001','StuInfo:Name'
```

要删除某行数据，可以执行以下命令。

```
delete 'Student','0001'
```

（8）清空表和删除整个表。

要清空表中数据，可以执行以下命令。

```
truncate 'Student'
```

删除表时，需要先让其状态变为不可用，命令如下所示。

```
disable 'Student'
drop 'Student'
```

（9）修改表名。

HBase 中没有提供专门的命令来修改表名，如果想修改表名，可以通过 snapshot 功能来实现。首先需要将表禁用，命令如下所示。

```
disable 'bigdata:Student'
```

接下来需要给表做快照，命令如下所示。

```
snapshot 'bigdata:Student', 'bigdata_snapshot'
```

最后克隆快照为新表名的表，命令如下所示。

```
clone_snapshot 'bigdata_snapshot','bigdata:t_Student'
```

任务四 HBase Java API 操作

🛫 任务描述

本任务主要介绍通过 HBase Java API 来编写 Java 代码，以完成数据库的相关操作。

📚 知识链接

本任务主要介绍使用 HBase Java API 进行创建表、插入数据、获取数据、删除数据和删除表等操作。

编写 HBase Java API 时所需要的 pom.xml 文件内容如下。

```
<dependencies>
  <dependency>
    <groupId>org.apache.hbase</groupId>
    <artifactId>hbase-server</artifactId>
    <version>1.3.5</version>
  </dependency>
  <dependency>
    <groupId>org.apache.hbase</groupId>
    <artifactId>hbase-client</artifactId>
    <version>1.3.5</version>
  </dependency>
</dependencies>
```

编写 Java 代码实现对 HBase 数据库的操作，代码如下所示。

```java
import org.apache.hadoop.conf.Configuration;
import org.apache.hadoop.hbase.HBaseConfiguration;
import org.apache.hadoop.hbase.HColumnDescriptor;
import org.apache.hadoop.hbase.HTableDescriptor;
import org.apache.hadoop.hbase.TableName;
import org.apache.hadoop.hbase.client.*;
import org.apache.hadoop.hbase.regionserver.BloomType;
import org.apache.hadoop.hbase.util.Bytes;
import java.util.ArrayList;

public class HbaseTest {
    private static Connection conn = null;
    public static void getConn() throws Exception{
        // 构建一个连接对象
        Configuration conf = HBaseConfiguration.create(); // 会自动加载 hbase-site.xml
        conf.set("hbase.ZooKeeper.quorum", "master:2181,slave1:2181,slave2:2181");
        conn = ConnectionFactory.createConnection(conf);
    }

    public static void testPut() throws Exception {
        getConn();
        // 获取一个操作指定表的 table 对象，进行 DML 操作
        Table table = conn.getTable(TableName.valueOf("user"));
        System.out.println(table);

        Put put = new Put(Bytes.toBytes("001"));
        put.addColumn(Bytes.toBytes("base_info"), Bytes.toBytes("username"), Bytes.toBytes
("zhangsan"));
        put.addColumn(Bytes.toBytes("base_info"), Bytes.toBytes("age"), Bytes.toBytes("18"));
        put.addColumn(Bytes.toBytes("base_info"), Bytes.toBytes("addr"), Bytes.toBytes
("beijing"));

        Put put1 = new Put(Bytes.toBytes("002"));
        put1.addColumn(Bytes.toBytes("base_info"), Bytes.toBytes("username"), Bytes.toBytes
("lisi"));
```

```
        put1.addColumn(Bytes.toBytes("base_info"), Bytes.toBytes("age"), Bytes.toBytes("18"));
        put1.addColumn(Bytes.toBytes("base_info"), Bytes.toBytes("addr"), Bytes.toBytes
("shanghai"));
        System.out.println(put1);
        //插入表
        //table.put(put);
        ArrayList<Put> puts = new ArrayList<Put>();
        puts.add(put1);
        puts.add(put);
        System.out.println(puts);
        table.put(puts);

        System.out.println(table);
        table.close();
        conn.close();
    }

    public static void testCreateTable() throws Exception {
        getConn();
        // 从连接中构造一个 DDL 操作器
        Admin admin = conn.getAdmin();
        // 创建一个表定义描述对象
        HTableDescriptor hTableDescriptor = new HTableDescriptor(TableName.valueOf("user"));
        // 创建列族定义描述对象
        HColumnDescriptor hColumnDescriptor1 = new HColumnDescriptor("base_info");
        hColumnDescriptor1.setMaxVersions(3);
        HColumnDescriptor hColumnDescriptor2 = new HColumnDescriptor("extra_info");
        // 将列族定义信息对象放入表定义对象中
        hTableDescriptor.addFamily(hColumnDescriptor1);
        hTableDescriptor.addFamily(hColumnDescriptor2);
        // 用 DDL 操作器对象 admin 来建表
        admin.createTable(hTableDescriptor);
    }

    public static void testDropTable() throws Exception {
        getConn();
        // 从连接中构造一个 DDL 操作器，Admin 接口主要用来操作表的创建、删除，列族的增删等
        Admin admin = conn.getAdmin();
        // 停用表
        admin.disableTable(TableName.valueOf("user"));
        // 删除表
        admin.deleteTable(TableName.valueOf("user"));
        admin.close();
        conn.close();
    }

    public static void testAlterTable() throws Exception {
        getConn();
        Admin admin = conn.getAdmin();
```

```
// 取出旧的表定义信息
HTableDescriptor tableDescriptor = admin.getTableDescriptor(TableName.valueOf("user"));
// 新构造一个列族定义
HColumnDescriptor hColumnDescriptor = new HColumnDescriptor("other_info");
//设置布隆过滤器，启用布隆过滤器可以加速读磁盘过程，有助于降低读取延迟
hColumnDescriptor.setBloomFilterType(BloomType.ROWCOL);
// 将列族定义添加到表定义对象中
tableDescriptor.addFamily(hColumnDescriptor);
// 将修改过的表定义交给 admin 去提交
admin.modifyTable(TableName.valueOf("user"), tableDescriptor);

    }
    public static void main(String[] args) throws Exception {
    //testCreateTable();
    testDropTable();
    }
}
```

扩展阅读

华为云数据库 GaussDB

华为云数据库 GaussDB 是华为自主创新研发的分布式关系型数据库，GaussDB（for openGauss）是基于华为主导的 openGauss 生态推出的企业级分布式关系型数据库。该产品具备企业级复杂事务混合负载能力，同时支持分布式事务、同城跨 AZ 部署、数据零丢失、PB 级海量存储。其拥有云上高可用、高可靠、高安全、弹性伸缩、一键部署、快速备份恢复、监控告警等关键能力，能为企业提供功能全面、稳定可靠、扩展性强、性能优越的企业级数据库服务。

项目实训

1. 安装HBase，对HBase中的hbase-env.sh文件、hbase-site.xml文件和regionservers 文件进行配置，安装配置完成之后启动HBase。

2. 使用HBase Shell命令完成如下操作。

（1）基本Shell命令。

① 启动HBase Shell，进入Shell命令提示符状态。

② 查看表信息。

③ 查看HBase的运行状态。

④ 查看HBase的版本信息。

⑤ 退出HBase Shell。

（2）命名空间操作。

① 创建命名空间，命名空间名称为bd。

② 查看命名空间。

③ 查看具体的命名空间bd。

④ 删除命名空间bd。

（3）表操作。

① 创建course表，包括课程信息和年级信息。

② 查看course表结构。

③ 添加列族，向course表中添加列族describe。

④ 删除列族，删除course表中的列族describe。

⑤ 插入数据，向coures表中插入如下数据：

行键为'0001'，课程信息为'CourseInfo:Name','Java'，时间戳由系统自动插入。

⑥ 查看和扫描数据。

⑦ 查看表结构信息。

项目小结

HBase是一个分布式的、面向列的开源数据库，是Apache Hadoop项目的子项目。HBase是一个适合于非结构化数据存储的数据库，是基于列而不是基于行的。

本项目首先介绍了非关系型数据库，然后介绍了HBase的实现原理、数据模型等，接着介绍了HBase的安装与配置，最后介绍了HBase Shell命令操作和HBase API操作。

项目考核

一、选择题

1. HMaster的主要作用是（   ）。

    A. 启动任务管理多个HRegionServer

    B. 负责响应应用户I/O请求，向HDFS读写数据

    C. 负责协调集群中的分布式组件

    D. 最终保存HBase数据行的文件

2. 下面关于HBase的描述正确的是（   ）。

    A. HBase是一个分布式的、面向列的开源数据库

    B. HBase是一种编程模型，用于大规模数据集（大于1TB）的并行运算

    C. HBase是Hadoop集群当中的资源管理系统模块

    D. HBase将要储存的文件分散在不同的硬盘上，并记录位置

3. HBase与下列（   ）属于同一种类型的数据库。

    A. MongoDB   B. MariaDB   C. MySQL   D. Oracle

4. 在HBase的组件中，负责日志记录的是（   ）。

    A. HRegion   B. HFile   C. MemStore   D. WAL

5. 下列命令格式不正确的是 (   )。

A. get 表 行键 列族

B. scan 表 时间戳 起始行键 结束行键

C. alter 表 列族

D. put 表 行键 列族:列值

6. 下列 (   ) 不是非关系型数据库。

A. HBase   B. Redis   C. Hive   D. MongoDB

二、简答题

1. HBase具有哪些特点？阐述其与传统关系型数据库的不同。

2. HBase中的表是如何构成的？

3. HBase中的行键和列族应如何设计？

项目九
Flume实战

09

项目导读

Flume 是 Cloudera 提供的一个高可用、高可靠、分布式的海量日志采集、聚合和传输系统。Flume 支持在日志系统中定制各类数据发送方，用于收集数据，同时提供对数据进行简单处理并写到各种数据接收方的能力。

本项目首先介绍 Flume 及其工作机制；然后介绍 Flume 的安装与配置；最后介绍使用 Flume 进行数据采集，包括采集日志数据到 HDFS、采集文件数据到 HDFS 和采集端口数据到 HDFS。

项目目标

素质目标	知识目标	技能目标
➤ 通过对 Flume 数据收集过程的理解，了解数据收集工作人员的工匠精神。 ➤ 养成事前调研、做好准备工作的习惯。 ➤ 贯彻互助共享的精神	➤ 掌握 Flume 的概念。 ➤ 了解 Flume 的工作机制。 ➤ 了解 Flume 拦截器	➤ 掌握 Flume 的安装与配置。 ➤ 学会使用 Flume 采集日志数据到 HDFS。 ➤ 学会使用 Flume 采集文件数据到 HDFS。 ➤ 学会使用 Flume 采集端口数据到 HDFS

课前学习

选择题

1. 以下对Flume架构描述不正确的是（　　　）。
   A. Flume的核心就是Agent
   B. Sink负责将数据发送到外部指定的目的地
   C. Source接收到数据之后，将数据发送给Sink
   D. Channel作为一个数据缓冲区会临时存放一些数据

2. 以下对Flume描述错误的是（　　　）。
   A. 高可用
   B. 高可靠
   C. 负责海量日志采集
   D. 主要负责处理数据

任务一　Flume 概述

📖 任务描述

Flume 是一种高可用、高可靠、分布式、实时的海量日志采集、聚合和传输系统。用户可在 Flume 中定制数据的发送方和接收方，并可对数据进行简单处理。

📖 知识链接

一、Flume 简介

Flume 是 Apache 的一个孵化项目。Flume 支持在日志系统中定制各类数据发送方，用于收集数据，提供对数据进行简单处理，并写到各种数据接收方（可定制）的能力。Flume 的特点体现在以下几个方面。

（1）Flume 可以将应用产生的数据存储到 HDFS、HBase 等。

（2）当收集数据的速度超过写入数据的速度时，也就是当收集数据的速度达到峰值时，收集的数据量会非常大，甚至超过系统的写入数据能力，此时 Flume 会在数据生产者和数据收容器间做出调整，保证在两者之间提供平稳的数据。

（3）Flume 是可靠的，容错性高、可升级、易管理，并且可定制。

（4）除了日志信息，Flume 也可以用来采集社交网络数据。

（5）支持各种接入资源数据的类型以及输出数据类型。

（6）支持多路径流量、多管道接入流量、多管道输出流量、上下文路由等。

面对海量的数据，需要付出大量的时间和精力来对数据进行收集，如果不具备精雕细琢的精神，那么很难得到高质量的数据。这就要求使用 Flume 进行数据收集的工作人员具有工匠精神。

扩展阅读

工匠精神

工匠精神是一种职业精神，是职业道德、职业能力、职业品质的体现，是从业者的一种职业价值取向和行为表现。"工匠精神"的基本内涵包括敬业、精益、专注、创新等。

1. 敬业

敬业是从业者基于对职业的敬畏和热爱而产生的一种全身心投入的认认真真、尽职尽责的职业精神状态。中华民族历来有"敬业乐群""忠于职守"的传统，敬业是中国人的传统美德，也是当今社会主义核心价值观的基本要求之一。

2. 精益

精益就是精益求精，是从业者对每件产品、每道工序都凝心聚力、精益求精、追求极致的职业品质。

3. 专注

专注就是内心笃定而着眼于细节的耐心、执着、坚持的精神，这是一切"大国工匠"所必须具备的精神特质。从中外实践经验来看，工匠精神都意味着一种执着，即一种"几十年如一日"

的坚持与韧性。

4. 创新

"工匠精神"还具有追求突破、追求革新的创新内蕴。古往今来，热衷于创新和发明的工匠们一直是世界科技进步的重要推动力量。

二、Flume 工作机制

Flume 是一个分布式、可靠和高可用的海量日志采集、聚合和传输的系统，用于有效地收集、聚合数据，如将大量日志数据从许多不同的源移动到一个集中的数据存储（如 HDFS、HBase 等）。

Flume 不仅限于日志数据聚合，其数据源是可定制的。Flume 可以用于传输大量事件数据，包括网络流量数据、社交媒体生成的数据、电子邮件消息等。

Flume 组成架构如图 9-1 所示。

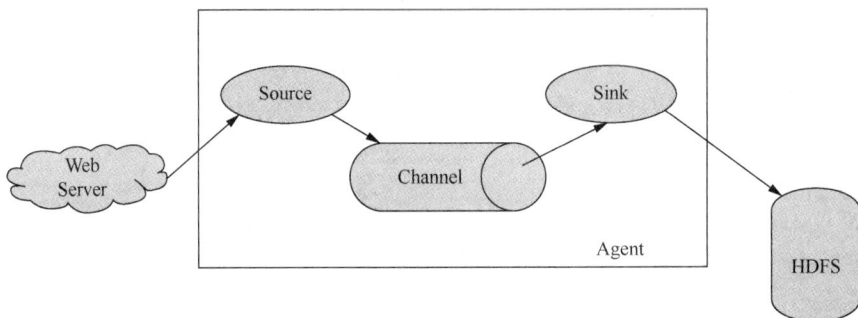

图 9-1　Flume 组成架构

Flume 中最核心的角色是 Agent，Flume 采集系统就是由一个个 Agent 连接起来所形成的、或简单或复杂的数据传输通道。Agent 是一个 JVM 进程，以事件的形式将数据从源头送至目的地，每一个 Agent 相当于一个数据（被封装成 Event 对象）传递员。Agent 主要由 3 个部分组成，包括 Source、Sink 和 Channel。

1. Source

Source 是负责接收数据到 Flume Agent 的组件，并将接收的数据以 Flume 的 Event 格式传递给一个或者多个 Channel（通道）。Flume 提供了多种 Source 类型，如表 9-1 所示。

表 9-1　Source 类型

类型	说明
Avro Source	支持 Avro 协议（实际上是 Avro RPC），内置支持
Thrift Source	支持 Thrift 协议，内置支持
Exec Source	基于 UNIX 操作系统的 command 方式在标准输出展示数据
JMS Source	从 Java 消息服务（Java Message Service，JMS）系统（消息、主题）中读取数据
Spooling Directory Source	监控指定目录内数据变更 Source
Twitter 1%firehose Source	通过 API 持续下载 Twitter 数据，试验性质
Netcat Source	监控某个端口，将流经端口的每一个文本行数据作为 Event 输入
Sequence Generator Source	序列生成器数据源，生产序列数据

续表

类型	说明
Syslog Sources	读取 Syslog 数据，产生 Event，支持用户数据报协议（User Datagram Protocol，UDP）和传输控制协议（Transmission Control Protocol，TCP）两种协议
HTTP Source	基于 HTTP POST 或 GET 方式的数据源，支持 JSON、BLOB（Binary Large Object，二进制大对象）表示形式

2. Sink

Sink 不断地轮询 Channel 中的事件且批量地移除它们，并将这些事件批量写入存储或索引系统，或者将之发送到另一个 Flume Agent。Sink 是完全事务性的，在从 Channel 批量删除数据之前，每个 Sink 用 Channel 启动一个事务，批量事件一旦成功写入存储系统或下一个 Flume Agent，Sink 就利用 Channel 提交事务。事务一旦被提交，相应 Channel 就从自己的内部缓冲区删除事件。

Flume 中 Sink 类型如表 9-2 所示。

表 9-2　Sink 类型

Sink 类型	说明
HDFS	将收集到的数据写入 HDFS
Logger	将收集到的数据直接打印到 Flume agent 的日志系统中
Avro	将 Flume 事件转换为 Avro 格式并发送
Thrift	通过启用 Kerberos 身份验证，以安全模式将数据发送到 Thrift 服务
Kafka	将收集到的数据写入 Kafka
File	将事件数据存储到本地文件系统
Hive	将包含分隔文本或 JSON 数据的事件直接流式写入到 Hive 表或分区
HBase	将收集到的数据写入 HBase

3. Channel

Channel 是位于 Source 和 Sink 之间的缓冲区，因此，Channel 允许 Source 和 Sink 运作在不同的速率上。Channel 可以同时处理几个 Source 的写入操作和几个 Sink 的读取操作。Flume 自带两种常用 Channel，即 Memory Channel 和 File Channel。Memory Channel 是内存中的队列，在不需要关心数据丢失的情景下适用。File Channel 将所有事件写到磁盘，因此，在程序关闭或计算机宕机的情况下不会丢失数据，可保证数据的完整性与一致性。建议将 File Channel 的设置目录和程序日志文件的保存目录设置在不同的磁盘上，以便提高效率。Channel 类型如表 9-3 所示。

表 9-3　Channel 类型

类型	说明
Memory Channel	Event 数据存储在内存中
JDBC Channel	Event 数据存储在持久化数据库中，支持内置 Derby
File Channel	Event 数据存储在磁盘文件中
Spilable Memory Channel	Event 数据存储在内存中和磁盘上，当内存队列满时会被持久化到磁盘文件中（当前为试验性的，不建议生产环境使用）
Pseudo Transaction Channel	测试用途
Channel Custom Channel	自定义 Channel 实现

Event 是 Flume 数据传输的基本单元，Flume 以 Event 的形式将数据从源头送至目的地。Event 由 Header 和 Body 两部分组成，Header 用来存放属性，为键值对结构，Body 用来存放数据，形式为字节数组。

任务二　Flume 的安装与配置

📖 任务描述

Flume 支持在日志系统中定制各类数据发送方，用于收集数据。本任务主要介绍 Flume 的安装与配置，以便完成后续的数据采集工作。

📚 知识链接

安装 Flume 的步骤如下，本书中采用的安装包为 apache-flume-1.9.0-bin.tar.gz。

① 下载 apache-flume-1.9.0-bin.tar.gz。

② 使用 Xshell 软件的传输功能，将安装包传到 master 节点上的/usr/local/src 目录。

③ 将 apache-flume-1.9.0-bin.tar.gz 解压到/usr/local/src 目录，命令如下所示。

```
tar -zxvf /usr/local/src/apache-flume-1.9.0-bin.tar.gz -C /usr/local/src
```

④ 为了方便配置 Flume 系统环境变量，此处可以修改 Flume 安装目录名，命令如下所示。

```
mv /usr/local/src/apache-flume-1.9.0-bin /usr/local/src/flume
```

⑤ 配置 Flume 系统环境变量，打开文件/etc/profile，命令如下所示。

```
vi /etc/profile
```

在文件的末尾添加如下内容。

```
export FLUME_HOME=/usr/local/src/flume
export PATH=$PATH:$FLUME_HOME/bin
```

⑥ 刷新/etc/profile 文件，使得修改的内容生效，命令如下所示。

```
source /etc/profile
```

⑦ 修改配置文件。需要在/usr/local/src/flume/conf 目录下复制生成一个 flume-env.sh 文件，命令如下所示。

```
cp flume-env.sh.template flume-env.sh
```

在 flume-env.sh 文件中将 JAVA_HOME 的值改为 JDK 的安装路径，修改内容如下。

```
export JAVA_HOME=/usr/local/src/jdk
```

⑧ 验证 Flume 是否安装成功。执行 flume-ng version 命令，如果出现如下所示的版本信息，则表示安装成功。

```
Flume 1.9.0
Source code repository: https://git-wip-us.apache.org/repos/asf/flume.git
Revision: d4fcab4f501d41597bc616921329a4339f73585e
Compiled by fszabo on Mon Dec 17 20:45:25 CET 2018
From source with checksum 35db629a3bda49d23e9b3690c80737f9
```

任务三　采集日志数据到 HDFS

📖 任务描述

在生产环境中，会把日志目录放到 Tomcat 服务器中，当日志目录中的数据越来越大时要考虑把日志传到 HDFS 上。通常可以通过 Flume 实时地监控日志目录内的数据，只要有数据被放入日志目录，Flume 就会把相应数据采集到 HDFS。

📖 知识链接

本任务采集/root/log/目录下面的文件到 HDFS，当该目录下生成新的文件时就会采集相应文件到 HDFS。根据任务需求，结合 Flume 工作原理，首先需要配置以下三大组件。

（1）数据源组件，也就是 Source。Source 类型需要选择监控目录类型（spooldir），spooldir 具有以下特性。

- 监视一个目录，只要目录中出现新文件，就会采集文件中的数据。
- 采集完成的文件会被自动添加后缀 COMPLETED，该后缀也可以自行指定。
- 所监视的目录中不允许出现相同文件名的文件。

（2）下沉组件，也就是 Sink。在本任务中 Sink 类型选择 HDFS。

（3）通道组件，也就是 Channel。Channel 类型可以选择 File Channel，也可以选择 Memory Channel。在本任务中选择 Memory Channel。

采集日志数据到 HDFS 的操作步骤如下。

① 在/root/log/目录下，手动创建文件，这些文件用来模拟待上传文件。

② 在/usr/local/src/flume/conf 目录下创建 dir-hdfs.conf 文件，将该文件用作配置文件，读者也可以使用其他文件名，命令如下所示。

```
vi dir-hdfs.conf
```

在 dir-hdfs.conf 文件中增加如下内容。

```
#定义三大组件的名称
ag1.sources=source1
ag1.sinks=sink1
ag1.channels=channel1

# 配置 Source 组件
ag1.sources.source1.type=spooldir
ag1.sources.source1.spoolDir=/root/log/
ag1.sources.source1.fileSuffix=.FINISHED
ag1.sources.source1.deserializer.maxLineLength=5120

# 配置 Sink 组件
ag1.sinks.sink1.type=hdfs
ag1.sinks.sink1.hdfs.path=hdfs://master:9000/access_log/%y-%m-%d/%H-%M
ag1.sinks.sink1.hdfs.filePrefix=app_log
ag1.sinks.sink1.hdfs.fileSuffix= .log
ag1.sinks.sink1.hdfs.batchSize=100
ag1.sinks.sink1.hdfs.fileType=DataStream
ag1.sinks.sink1.hdfs.writeFormat=Text

## roll 表示滚动切换，用于控制写文件的切换规则
## 按文件大小（单位为字节）切分文件
ag1.sinks.sink1.hdfs.rollSize=512000
## 按 Event 条数切分文件
ag1.sinks.sink1.hdfs.rollCount=1000000
## 按时间间隔切分文件
```

```
ag1.sinks.sink1.hdfs.rollInterval=60

## 控制生成目录的规则
ag1.sinks.sink1.hdfs.round=true
ag1.sinks.sink1.hdfs.roundValue=10
ag1.sinks.sink1.hdfs.roundUnit=minute
ag1.sinks.sink1.hdfs.useLocalTimeStamp=true

# 配置 Channel 组件
ag1.channels.channel1.type=memory
## Event 条数
ag1.channels.channel1.capacity=500000
##控制 Flume 事务所需要的缓存容量为 600 条 Event
ag1.channels.channel1.transactionCapacity=600
# 绑定 Source、Channel 和 Sink 之间的连接
ag1.sources.source1.channels=channel1
ag1.sinks.sink1.channel=channel1
```

上述配置文件中，ag1.sources.source1.type=spooldir 指定 Source 的类型为 spooldir；
ag1.sources.source1.spoolDir=/root/log/指定采集的目录，本书中采集的目录为/root/log/；
ag1.sources.source1.fileSuffix=.FINISHED 为采集完成后文件的后缀，本书中为 FINISHED。

③ 启动 Flume Agent，验证/root/log/目录下新增的目录是否能够采集到 HDFS，命令如下所示。

```
/usr/local/src/flume/bin/flume-ng agent -c /usr/local/src/flume/conf -f /usr/local/src/flume/
conf/dir-hdfs.conf -n ag1 -D flume.root.logger=DEBUG,console
```

-c 后为文件路径，本任务中的路径为/usr/local/src/flume/conf；-f 后为文件名称；-n 后为 Agent
名称；-D 后为 Log4j 的参数。

课外拓展

Flume 启动成功之后，不能关掉执行界面，否则 Flume 就会停止服务。Flume 执行界面如
图 9-2 所示。

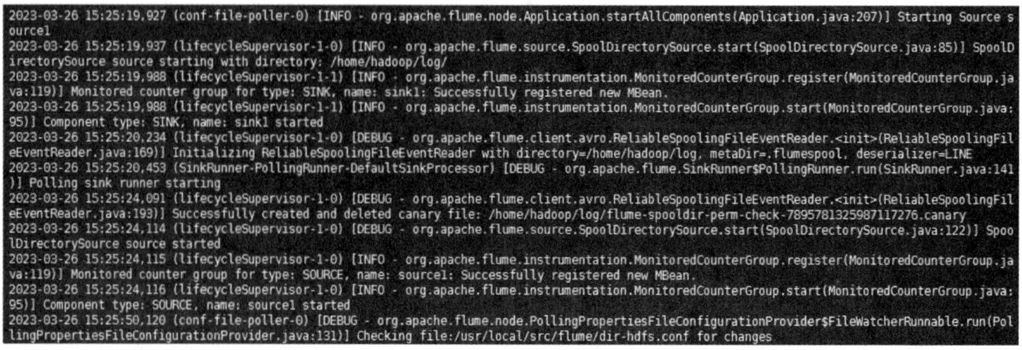

```
2023-03-26 15:25:19,927 (conf-file-poller-0) [INFO - org.apache.flume.node.Application.startAllComponents(Application.java:207)] Starting Source s
ource1
2023-03-26 15:25:19,937 (lifecycleSupervisor-1-0) [INFO - org.apache.flume.source.SpoolDirectorySource.start(SpoolDirectorySource.java:85)] SpoolD
irectorySource source starting with directory: /home/hadoop/log
2023-03-26 15:25:19,988 (lifecycleSupervisor-1-1) [INFO - org.apache.flume.instrumentation.MonitoredCounterGroup.register(MonitoredCounterGroup.ja
va:119)] Monitored counter group for type: SINK, name: sink1: Successfully registered new MBean.
2023-03-26 15:25:19,988 (lifecycleSupervisor-1-1) [INFO - org.apache.flume.instrumentation.MonitoredCounterGroup.start(MonitoredCounterGroup.java:
95)] Component type: SINK, name: sink1 started
2023-03-26 15:25:20,234 (lifecycleSupervisor-1-0) [DEBUG - org.apache.flume.client.avro.ReliableSpoolingFileEventReader.<init>(ReliableSpoolingFil
eEventReader.java:169)] Initializing ReliableSpoolingFileEventReader with directory=/home/hadoop/log, metaDir=.flumespool, deserializer=LINE
2023-03-26 15:25:20,453 (SinkRunner-PollingRunner-DefaultSinkProcessor) [DEBUG - org.apache.flume.SinkRunner$PollingRunner.run(SinkRunner.java:141
)] Polling sink runner starting
2023-03-26 15:25:24,091 (lifecycleSupervisor-1-0) [DEBUG - org.apache.flume.client.avro.ReliableSpoolingFileEventReader.<init>(ReliableSpoolingFil
eEventReader.java:193)] Successfully created and deleted canary file: /home/hadoop/log/flume-spooldir-perm-check-7895781325987117276.canary
2023-03-26 15:25:24,114 (lifecycleSupervisor-1-0) [DEBUG - org.apache.flume.source.SpoolDirectorySource.start(SpoolDirectorySource.java:122)] Spoo
lDirectorySource source started
2023-03-26 15:25:24,115 (lifecycleSupervisor-1-0) [INFO - org.apache.flume.instrumentation.MonitoredCounterGroup.register(MonitoredCounterGroup.ja
va:119)] Monitored counter group for type: SOURCE, name: source1: Successfully registered new MBean.
2023-03-26 15:25:24,116 (lifecycleSupervisor-1-0) [INFO - org.apache.flume.instrumentation.MonitoredCounterGroup.start(MonitoredCounterGroup.java:
95)] Component type: SOURCE, name: source1 started
2023-03-26 15:25:50,120 (conf-file-poller-0) [DEBUG - org.apache.flume.node.PollingPropertiesFileConfigurationProvider$FileWatcherRunnable.run(Pol
lingPropertiesFileConfigurationProvider.java:131)] Checking file:/usr/local/src/flume/dir-hdfs.conf for changes
```

图 9-2　Flume 执行界面

那么在生产环境中,如果不小心关掉 Flume 执行界面该怎么办？有没有一种方法能让 Flume
在后台运行？想要 Flume 在后台运行，可执行如下命令。

```
nohup /usr/local/src/flume/bin/flume-ng agent -c /usr/local/src/flume/conf -f
/usr/local/src/flume/conf/dir-hdfs.conf -n ag1 1>/dev/null 2>&1 &
```

参数说明如下。

- nohup：英文全称为 no hang up（不挂起），用于在系统后台不间断地运行命令，退出终端不会影响程序的运行。
- 1>/dev/null：表示将标准输出重定向到空设备文件，即不显示任何信息。
- 2>&1：将标准错误输出重定向到标准输出，因为之前标准输出已经重定向到了空设备文件，所以标准错误输出也重定向到空设备文件。

在 Shell 中，每个进程都和 3 个系统文件相关联：标准输入 stdin、标准输出 stdout、标准错误 stderr。这 3 个系统文件的文件描述符分别为 0、1、2，所以这里 2>&1 的意思就是将标准错误输出重定向到标准输出。

任务四 采集文件数据到 HDFS

📖 任务描述

在实际生产环境中，业务系统使用 Log4j 生成日志，日志内容不断增加，需要把追加到日志文件中的数据实时采集到 HDFS 上。

📖 知识链接

本任务采集/root/log/目录下面的 access.log 文件数据到 HDFS，当该文件增加新的数据时就会被采集到 HDFS。根据任务需求，结合 Flume 工作原理，首先需要配置以下三大组件。

（1）数据源组件，也就是 Source。Source 类型为 exec，'tail-F file 表示监控文件内容更新。

（2）下沉组件，也就是 Sink。在本任务中 Sink 类型选择 HDFS。

（3）通道组件，也就是 Channel。Channel 类型可以选择 File Channel，也可以选择 Memory Channel。在本任务中选择 Memory Channel。

采集文件数据到 HDFS 的操作步骤如下。

① 在/usr/local/src/flume/conf 目录下创建 tail-hdfs.conf 文件，将该文件用作配置文件，读者也可以使用其他文件名，命令如下所示。

```
vi tail-hdfs.conf
```

采集/root/log/目录下面的 access.log 文件，在 tail-hdfs.conf 文件中增加如下内容。

```
#定义三大组件的名称
agent1.sources = source1
agent1.sinks = sink1
agent1.channels = channel1

# 配置 Source 组件
agent1.sources.source1.type=exec
agent1.sources.source1.command=tail -F /root/log/access.log
agent1.sources.source1.channels=channel1

#配置 Source 主机
agent1.sources.source1.interceptors=i1
agent1.sources.source1.interceptors.i1.type=host
agent1.sources.source1.interceptors.i1.hostHeader=hostname
```

```
# 配置 Sink 组件
agent1.sinks.sink1.type=hdfs
agent1.sinks.sink1.hdfs.path=hdfs://master:9000/access_log/%y-%m-%d/%H-%M
agent1.sinks.sink1.hdfs.filePrefix=access_log
agent1.sinks.sink1.hdfs.maxOpenFiles=5000
agent1.sinks.sink1.hdfs.batchSize=100
agent1.sinks.sink1.hdfs.fileType=DataStream
agent1.sinks.sink1.hdfs.writeFormat=Text
agent1.sinks.sink1.hdfs.rollSize=102400
agent1.sinks.sink1.hdfs.rollCount=1000000
agent1.sinks.sink1.hdfs.rollInterval=60
agent1.sinks.sink1.hdfs.round=true
agent1.sinks.sink1.hdfs.roundValue=10
agent1.sinks.sink1.hdfs.roundUnit=minute
agent1.sinks.sink1.hdfs.useLocalTimeStamp=true
# 配置 Channel 组件
agent1.channels.channel1.type=memory
agent1.channels.channel1.keep-alive=120
agent1.channels.channel1.capacity=500000
agent1.channels.channel1.transactionCapacity=600
# 绑定 Source、Channel 和 Sink 之间的连接
agent1.sources.source1.channels=channel1
agent1.sinks.sink1.channel=channel1
```

② 编写 Shell 脚本，模拟日志文件，该脚本能够自动往/root/log/access.log 文件中追加内容。新建 date.sh 文件，在 date.sh 文件中添加如下内容。

```
#!/bin/bash
while true
    do
        echo `date`>>/root/log/access.log
        sleep 0.3
    Done
```

执行脚本文件 date.sh，命令如下所示。

```
sh date.sh
```

③ 启动 FLume Agent，验证/root/log/acess.log 文件中新增的内容是否能够被采集到 HDFS，命令如下所示。

```
/usr/local/src/flume/bin/flume-ng agent -c /usr/local/src/flume/conf -f /usr/local/src/flume/
conf/tail-hdfs.conf -n agent1 -D flume.root.logger=DEBUG,console
```

任务五　采集端口数据到 HDFS

任务描述

做实时计算时，有时候数据会通过端口产生，此时应将端口数据采集到 HDFS 上。

知识链接

根据需求，首先配置以下三大组件。

（1）数据源组件，也就是 Source。Source 类型选择 netcat。

（2）下沉组件，也就是 Sink。Sink 类型选择 HDFS。

（3）通道组件，也就是 Channel。Channel 类型可以选择 File Channel，也可以选择 Memory Channel。在本任务中选择 Memory Channel。

采集端口数据到 HDFS 的操作步骤如下。

① 在/usr/local/src/flume/conf 目录下创建 netcat-hdfs.conf 文件，将该文件用作配置文件，读者也可以使用其他文件名，命令如下所示。

```
vi netcat-hdfs.conf
```

在/usr/local/src/flume 目录下创建 netcat-hdfs.conf，在 netcat-hdfs.conf 文件中添加如下内容。

```
#指定 Source 的别名为 r1
a1.sources = r1
#指定 Sink 的列别名为 k1
a1.sinks = k1
#指定 Channel 的别名为 c1
a1.channels = c1
# source
#指定 Source 的类型
a1.sources.r1.type = netcat
#指定 Source 的主机名
a1.sources.r1.bind = master
#指定 Source 的端口
a1.sources.r1.port = 44444
# 配置 Sink 组件
a1.sinks.k1.type = hdfs
a1.sinks.k1.hdfs.path =hdfs://master:9000/access_log/%y-%m-%d/%H-%M
a1.sinks.k1.hdfs.fileType = DataStream
a1.sinks.k1.hdfs.writeFormat =Text

## 控制生成目录的规则
a1.sinks.k1.hdfs.round = true
a1.sinks.k1.hdfs.roundValue = 10
a1.sinks.k1.hdfs.roundUnit = minute
a1.sinks.k1.hdfs.useLocalTimeStamp = true

# 配置 Channel 组件
a1.channels.c1.type = memory
## Event 条数
a1.channels.c1.capacity = 500000
##控制 Flume 事务所需要的缓存容量为 600 条 Event
a1.channels.c1.transactionCapacity = 600
# 绑定 Source、Channel 和 Sink 之间的连接
a1.sources.s1.channels = channel1
ag1.sinks.k1.channel = channel1
```

② 启动 Flume Agent，验证端口数据是否能够被采集到 HDFS，命令如下所示。

```
/usr/local/src/flume/bin/flume-ng agent -c /usr/local/src/flume/conf -f /usr/local/src/flume/
conf/netcat-hdfs.conf -n a1 -D flume.root.logger=DEBUG,console
```

③ 再打开一个 Xshell 终端，启动 telnet 测试，启动 44444 为监听的端口，命令如下所示。

```
telnet master 44444
```

项目实训

（1）安装Flume，并查看Flume版本号信息。

（2）在/root目录下创建待采集的目录test，test目录中存放日志数据，采集test目录内的日志数据到HDFS。

（3）启动telnet，采集44445端口中的数据到HDFS。

项目小结

Flume是Cloudera提供的一个高可用、高可靠、分布式的海量日志采集、聚合和传输的系统。Flume支持在日志系统中定制各类数据发送方，用于收集数据。Flume提供对数据进行简单处理，并写到各种数据接收方的能力。

本项目首先介绍了Flume的基础知识和工作机制；然后介绍了Flume的安装与配置；最后介绍了使用Flume进行数据采集，包括采集日志数据到HDFS、采集文件数据到HDFS、采集端口数据到HDFS。

项目考核

一、选择题

1. Flume数据传输的基本单元是（   ）。

    A. Event   B. Client   C. Channel   D. Sink

2. Flume的Agent不包括（   ）。

    A. Source   B. Channel   C. Sink   D. Data

3. Flume采集到的数据不可以输出到（   ）。

    A. HDFS   B. HBase   C. MySQL   D. Kafka

4. 关于Flume的三大组件以下说法正确的是（   ）。

    A. Channel可以和任意数量的Source和Sink连接

    B. Channel只能连接单一的Source和Sink

    C. Sink起着桥梁的作用

    D. Sink从Channel消费数据并将其传递给目标地，目标地只能是HDFS

二、简答题

1. 简述Flume中Source、Sink、Channel的作用。

2. 试描述如何将文件中的数据采集到HDFS。

项目十
Kafka实战

项目导读

Kafka 是由 Apache 软件基金会开发的一个开源消息系统项目。Kafka 集群依赖于 ZooKeeper 集群保存一些元数据信息来保证系统可用性。

本项目首先介绍消息队列、Kafka 的特性和工作机制等，然后介绍 Kafka 的安装和组件验证部署，最后介绍 Kafka API。

项目目标

素质目标	知识目标	技能目标
➤ 通过对 RocketMQ 消息队列的学习，了解我国现有消息队列的发展，体会我国自主创新能力。 ➤ 养成事前调研、做好准备工作的习惯。 ➤ 贯彻互助共享的精神	➤ 掌握 Kafka 的概念。 ➤ 了解 Kafka 的特性。 ➤ 了解 Kafka 的工作机制	➤ 掌握 Kafka 的安装与组件验证部署。 ➤ 能够灵活使用Java 编写Kafka API

课前学习

选择题

1. Kafka的设计初衷不包括（　　）。
   - A. 处理海量日志
   - B. 用户行为统计
   - C. 网站运营统计
   - D. 数据转换

2. 以下不是Kafka特性的是（　　）。
   - A. 分布式
   - B. 高吞吐量
   - C. 支持多分区
   - D. 单副本

任务一　Kafka 概述

任务描述

Kafka 是一个分布式消息队列。Kafka 保存消息时根据主题（Topic）对之进行归类，消息发送者称为生产者（Producer），消息接收者称为消费者（Consumer）。此外，Kafka 集群由多个 Kafka 实例组成，每个实例称为 Broker。

知识链接

一、消息队列

消息队列是基于队列与消息传递技术，在网络环境中为应用系统提供同步或异步、可靠消息传输的支撑性软件系统。消息队列利用高效、可靠的消息传递机制进行平台无关的数据传输，并基于数据通信来进行分布式系统的集成。通过提供消息传递和消息排队模型，消息队列可以在分布式环境下扩展进程间的通信。消息队列常见的模式有点对点模式和发布/订阅模式两种。

1. 点对点模式

点对点模式为一对一模式，Consumer 主动拉取数据，在收到消息并确认后，Consumer 会清除消息信息。Producer 生产消息发送到消息队列（Message Queue）中，然后 Consumer 从消息队列中取出并且消费消息。消息被消费以后，消息队列中不再有存储，所以 Consumer 不可能消费到已经被消费的消息。消息队列支持存在多个 Consumer，但是对一个消息而言，只会有一个 Consumer 可以消费。点对点模式如图 10-1 所示。

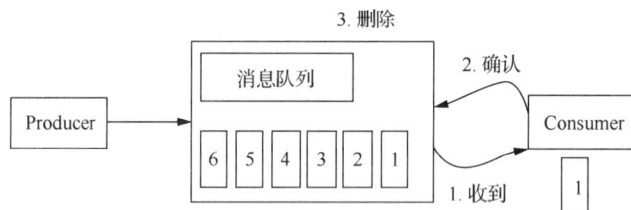

图 10-1　点对点模式

2. 发布/订阅模式

发布/订阅模式为一对多模式，Consumer 消费消息之后不会清除消息，当 Producer 将消息发布到 Topic 中时，会同时有多个 Consumer 消费该消息。和点对点模式不同，发布到 Topic 的消息会被所有 Consumer 消费。发布/订阅模式如图 10-2 所示。

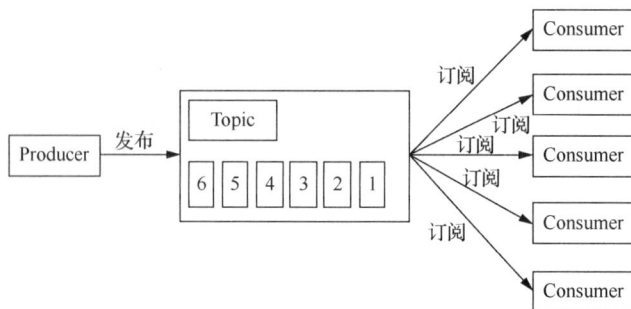

图 10-2　发布/订阅模式

消息队列的主要作用体现在以下几个方面。

1. 解耦

允许独立扩展或修改 Producer 和 Consumer 的处理过程，只要确保它们遵守同样的接口约束。

2. 冗余

消息队列对数据进行持久化，直到它们已经被完全处理，通过这一方式可规避数据丢失风险。许多消息队列所采用的"插入—获取—删除"范式中，在把一个消息从队列中删除之前，需要处理系统明确指出该消息已经被处理完毕，从而确保数据被安全地保存直到使用完毕。

3. 扩展性

消息队列可以通过增加集群节点数量或分区数量来提高整体的消息处理能力。

4. 灵活性和峰值处理能力

在访问量剧增的情况下，应用仍然需要继续发挥作用，但是这样的突发流量并不常见。如果以能处理这类峰值访问为标准来投入资源随时待命，无疑是巨大的浪费。使用消息队列能够使关键组件顶住突发的访问压力，而不会因为突发的超负荷请求而完全崩溃。

5. 可恢复性

系统的一部分组件失效时，不会影响到整个系统。消息队列降低了进程间的耦合度，所以即使一个处理消息的进程失效，加入队列中的消息仍然可以在系统恢复后被处理。

6. 顺序保证

在大多使用场景下，数据处理的顺序都很重要。大部分消息队列本来就是有序的，并且能保证数据按照特定的顺序来处理。Kafka 可保证一个分区（Partition）内的消息的有序性。

7. 缓冲

有助于控制和优化数据流经过系统的速度，解决生产消息和消费消息处理速度不一致的问题。

8. 异步通信

很多时候，用户不想也不需要立即处理消息。消息队列提供了异步处理机制，允许用户把一个消息放入队列且并不立即处理。异步通信使得用户想向队列中放入多少消息就放多少，然后在需要的时候再去处理它们。

二、Kafka 简介

Kafka 是由 Apache 软件基金会开发的一个开源流处理平台，由 Scala 和 Java 编写。Kafka 是一种高吞吐量的分布式发布订阅消息系统。它可以处理 Consumer 在网站中的所有动作流数据。对于像 Hadoop 一样的日志数据和离线分析系统，若又要求实时处理，使用 Kafka 是一个可行的解决方案。Kafka 可通过 Hadoop 的并行加载机制来统一线上和离线的消息处理，也可通过集群来提供实时的消息。

Kafka 的诞生是为了解决 LinkedIn 的数据管道问题。起初 LinkedIn 采用 ActiveMQ 来进行数据交换，那时的 ActiveMQ 还远远无法满足 LinkedIn 对消息传递的要求，经常由于各种缺陷而导致消息阻塞或者服务无法正常访问。为了解决这个问题，LinkedIn 决定研发自己的消息传递系统 Kafka。

Kafka 是一个分布式的、基于发布/订阅模式的消息队列，主要应用于大数据实时处理领域。Kafka 是一个分布式的流式处理平台，以高吞吐、可持久化、可水平扩展、支持流数据处理等多种特性而被广泛使用。

Kafka 有如下特性。

（1）通过磁盘数据结构提供消息的持久化，这种结构对于 TB 级别的消息存储也能够保持长时间的稳定性能。

（2）高吞吐量。即使基于普通的硬件，Kafka 也可以支持每秒数百万条的消息，支持通过 Kafka 服务器和消费集群对消息进行分区。

（3）解耦合。消息队列提供了接口，Producer 和 Consumer 能够独立完成读操作和写操作。

（4）信息传输快。以时间复杂度为 $O(1)$ 的方式提供持久化能力，对 TB 级以上数据也能保证常数级时间复杂度的访问性能。

（5）可提供持久化。消息存储在中间件上，数据持久化，直到全部被处理完，通过这一方式可规避数据丢失的风险。

Kafka 的主要功能体现在以下几个方面。

（1）消息系统：Kafka 与传统的消息中间件都具备系统解耦、冗余存储、流量削峰、缓冲、异步通信、扩展性、可恢复性等功能。与此同时，Kafka 还提供了大多数消息系统难以实现的消息顺序性保障及回溯性消费的功能。

（2）存储系统：Kafka 把消息持久化到磁盘，相比其他基于内存存储的系统，能有效降低消息丢失的风险，这得益于其消息持久化和多副本机制。用户也可以将 Kafka 作为长期的存储系统来使用，只需要把对应的数据保留策略设置为"永久"或启用 Topic 日志压缩功能。

（3）流式处理平台。Kafka 为流式处理框架提供了可靠的数据来源，还提供了一个完整的流式处理框架，支持窗口、连接、变换和聚合等各类操作。

典型的 Kafka 体系架构包括若干 Producer、若干 Consumer，以及一个 ZooKeeper 集群。Producer 将消息发送到 Broker，Broker 负责将收到的消息存储到磁盘中，而 Consumer 负责从 Broker 订阅并消费消息。Kafka 体系架构如图 10-3 所示。

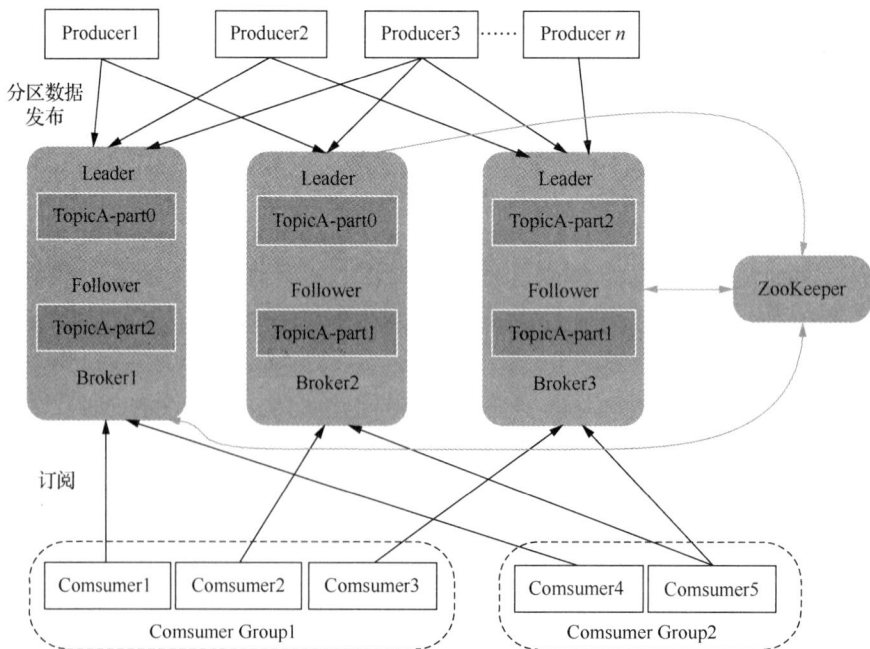

图 10-3　Kafka 体系架构

- Producer：消息生产者，即向 Kafka Broker 发消息的客户端。
- Consumer：消息消费者，即向 Kafka Broker 取消息的客户端。
- Consumer Group（CG）：消费者组，由多个 Consumer 组成。消费者组内每个 Consumer 负责消费不同分区的数据，一个分区只能由一个 Consumer 消费，消费者组之间互不影响。每一个 Consumer 都属于某个消费者组，即每一个消费者组是一个逻辑上的订阅者。

- Broker：一台 Kafka 服务器就是一个 Broker，一个集群由多个 Broker 组成。一个 Broker 可以容纳多个 Topic。

- Topic：可以理解为一个队列，Producer 和 Consumer 面向的都是某个 Topic。

- Partition：为了实现扩展性，一个非常大的 Topic 可以分布到多个 Broker（即服务器）上，一个 Topic 可以分为多个 Partition，每个 Partition 是一个有序的队列。Partition 中的每条消息都会被分配一个有序的 id（offset）。Kafka 只保证按一个 Partition 中的顺序将消息发给 Consumer，不保证一个 Topic 的整体（多个 Partition 间）顺序。

- Leader：每个分区多个副本中的"主"。生产者发送数据的对象，以及消费者消费数据的对象都是 Leader。

- Follower：每个分区多个副本中的"从"。Follower 实时从 Leader 中同步数据，保持和 Leader 数据的同步。当 Leader 发生故障时，某个 Follower 会成为新的 Leader。

- offset：Kafka 的存储文件都是按照 offset.kafka 来命名，用 offset 做名字的好处是方便查找。想找位于 2049 的位置，找到文件 2048.kafka 即可（第一个 offset 是 0000.kafka）。

结合 Kafka 的特点，Kafka 适用场景有信息系统、网站活动追踪、监控、日志收集、流处理、事件溯源、提交日志等。

三、Kafka 工作机制

Kafka 中消息是以 Topic 进行分类的，Producer 生产消息、Consumer 消费消息，都是面向 Topic 的。Kafka 工作流程如图 10-4 所示。

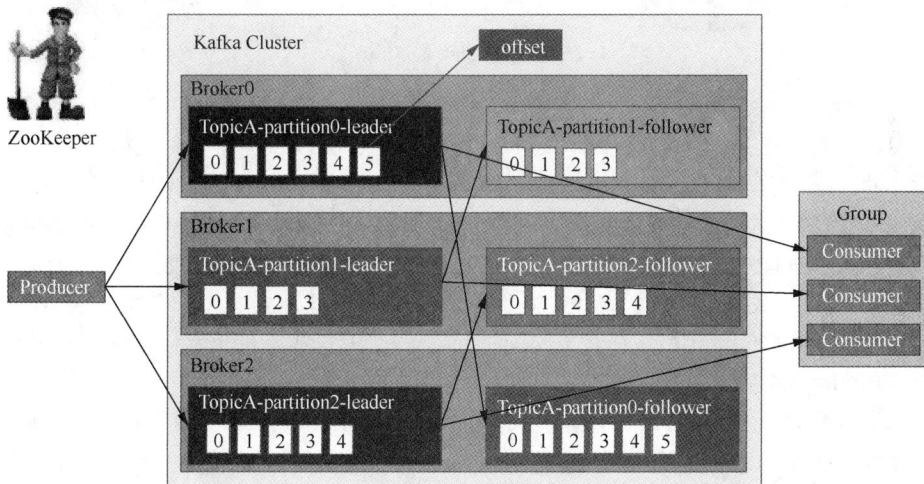

图 10-4　Kafka 工作流程

1. Kafka Producer

（1）Kafka Producer 采用分区的策略。Kafka Producer 采用分区策略的原因主要体现在以下两个方面。

① 方便在集群中扩展。每个 Partition 可以通过调整以适应它所在的计算机，而一个 Topic 又可以由多个 Partition 组成，因此，整个集群就可以适应任意大小的数据。

② 提高并发。因为 Kafka Producer 可以以 Partition 为单位读写。

Kafka Producer 需要将 Producer 发送的数据封装成 ProducerRecord 对象。Kafka 生产者分区的原则主要体现在以下 3 个方面。

① 在指明 Partition 的情况下，直接将指明的值作为 Partition 值。

② 在没有指明 Partition 值但有 Key 值的情况下，将 Key 值的 Hash 值与 Topic 的 Partition 数进行取余得到 Partition 值。

③ 在既没有 Partition 值又没有 Key 值的情况下，第一次调用时随机生成一个整数（后面每次调用在这个整数上自增），将这个整数与 Topic 可用的 Partition 总数取余得到 Partition 值（也就是常说的 round-robin 算法）。

（2）数据可靠性保证。为了提高消息的可靠性，Kafka 每个 Topic 的 Partition 有 N 个副本，其中一个为 Leader，其他都为 Follower。Leader 处理 Partition 的所有读写请求，与此同时，Follower 会被动定期地去复制 Leader 上的数据。Kafka 副本机制如图 10-5 所示。

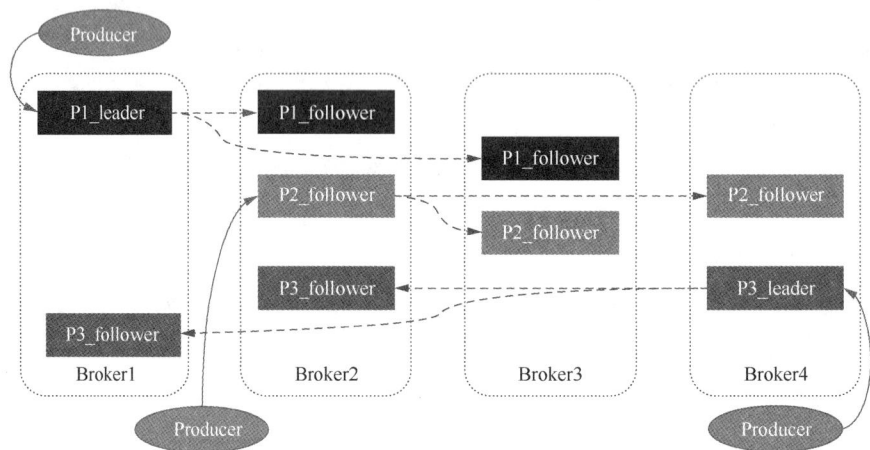

图 10-5　Kafka 副本机制

2. Kafka Consumer

（1）Kafka 的消费方式。Consumer 采用 Pull（拉）模式从 Broker 中读取数据。Push（推）模式很难适应消费速度不同的 Consumer，因为消息发送速度是由 Broker 决定的。它的目标是尽可能以最快速度传递消息，但是这样很容易造成 Consumer 来不及处理消息，典型的表现就是拒绝服务以及网络拥塞。而 Pull 模式则可以根据 Consumer 的消费能力以适当的速度消费消息。

Pull 模式的不足之处是，如果 Kafka 没有数据，Consumer 可能会陷入循环中，一直返回空数据。针对这一点，Kafka 的 Consumer 在消费数据时会传入一个时长参数 timeout，如果当前没有数据可供消费，Consumer 会等待一段时间之后再返回，这段时长即为 timeout。

（2）分区分配策略。一个 Consumer Group 中有多个 Consumer，一个 Topic 有多个 Partition，所以必然会涉及 Partition 的分配问题，即确定哪个 Partition 由哪个 Consumer 来消费。Kafka 有 roundrobin 和 range 两种分配策略。

3. ZooKeeper 在 Kafka 中的作用

Kafka 的正常运行离不开 ZooKeeper，ZooKeeper 在 Kafka 中的作用主要体现在以下两个方面。

（1）ZooKeeper 负责 Broker 的注册。Broker 是分布式部署的且相互之间独立，但是需要有一个注册系统将整个集群中的 Broker 管理起来，这个注册系统就是 ZooKeeper。在 ZooKeeper 上会有一个专门用来进行 Broker 服务器列表记录的节点。

（2）ZooKeeper 负责 Topic 注册。在 Kafka 中，同一个 Topic 的消息会被分成多个 Partition 并分布在多个 Broker 上，这些 Partition 信息及与 Broker 的对应关系也由 ZooKeeper 维护，由专门的节点来记录。

扩展阅读

RocketMQ

RocketMQ 是由阿里巴巴捐赠给 Apache 的一款低延迟、高并发、高可用、高可靠的分布式消息中间件。RocketMQ 既可为分布式应用系统提供异步解耦和削峰填谷的能力，也具备互联网应用所需的海量消息堆积、高吞吐、可靠重试等特性。

任务二 Kafka 的安装

任务描述

本任务主要介绍 Kafka 的安装及启动。

知识链接

安装 Kafka 之前，需要安装 Scala。Kafka 依赖于 ZooKeeper，所以在安装 Kafka 之前，同样也需要安装 ZooKeeper。ZooKeeper 的安装在项目六中已经介绍过，这里不再赘述。

一、安装 Scala

安装 Scala 的步骤如下，本书采用的安装包为 scala-2.11.8.tgz。

① 下载 scala-2.11.8.tgz 安装包。

② 使用 Xshell 软件的传输功能，将安装包传到 master 节点上的/usr/local/src 目录。

③ 将 scala-2.11.8.tgz 解压到/usr/local/src 目录，命令如下所示。

```
tar -zxvf /usr/local/src/scala-2.11.8.tgz -C /usr/local/src
```

④ 为了方便配置 Scala 系统环境变量，此处可以修改目录名，命令如下所示。

```
mv /usr/local/src/scala-2.11.8 /usr/local/src/scala
```

⑤ 配置 Scala 系统环境变量，打开文件/etc/profile，命令如下所示。

```
vi /etc/profile
```

在文件的末尾添加如下内容。

```
export SCALA_HOME=/usr/local/src/scala
export PATH=$PATH:$SCALA_HOME/bin
```

⑥ /etc/profile 文件配置完成之后，需要使修改的内容生效，命令如下所示。

```
source /etc/profile
```

⑦ 验证 Scala 是否安装成功，执行 scala 命令，出现图 10-6 所示界面则表示安装成功。

```
[root@hdp-01 src]# scala
Welcome to Scala 2.11.8 (Java HotSpot(TM) 64-Bit Server VM, Java 1.8.0_211).
Type in expressions for evaluation. Or try :help.

scala>
```

图 10-6 Scala 界面

⑧ 复制整个 Scala 安装目录到另外两个节点，命令如下所示。

```
scp -r /usr/local/src/scala root@slave1:/usr/local/src
scp -r /usr/local/src/scala root@slave2:/usr/local/src
```

⑨ 复制/etc/profile 文件到另外两个节点，命令如下所示。

```
scp -r /etc/profile root@slave1:/etc/profile
scp -r /etc/profile root@slave2:/etc/profile
```

⑩ 在 slave1 和 slave2 节点上刷新/etc/profile 文件，使得修改的内容生效，命令如下所示。

```
source /etc/profile
```

⑪ 验证 slave1 和 slave2 节点上的 Scala 是否安装成功，验证方法参照 master 节点上的验证方法。

二、Kafka 的安装步骤

本书采用的安装包为 kafka_2.11-1.0.0.tgz。安装 Kafka 的步骤如下。

① 下载 Kafka_2.11-1.0.0.tgz 安装包。

② 使用 Xshell 软件的传输功能，将安装包传到 master 节点上的/usr/local/src 目录。

③ 将 Kafka_2.11-1.0.0.tgz 解压到/usr/local/src 目录，命令如下所示。

```
tar -zxvf /usr/local/src/kafka_2.11-1.0.0.tgz -C /usr/local/src
```

④ 为了方便配置 Kafka 系统环境变量，此处可以修改 Kafka 安装目录名，命令如下所示。

```
mv /usr/local/src/kafka_2.11-1.0.0 /usr/local/src/kafka
```

⑤ 配置 Kafka 系统环境变量，打开文件/etc/profile，命令如下所示。

```
vi /etc/profile
```

在文件的末尾添加如下内容。

```
export KAFKA_HOME=/usr/local/src/kafka
export PATH=$PATH:$KAFKA_HOME/bin
```

⑥ /etc/profile 文件配置完成之后，需要使修改的内容生效，命令如下所示。

```
source /etc/profile
```

⑦ 复制/etc/profile 文件到另外两个节点，命令如下所示。

```
scp -r /etc/profile root@slave1:/etc/profile
scp -r /etc/profile root@slave2:/etc/profile
```

⑧ 在 slave1 和 slave2 节点上，刷新/etc/profile 文件，使得修改的内容生效，命令如下所示。

```
source /etc/profile
```

⑨ 修改 server.properties 文件。server.properties 文件位于/usr/local/src/kafka/config 目录下，打开 server.properties 文件的命令如下所示。

```
cd /usr/local/src/kafka/config
vi server.properties
```

具体修改内容如下所示。

```
#Broker 的全局唯一编号，不能重复
broker.id=0
#删除 Topic 功能使能
delete.topic.enable=true
#处理网络请求的线程数量
num.network.threads=3
#用来处理磁盘 I/O 的现成数量
num.io.threads=8
#发送套接字的缓冲区大小
socket.send.buffer.bytes=102400
#接收套接字的缓冲区大小
socket.receive.buffer.bytes=102400
#请求套接字的缓冲区大小
socket.request.max.bytes=104857600
```

```
#Kafka 运行日志存放路径
log.dirs=/usr/local/src/kafka/logs
#Topic 在当前 Broker 上的 Partition 个数
num.partitions=1
#用来恢复和清理 data 下数据的线程数量
num.recovery.threads.per.data.dir=1
#segment 文件保留的最长时间，超时将被删除
log.retention.hours=168
#配置连接 ZooKeeper 集群地址
zookeeper.connect=master:2181,slave1:2181,slave2:2181/kafka
```

在上述配置文件中，zookeeper.connect 和 broker.id 是在原来内容的基础上进行修改，delete.topic.enable 是新增加的。

⑩ 使用 scp 命令把 Kafka 分发到 slave1 和 slave2 节点上。

```
scp -r /usr/local/src/kafka/ root@slave1:/usr/local/src/kafka/
scp -r /usr/local/src/kafka/ root@slave2:/usr/local/src/kafka/
```

⑪ 复制/etc/profile 文件到另外两个节点，命令如下所示。

```
scp -r /etc/profile root@slave1:/etc/profile
scp -r /etc/profile root@slave2:/etc/profile
```

⑫ 在 slave1 和 slave2 节点上，刷新/etc/profile 文件，使得修改的内容生效，命令如下所示。

```
source /etc/profile
```

⑬ 修改 slave1 和 slave2 节点上的 server.properties 文件。

在 slave1 节点上修改 server.properties 文件，将 broker.id 修改为如下。

```
broker.id=1
```

在 slave2 节点上修改 server.properties 文件，将 broker.id 修改为如下。

```
broker.id=2
```

⑭ 启动 Kafka 集群。依次在 master、slave1、slave2 节点上启动 Kafka，命令如下所示。

```
[root@master kafka]#kafka-server-start.sh $KAFKA_HOME/config/server.properties
[root@slave1 kafka]#kafka-server-start.sh $KAFKA_HOME/config/server.properties
[root@slave2 kafka]#kafka-server-start.sh $KAFKA_HOME/config/server.properties
```

任务三 组件验证部署

任务描述

本任务介绍 Kafka 的组件验证部署，包括在 master 上启动 Producer 生产数据，在 slave1 上启动 Consumer 消费数据。

知识链接

Kafka 安装成功之后，Kafka 组件验证部署步骤如下所示。

① 打开一个新的 master 终端，创建一个名为 hello 的 Topic，命令如下所示。

```
/usr/local/src/kafka/bin/kafka-topics.sh --create --zookeeper master:2181,slave1:2181,
slave2:2181 --replication-factor 2 --topic hello --partitions 1
```

参数说明：create 参数代表创建 Topic，zookeeper 参数为 ZooKeeper 集群的主机名，replication-factor 参数代表生成多少个副本文件，topic 参数为 Topic 的名称，partitions 参数指定分区数。

② 创建 Topic 之后，可以查看 Topic 是否创建成功，命令如下所示。

/usr/local/src/kafka/bin/kafka-topics.sh --list --zookeeper master:2181,slave1:2181,
slave2:2181

③ 在 master 节点创建一个 Producer，使用 kafka-console-producer.sh 脚本来创建，命令
如下所示。

/usr/local/src/kafka/bin/kafka-console-producer.sh --broker-list master:9092,slave1:9092,
slave2:9092 --topic hello

参数说明：broker-list 参数指定服务器。在 Kafka 集群中包含一个或多个服务器，这种服务器被
称为 Broker；topic 参数指定在哪个 Topic 上创建 Producer。

④ 打开一个新的 slave1 终端，使用 kafka-console-consumer.sh 脚本来创建 Consumer，命
令如下所示。

/usr/local/src/kafka/bin/kafka-console-consumer.sh --zookeeper master:2181,slave1:2181,
slave2:2181 --topic hello --from-beginning

参数说明：zookeeper 参数为 ZooKeeper 集群的主机名；topic 指定在 hello 上创建 Consumer，
from-beginning 读取历史未消费的数据。

⑤ 在创建的 Producer 中输入信息，在创建的生产者的终端中输出信息，如图 10-7 所示。

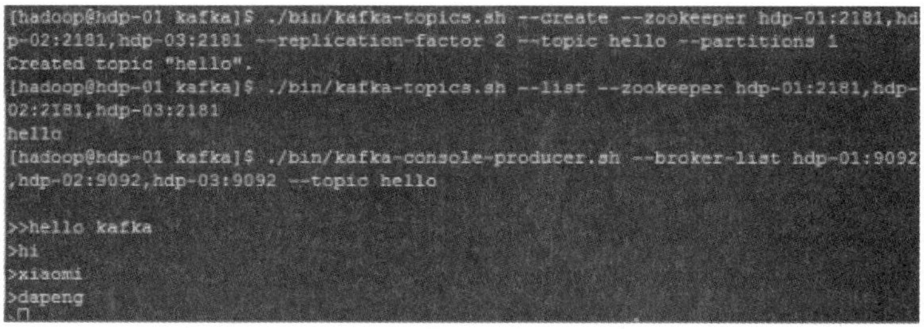

图 10-7　输入信息

⑥ 在创建的 Consumer 中输出信息，如图 10-8 所示。

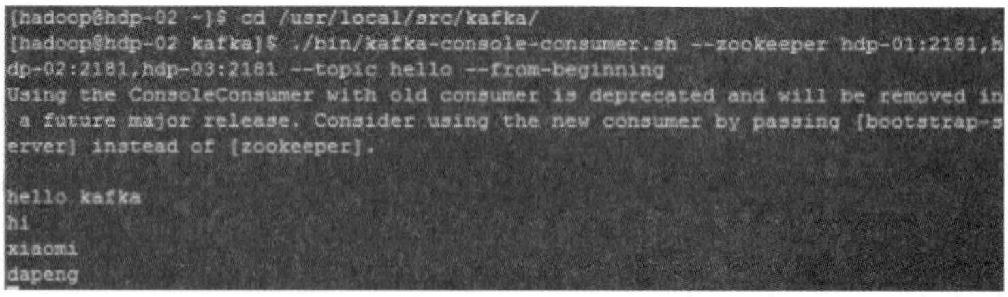

图 10-8　输出信息

课外拓展

启动 Kafka 服务之后，会出现图 10-9 所示的服务界面，该界面不能关闭，如果关闭，Kafka
服务就会被关闭。

Kafka 服务界面启动后，如果进行 Linux 终端操作，需要重新打开一个终端界面，若想让
Kafka 服务在后台启动，可以使用输出重定向的方式实现，具体命令如下所示。

nohup /usr/local/src/kafka/bin/kafka-server-start.sh /usr/local/src/kafka/config/server.
properties 1>/dev/null 2>&1 &

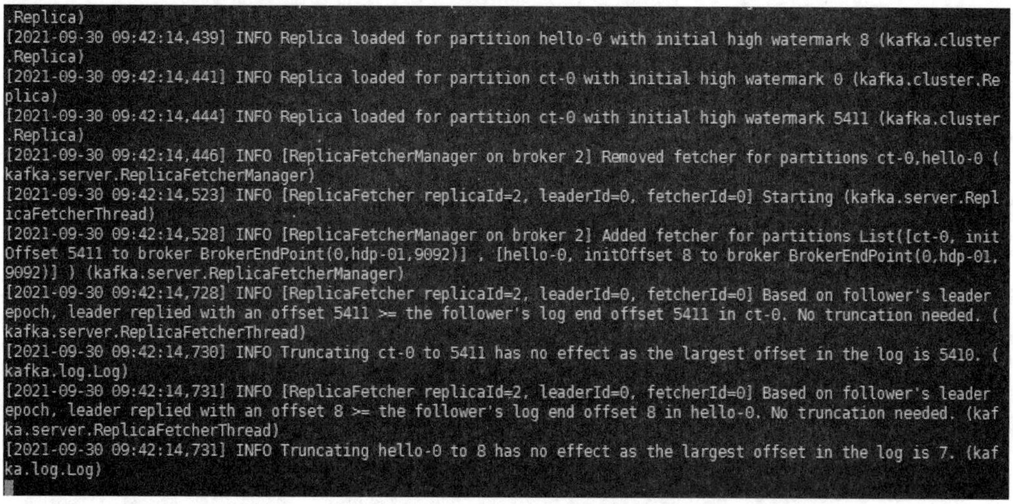

图 10-9　Kafka 服务界面

/dev/null 表示空设备文件；nohup 放在命令的开头，表示不挂起，关闭终端或者退出某个账号，进程也继续保持运行状态，一般配合&符号使用。

任务四　Kafka API

任务描述

Kafka 的核心 API 有 Producer API、Consumer API、Streams API、Connect API。

知识链接

Kafka 有 4 个核心 API，介绍如下。

- Producer API：允许应用程序向一个或多个 Topic 发送消息记录。
- Consumer API：允许应用程序订阅一个或多个 Topic，并处理为其生成的记录流。
- Streams API：允许应用程序作为流处理器，从一个或多个 Topic 中消费输入流并为其生成输出流，有效地将输入流转换为输出流。
- Connect API：允许构建和运行将 Topic 连接到现有应用程序或数据系统的可用 Producer 和 Consumer。

一、消息发送流程

Kafka 的 Producer 发送消息采用的是异步发送的方式。在消息发送的过程中，涉及两个线程（分别是 main 线程和 Sender 线程），以及一个线程共享变量 RecordAccumulator。main 线程将消息发送给 RecordAccumulator，Sender 线程不断从 RecordAccumulator 中拉取消息并将之发送到 Broker。Producer 发送消息流程如图 10-10 所示。

Producer 发送消息流程中涉及的参数如下。

- batch.size：只有消息积累到 batch.size 之后，Sender 才会发送消息。
- linger.ms：如果消息迟迟未达到 batch.size，Sender 等待 linger.ms 之后就会发送消息。

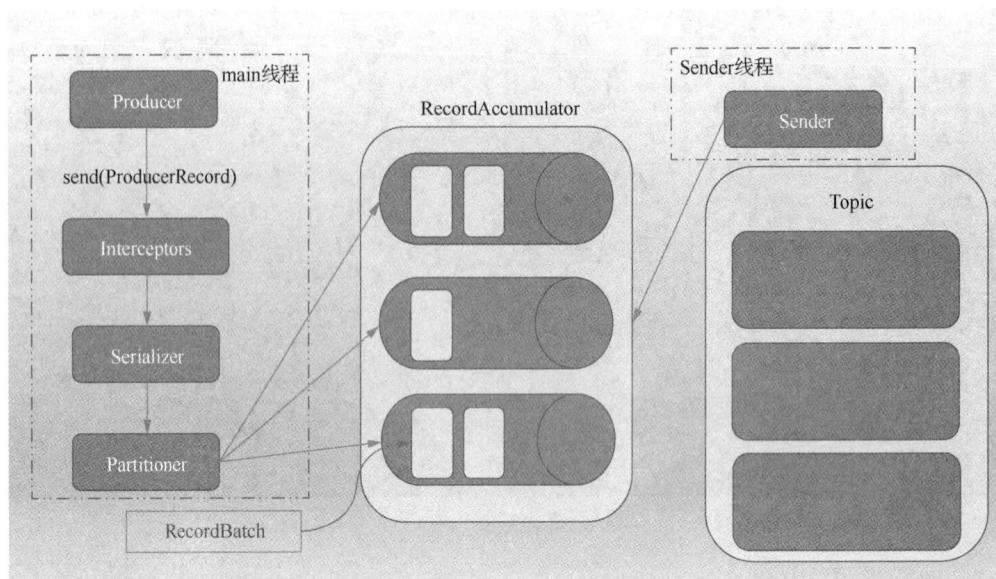

图 10-10　Producer 发送消息流程

二、异步发送 API

异步发送需要用到的类如下。

- KafkaProducer：需要创建一个 Producer 对象用来发送数据。
- ProducerConfig：获取所需的一系列配置参数。
- ProducerRecord：每条数据都要封装成一个 ProducerRecord 对象。

（1）不带回调函数的 API。创建不带回调函数的客户端，代码如下所示。

```java
import org.apache.kafka.clients.producer.*;

import java.util.Properties;
import java.util.concurrent.ExecutionException;

public class CustomProducer {

    public static void main(String[] args) throws ExecutionException, InterruptedException {
        Properties props = new Properties();
        props.put("bootstrap.servers", "master:9092");//Kafka 集群，broker-list
        props.put("acks", "all");
        props.put("retries", 1);//重试次数
        props.put("batch.size", 16384);//批大小
        props.put("linger.ms", 1);//等待时间
        props.put("buffer.memory", 33554432);//RecordAccumulator 缓冲区大小
        props.put("key.serializer", "org.apache.Kafka.common.serialization.StringSerializer");
        props.put("value.serializer", "org.apache.Kafka.common.serialization.StringSerializer");

        Producer<String, String> producer = new KafkaProducer<>(props);
        for (int i = 0; i < 100; i++) {
```

```
            producer.send(new  ProducerRecord<String,  String>("first",  Integer.toString(i),
Integer.toString(i)));
        }
        producer.close();
    }
}
```

（2）带回调函数的 API。回调函数会在 Producer 收到 ack 时调用，为异步调用。该方法有两个参数，分别是 RecordMetadata 和 Exception。如果 Exception 为 null，说明消息发送成功；如果 Exception 不为 null，说明消息发送失败。

> **注意**　消息发送失败会自动重试，不需要在回调函数中手动重试。

带回调函数的 API 的代码如下所示。

```java
import org.apache.kafka.clients.producer.*;

import java.util.Properties;
import java.util.concurrent.ExecutionException;

public class CustomProducer {

    public static void main(String[] args) throws ExecutionException, InterruptedException {
        Properties props = new Properties();
        props.put("bootstrap.servers", "master:9092");//Kafka 集群，broker-list
        props.put("acks", "all"); // 或者 ("acks", "-1")，不能设为("acks", -1)
        props.put("retries", 1);//重试次数
        props.put("batch.size", 16384);//批大小
        props.put("linger.ms", 1);//等待时间
        props.put("buffer.memory", 33554432);//RecordAccumulator 缓冲区大小
        props.put("key.serializer", "org.apache.Kafka.common.serialization.StringSerializer");
        props.put("value.serializer", "org.apache.Kafka.common.serialization.StringSerializer");

        Producer<String, String> producer = new KafkaProducer<>(props);
        for (int i = 0; i < 100; i++) {
            producer.send(new  ProducerRecord<String,  String>("first",  Integer.toString(i),
Integer.toString(i)), new Callback() {

                //回调函数，该函数会在 Producer 收到 ack 时调用，为异步调用
                @Override
                public void onCompletion(RecordMetadata metadata, Exception exception) {
                    if (exception == null) {
                        System.out.println("success->" + metadata.offset() + ", topic: " +
metadata.topic() + ", partition: " + metadata.partition());
                    } else {
```

```
                    exception.printStackTrace();
                }
            }
        });
    }
    producer.close();
    }
}
```

三、Consumer API

Consumer 消费数据时的可靠性是很容易保证的，因为数据在 Kafka 中是持久化的，故不用担心数据丢失问题。

由于 Consumer 在消费过程中可能会出现断电宕机等故障，待 Consumer 恢复后，需要从故障前的位置继续消费，因此，Consumer 需要实时记录自己消费到了哪个 offset，以便故障恢复后继续消费。所以 offset 的维护是 Consumer 消费数据必须考虑的。

（1）自动提交 offset。自动提交 offset 需要用到的类如下。

- KafkaConsumer：需要创建一个 Consumer 对象用来消费数据。
- ConsumerConfig：获取所需的一系列配置参数。
- ConsuemrRecord：每条数据都要封装成一个 ConsumerRecord 对象。

为了能够专注于自己的业务逻辑，Kafka 提供了自动提交 offset 的功能。自动提交 offset 的相关参数如下。

- enable.auto.commit：是否开启自动提交 offset 功能。
- auto.commit.interval.ms：自动提交 offset 的时间间隔。

以下为自动提交 offset 的代码。

```java
import org.apache.Kafka.clients.consumer.ConsumerRecord;
import org.apache.Kafka.clients.consumer.ConsumerRecords;
import org.apache.Kafka.clients.consumer.KafkaConsumer;

import java.util.Arrays;
import java.util.Properties;

public class CustomConsumer {

    public static void main(String[] args) {
        Properties props = new Properties();
        props.put("bootstrap.servers", "master:9092");
        props.put("group.id", "test");
        props.put("enable.auto.commit", "true");
        props.put("auto.commit.interval.ms", "1000");
        props.put("key.deserializer", "org.apache.Kafka.common.serialization.StringDeserializer");
        props.put("value.deserializer", "org.apache.Kafka.common.serialization.StringDeserializer");
        KafkaConsumer<String, String> consumer = new KafkaConsumer<>(props);
        consumer.subscribe(Arrays.asList("first"));
        while (true) {
            ConsumerRecords<String, String> records = consumer.poll(100);
            for (ConsumerRecord<String, String> record : records)
```

```
                System.out.printf("offset = %d, key = %s, value = %s%n", record.offset(),
record.key(), record.value());
            }
        }
    }
```

（2）手动提交 offset。虽然自动提交 offset 十分简单、便利，但由于其是基于时间提交的，开发人员难以把握 offset 的提交时机。因此，Kafka 还支持手动提交 offset 的 API。

以下为手动提交 offset 的代码。

```java
import org.apache.kafka.clients.consumer.ConsumerRecord;
import org.apache.kafka.clients.consumer.ConsumerRecords;
import org.apache.kafka.clients.consumer.KafkaConsumer;

import java.util.Arrays;
import java.util.Properties;

/**
 * @author liubo
 */
public class CustomComsumer {

    public static void main(String[] args) {

        Properties props = new Properties();
        props.put("bootstrap.servers", "master:9092");//Kafka 集群
        props.put("group.id", "test");//消费者组，只要 group.id 相同，就属于同一个消费者组
        props.put("enable.auto.commit", "false");//关闭自动提交 offset
        props.put("key.deserializer", "org.apache.Kafka.common.serialization.
StringDeserializer");
        props.put("value.deserializer", "org.apache.Kafka.common.serialization.StringDeserializer");

        KafkaConsumer<String, String> consumer = new KafkaConsumer<>(props);
        consumer.subscribe(Arrays.asList("first"));//Consumer 订阅 Topic

        while (true) {
            ConsumerRecords<String, String> records = consumer.poll(100);//Consumer 拉
取数据
            for (ConsumerRecord<String, String> record : records) {
                System.out.printf("offset = %d, key = %s, value = %s%n", record.offset(),
record.key(), record.value());
            }
            consumer.commitSync();//提交 offset
        }
    }
}
```

本任务通过 Kafka 生产数据，通过 Consumer API 来消费 Kafka 生产的数据，最终在控制台输出消费的数据。读者可通过该案例熟悉 Kafka 中常见的 API。具体步骤如下。

1. 启动 Kafka 集群并创建 Producer

（1）启动 Kafka 集群。

在 master 节点上启动 Kafka 服务，命令如下所示。

```
/usr/local/src/kafka/bin/kafka-server-start.sh /usr/local/src/kafka/config/server.properties
```

在 slave1 节点上启动 Kafka 服务，命令如下所示。

```
/usr/local/src/kafka/bin/kafka-server-start.sh /usr/local/src/kafka/config/server.properties
```

在 slave2 节点上启动 Kafka 服务，命令如下所示。

```
/usr/local/src/kafka/bin/kafka-server-start.sh /usr/local/src/kafka/config/server.properties
```

（2）使用 kafka-console-producer.sh 脚本来创建 Producer，命令如下所示。

```
/usr/local/src/kafka/bin/kafka-console-producer.sh --broker-list master:9092,slave1:9092,
slave2:9092 --topic hello
```

2. 使用 IDEA 消费数据

（1）所依赖的 pom.xml 文件内容如下所示。

```xml
<dependency>
    <groupId>org.apache.Kafka</groupId>
    <artifactId>kafka-clients</artifactId>
    <version>1.0.0</version>
</dependency>
<dependency>
    <groupId>org.apache.Kafka</groupId>
    <artifactId>kafka_2.12</artifactId>
    <version>1.0.0</version>
</dependency>
```

（2）使用 Consumer API 来消费 Kafka 中的数据，代码如下所示。

```java
import org.apache.kafka.clients.consumer.ConsumerRecord;
import org.apache.kafka.clients.consumer.ConsumerRecords;
import org.apache.kafka.clients.consumer.KafkaConsumer;
import java.util.Arrays;
import java.util.Properties;
public class KafkaTest {
    public static void main(String[] args) {
        Properties props = new Properties();
        //Kafka 服务的地址，不需要指定所有的 Broker
        props.put("bootstrap.servers","master:9092");
        // 指定 Consumer Group
        props.put("group.id", "test");
        // 自动确认 offset
        props.put("enable.auto.commit", "true");
        // 自动确认 offset 的时间间隔
        props.put("auto.commit.interval.ms", "1000");
        // key 的序列化类
        props.put("key.deserializer", "org.apache.Kafka.common.serialization.StringDeserializer");
        // value 的序列化类
        props.put("value.deserializer", "org.apache.Kafka.common.serialization.StringDeserializer");
        //定义 Consumer
        KafkaConsumer<String,String> consumer = new KafkaConsumer<String,
String>(props);
```

```
//指定消费哪一个 Topic，可以同时订阅多个
consumer.subscribe(Arrays.asList("hello"));
//消费数据
while(true){
    //读取数据，读取的超时时间为 100ms
    ConsumerRecords<String, String> records = consumer.poll(100);
    for (ConsumerRecord<String, String> record : records) {
    //在控制台输出数据
        System.out.println("偏移量" + record.offset()+"\t 值" + record.value());
    }
  }
 }
}
```

任务五 案例分析

　　该案例通过 Kafka 与 Flume 组合完成数据收集。Flume 负责采集数据，Kafka API 负责完成数据的消费。具体操作步骤如下。

　　① 通过 Flume 采集端口数据到 Kafka。

　　在/usr/local/src/flume 目录下创建 netcat-kafka.conf 文件，在 netcat-kafka.conf 文件中添加如下内容。

```
#指定 sources 的列别名为 r1
a1.sources = r1
#指定 sinks 的列别名为 k1
a1.sinks = k1
#指定 channels 的列别名为 c1
a1.channels = c1
# 配置 Source 组件
#指定 sources 的类型
a1.sources.r1.type = netcat
#指定 sources 的主机名
a1.sources.r1.bind = master
#指定 sources 的端口
a1.sources.r1.port = 44444

# 配置 Sink 组件
#指定 sinks 的类型
a1.sinks.k1.type = org.apache.flume.sink.Kafka.KafkaSink
#指定 Kafka 中多个服务器名称
a1.sinks.k1.Kafka.bootstrap.servers = master:9092,slave1:9092,slave2:9092
#指定 Kafka 中 Topic 名称
a1.sinks.k1.Kafka.topic = hello
a1.sinks.k1.Kafka.flumeBatchSize = 20
a1.sinks.k1.Kafka.producer.acks = 1
a1.sinks.k1.Kafka.producer.linger.ms = 1
# 配置 Channel 组件
a1.channels.c1.type = memory
```

```
a1.channels.c1.capacity = 1000
a1.channels.c1.transactionCapacity = 100

# 绑定 Source、Channel 和 Sink 之间的连接
#将 sources 和 channels 连接
a1.sources.r1.channels = c1
#将 sinks 和 channels 连接
a1.sinks.k1.channel = c1
```

② 启动 Kafka 集群。

在 master 节点上启动 Kafka 服务，命令如下所示。

```
/usr/local/src/kafka/bin/kafka-server-start.sh /usr/local/src/kafka/config/server.properties
```

在 slave1 节点上启动 Kafka 服务，命令如下所示。

```
/usr/local/src/kafka/bin/kafka-server-start.sh /usr/local/src/kafka/config/server.properties
```

在 slave2 节点上启动 Kafka 服务，命令如下所示。

```
/usr/local/src/kafka/bin/kafka-server-start.sh /usr/local/src/kafka/config/server.properties
```

③ 使用 kafka-console-producer.sh 脚本来创建 Producer，命令如下所示。

```
/usr/local/src/kafka/bin/kafka-console-producer.sh --broker-list master:9092,slave1:9092,
slave2:9092 --topic hello
```

④ 启动 flume 进程，命令如下所示。

```
/usr/local/src/flume/bin/flume-ng agent -c ./conf -f ./netcat-Kafka.conf -n a1
-D flume.root.logger=DEBUG,console
```

⑤ 启动 telnet 测试。如果 telnet 没有安装，则需要先安装，命令如下所示。

```
yum install telnet-server
yum install telnet
```

安装完成之后，输入如下命令，其中 44444 为监听的端口号。

```
telnet master 44444
```

若端口被占用，查看端口被谁占用的命令如下所示。

```
netstat -nltp | grep 44444
```

然后可关闭相应进程。

⑥ 使用 IDEA 消费数据。

所依赖的 pom.xml 文件内容如下所示。

```
<dependency>
    <groupId>org.apache.Kafka</groupId>
    <artifactId>kafka-clients</artifactId>
    <version>1.0.0</version>
</dependency>
<dependency>
    <groupId>org.apache.Kafka</groupId>
    <artifactId>Kafka_2.12</artifactId>
    <version>1.0.0</version>
</dependency>
```

使用 Consumer API 来消费 Kafka 中的数据，代码如下所示。

```
import org.apache.Kafka.clients.consumer.ConsumerRecord;
import org.apache.Kafka.clients.consumer.ConsumerRecords;
import org.apache.Kafka.clients.consumer.KafkaConsumer;
import java.util.Arrays;
```

```
import java.util.Properties;
public class KafkaTest {
    public static void main(String[] args) {
        Properties props = new Properties();
        //Kafka 服务的地址，不需要指定所有的 Broker
        props.put("bootstrap.servers","master:9092");
        // 指定 Consumer Group
        props.put("group.id", "test");
        // 自动确认 offset
        props.put("enable.auto.commit", "true");
        // 自动确认 offset 的时间间隔
        props.put("auto.commit.interval.ms", "1000");
        // key 的序列化类
        props.put("key.deserializer", "org.apache.Kafka.common.serialization.StringDeserializer");
        // value 的序列化类
        props.put("value.deserializer", "org.apache.Kafka.common.serialization.StringDeserializer");
        //定义 Consumer
        KafkaConsumer<String,String> consumer = new KafkaConsumer<String,String>
(props);
        //指定消费哪一个 Topic，可以同时订阅多个
        consumer.subscribe(Arrays.asList("hello"));
        //消费数据
        while(true){
            //读取数据，读取的超时时间为 100ms
            ConsumerRecords<String, String> records = consumer.poll(100);
            for (ConsumerRecord<String, String> record : records) {
            //在控制台输出数据
                System.out.println("偏移量" + record.offset()+"\t 值" + record.value());
            }
        }
    }
}
```

📖 项目实训

1. 安装Kafka，并对其进行验证，在master上生产数据，在slave1上消费数据。
2. 编写Kafka API，通过Flume采集44446端口数据，并在Kafka中消费。

🖥 项目小结

Kafka是一种高吞吐量的分布式发布订阅消息系统，可以处理Consumer在网站中的所有动作流数据。

本项目首先介绍了消息队列、Kafka的特性和工作机制等，然后介绍了Kafka的安装和组件验证部署，最后介绍了Kafka API。

项目考核

简答题

1. ZooKeeper对于Kafka的作用是什么？
2. Kafka中的Broker是干什么的？

项目十一
综合案例分析

项目导读

　　本项目将介绍综合运用前面所学知识来进行招聘信息数据分析的方法。首先介绍如何使用 Flume 将数据采集到 HDFS；接下来介绍使用 MapReduce 进行数据预处理，包括重复值的处理、数据格式标准化处理、缺失值处理等；然后介绍使用 MapReduce 进行离线数据计算；最后通过 Hive 对数据进行分析。

项目目标

知识目标	技能目标	素质目标
➢ 掌握 Flume 的工作机制。 ➢ 掌握数据预处理的方法。 ➢ 掌握 MapReduce 的工作原理。 ➢ 掌握 Hive 的工作原理	➢ 学会使用 Flume 采集数据。 ➢ 学会使用 MapReduce 编写数据预处理代码和 MapReduce 程序。 ➢ 掌握 Hive 建表、查询等操作	➢ 养成事前调研、做好准备工作的习惯。 ➢ 贯彻互助共享的精神

课前学习

简答题
1. 谈谈大数据处理的流程。
2. 什么是数据预处理？数据预处理的主要目的是什么？

任务一　案例简介

本任务将介绍招聘大数据分析案例设计流程，让读者对大数据处理有宏观的理解。

本案例旨在构建就业岗位主动发现的技术体系，梳理就业自动化、智能化的业务流程及产品形式；建设高校就业基础数据库，开发智慧工作大数据服务平台，形成主动岗位监测和个性化需求匹配能力；解决高校促就业、企业招聘、学生就业过程中信息发现迟、匹配难、就业难等问题，实现重点检查岗位的全覆盖、准实时监测，以及重点个性化需求的招聘、求职全过程监控，全方位提升高就业、快就业能力和水平。

工作招聘信息的数据量是十分庞大的，每天会有大量企业发布各种招聘信息，求职者在海量数据中应如何查找到想要的就业信息？本案例借助于 Hadoop 技术，对工作招聘信息进行分析，为求职者提供简单明了的所需数据。

本案例将使用 Flume 进行数据采集，并对数据进行预处理，然后使用 MapReduce 和 Hive 对数据进行分析，得到求职者所需数据。

任务二　数据采集

本案例使用配套资源中的 salary.txt 数据源（位于/root/job/目录下）。首先使用 Flume 采集目录中的数据 salary.txt 到 HDFS，具体操作步骤如下。

（1）在/usr/local/src/flume/conf 目录下创建 job-hdfs.conf 文件，将该文件用作配置文件，命令如下所示。

```
vi job-hdfs.conf
```

在 job-hdfs.conf 文件中增加如下内容。

```
ag1.sources = source1
ag1.sinks = sink1
ag1.channels = channel1
ag1.sources.source1.type = spooldir
ag1.sources.source1.spoolDir = /root/job/
ag1.sources.source1.fileSuffix=.FINISHED
ag1.sources.source1.deserializer.maxLineLength=5120

ag1.sinks.sink1.type = hdfs
ag1.sinks.sink1.hdfs.path =hdfs://master:9000/access_job/%y-%m-%d/
ag1.sinks.sink1.hdfs.filePrefix = job_log
ag1.sinks.sink1.hdfs.fileSuffix = .log
ag1.sinks.sink1.hdfs.batchSize= 100
ag1.sinks.sink1.hdfs.fileType = DataStream
ag1.sinks.sink1.hdfs.writeFormat =Text
ag1.sinks.sink1.hdfs.rollSize = 512000
ag1.sinks.sink1.hdfs.rollCount = 1000000

ag1.sinks.sink1.hdfs.round = true
ag1.sinks.sink1.hdfs.roundValue = 10
ag1.sinks.sink1.hdfs.roundUnit = minute
ag1.sinks.sink1.hdfs.useLocalTimeStamp = true
```

```
ag1.channels.channel1.type = memory
ag1.channels.channel1.capacity = 500000
ag1.channels.channel1.transactionCapacity = 600


ag1.sources.source1.channels = channel1
ag1.sinks.sink1.channel = channel1
```

上述配置文件中 access_job 为数据采集到的目录。

（2）启动 Flume Agent，将/root/job/目录下新增的目录内容采集到 HDFS，命令如下所示。

```
/usr/local/src/flume/bin/flume-ng agent -c /usr/local/src/flume/conf -f /usr/local/src/flume/
conf/job-hdfs.conf -n ag1 -D flume.root.logger=DEBUG,console
```

（3）查看数据是否已经成功采集。查看前 20 条记录所使用的命令如下所示。结果如图 11-1 所示。

```
hadoop fs -cat /access_job/23-02-26/*|head -20
```

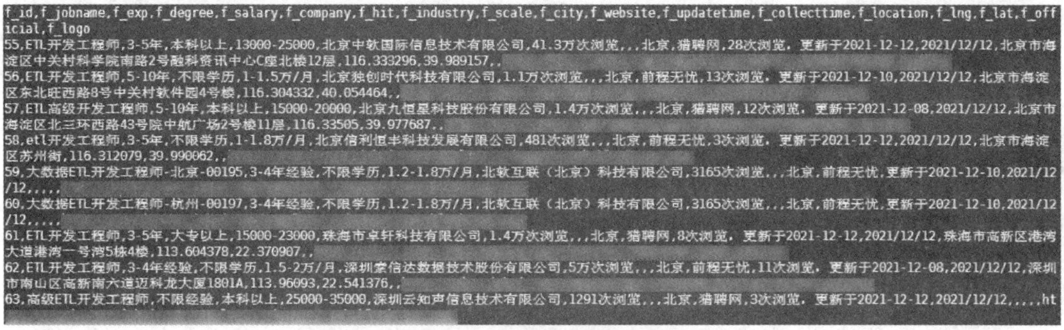

图 11-1　查看数据是否成功采集

任务三　数据预处理

本任务主要使用 MapReduce 完成数据预处理，并将处理后得到的数据存放至 HDFS。

数据预处理主要是对不规范的数据进行处理，本案例中需要对采集的数据进行如下处理。

（1）针对重复数据进行处理，对重复的数据保留一条记录。

（2）针对工作岗位进行规范化，例如将包含"ai"或者"AI"的岗位名称规范化为"AI 工程师"。

（3）规范化学历数据。

（4）规范化薪资岗位和月平均薪资。

（5）规范化工作经验数据。

（6）规范化网站数据，将空数据转化为其他。

（7）将更新时间转化为发布时间，如果为空，以采集时间作为更新时间。

对数据进行预处理前，首先要将招聘工作信息封装成为 Job 类。该类中包含工作岗位、经验、教育程度、薪资、招聘公司、浏览次数、城市、发布网站、发布时间等。Job 类的代码如下所示。

```
package com.bigdata.common.domain;
public class Job {
    private String jobName;
    private String expr;
    private String edu;
    private Double salary;
    private String company;
    private Integer hitCount;
    private String city;
```

```java
    private String sourceWeb;
    private String publishDate;
    public String getJobName() {
        return jobName;
    }
    public void setJobName(String jobName) {
        this.jobName = jobName;
    }
    public String getExpr() {
        return expr;
    }
    public void setExpr(String expr) {
        this.expr = expr;
    }
    public String getEdu() {
        return edu;
    }
    public void setEdu(String edu) {
        this.edu = edu;
    }
    public Double getSalary() {
        return salary;
    }
    public void setSalary(Double salary) {
        this.salary = salary;
    }
    public String getCompany() {
        return company;
    }
    public void setCompany(String company) {
        this.company = company;
    }
    public Integer getHitCount() {
        return hitCount;
    }
    public void setHitCount(Integer hitCount) {
        this.hitCount = hitCount;
    }
    public String getCity() {
        return city;
    }
    public void setCity(String city) {
        this.city = city;
    }
    public String getSourceWeb() {
        return sourceWeb;
    }
    public void setSourceWeb(String sourceWeb) {
        this.sourceWeb = sourceWeb;
```

```
    }
    public String getPublishDate() {
        return publishDate;
    }
    public void setPublishDate(String publishDate) {
        this.publishDate = publishDate;
    }
    @Override
    public String toString() {
        return jobName + "," +
                expr + "," +
                edu + "," +
                salary + "," +
                company + "," +
                hitCount + "," +
                city + "," +
                sourceWeb + "," +
                publishDate;
    }
}
```

对数据进行清洗。这里定义一个工具类 DataProcessUtil 来进行数据清洗。具体代码如下所示。

```java
package com.bigdata.process;

import com.bigdata.common.domain.Job;
import java.math.BigDecimal;
import java.math.RoundingMode;

public class DataProcessUtil {
    public static Job getByLine(String line) {
        Job job = new Job();
        //coding...
        line = line.replace("， ", "");
        String[] arr = line.split(",");
        if (arr.length != 18) {
            return null;
        }
        if (line.contains("不限经验") || line.contains("面议")) {
            return null;
        }
        //处理岗位数据
        String jobName = arr[1];
        String expri = arr[2];
        String edu = arr[3];
        String salary = arr[4];
        String company = arr[5];
        String hitCount = arr[6];
        String city = arr[9];
        String website = arr[10];
```

```
        String updateTime = arr[11];
        String collecctTime = arr[12];

        job.setJobName(DataProcessUtil.dealJobName(jobName));
        job.setExpr(DataProcessUtil.dealExpr(expri));
        job.setEdu(DataProcessUtil.dealEdu(edu));
        job.setSalary(DataProcessUtil.dealSalary(salary.trim()));
        job.setCompany(company);
        job.setHitCount(DataProcessUtil.dealHitCount(hitCount));
        job.setCity(city);
        job.setPublishDate(DataProcessUtil.dealPublishDate(updateTime, collecctTime));
        job.setSourceWeb(DataProcessUtil.dealWebSite(website));
        return job;
    }


    /*薪资规范化处理*/
    public static Double dealSalary(String salary) {
        double min, max, average;
        if (salary.contains("面议") || salary.contains("以上") || salary.contains("以下") ||
salary.contains("+")) {
            return null;
        }
        String[] salaryRange = salary.replace("万", "")
                .replace("元", "").replace("/", "")
                .replace("年", "").replace("月", "")
                .replace("千", "").replace("K", "")
                .replace("k", "").replace("天", "")
                .replace("至", "-").replace("——", "-")
                .replace("~","-").replace("?", "").split("-");
        min = Double.parseDouble(salaryRange[0]);
        if (salaryRange.length == 1 || salaryRange[1] == null) {
            max = min;
        } else {
            max = Double.parseDouble(salaryRange[1]);
        }//如果薪资列只有一个数或者第二个元素为空，规定薪资最大值等于最小值
        if (salary.contains("万")) {
            min = min * 10000;
            max = max * 10000;
        } else if (salary.contains("千") || salary.contains("K") || salary.contains("k")) {
            min = min * 1000;
            max = max * 1000;
        }//对词头进行统一
        if (salary.contains("年") || min >= 60000) {
            double minSalaryPerMonth = new BigDecimal(String.valueOf(min /
12)).setScale(2, RoundingMode.HALF_UP).doubleValue();
            double maxSalaryPerMonth = new BigDecimal(String.valueOf(max /
12)).setScale(2, RoundingMode.HALF_UP).doubleValue();
            average = (minSalaryPerMonth + maxSalaryPerMonth) / 2.0;
```

```
            salary = String.valueOf(minSalaryPerMonth) + "-" + String.valueOf
(maxSalaryPerMonth) + "元/月";
        } else if (salary.contains("天") || min < 2000) {
            double minSalaryPerMonth = min * 30;
            double maxSalaryPerMonth = max * 30;
            if (minSalaryPerMonth < 500) {
                return null;
            }
            average = (minSalaryPerMonth + maxSalaryPerMonth) / 2.0;
            salary = String.valueOf(minSalaryPerMonth) + "-" + String.valueOf
(maxSalaryPerMonth) + "元/月";
        } else {
            average = (min + max) / 2;
            salary = String.valueOf(min) + "-" + String.valueOf(max) + "元/月";
        }//对时间单位进行统一
        return average;
    }

    /*岗位规范化*/

    public static String dealJobName(String job) {

        if (job.toLowerCase().contains("etl")) {
            return "ETL 工程师";
        }
        if (job.contains("视觉") || job.contains("新媒体")) {
            return "新媒体运营";
        }
        if (job.toLowerCase().contains("bi")) {
            return "BI 工程师";
        }
        if (job.toLowerCase().contains("ui") ||
                job.toLowerCase().contains("设计师")) {
            return "UI 设计师";
        }
        if (job.toLowerCase().contains("java")) {
            return "Java 开发工程师";
        }
        if (job.toLowerCase().contains("ai")) {
            return "AI 工程师";
        }
        if (job.contains("运维")) {
            return "大数据运维工程师";
        }
        if (job.contains("数据库") || job.contains("数据数据仓库")) {
            return "数据仓库工程师";
        }
        if (job.contains("分析")) {
            return "数据分析师";
```

```
        }
        if (job.toLowerCase().contains("bigdata") ||
                job.contains("大数据") ||
                job.contains("开发工程师")) {
            return "大数据开发工程师";
        } else {
            //System.out.println(job);
            return "其他";
        }

    }


    /**
     * @desc: 规范化经验字符串
     * @author: wangchaojie
     * @date: 2022/8/12
     * @param:
     * @return:
     **/
    public static String dealExpr(String exp) {
        int min, max;
        if (exp.contains("以上") || exp.contains("以下") || exp.contains("以内")) {
            return null;
        }
        String[] expRange = exp.replace("年", "").replace("经验", "")
                .replace("工作", "").replace("应届毕业生", "0")
                .replace("实习生", "0").replace("一", "-").split("-");
        if(expRange.length == 0){//如果清洗数据之后该字段为空，那么去掉相应记录
            return null;
        }
        min = Integer.parseInt(expRange[0]);
        if (expRange.length == 1 || expRange[1] != null) {
            max = min;
            exp = to_exp(min);
        } else {
            max = Integer.parseInt(expRange[1]);
            exp = to_exp(max);
        }
        return exp;
    }


    /**
     * @desc: 数值转经验字符串
     * @author: wangchaojie
     * @date: 2022/8/12
     * @param: @value   输入平均值
     * @return: 经验字符串
     **/
    private static String to_exp(int value) {
```

```
        String exp = "";
        if (value <= 1) {
            exp = "1 年以下";
        } else if (value <= 3) {
            exp = "1-3 年";
        } else if (value <= 5) {
            exp = "3-5 年";
        } else {
            exp = "5 年以上";
        }
        return exp;
}



/*经验规范化*/
public static String dealExpr(String exp, Double salary) {

        if (exp.contains("不限经验")) {
            return dealNoLimitExpr(exp, salary);
        } else {
            return dealExpr(exp);
        }
}


/**
 * @desc: 通过薪资规范化不限工作经验
 * @author: BigData
 * @date: 2022/8/12
 * @param:
 * @return:
 **/
public static String dealNoLimitExpr(String exp, Double salary) {
        if (salary < 10000) {
            return "1 年以下";
        } else if (salary > 30000) {
            return "5 年以上";
        } else {
            return "1-3 年";
        }
}


/**
 * @desc: 规范化学历
 * @author: BigData
 * @date: 2022/8/12
 * @param:
 * @return:
 **/
```

```java
public static String dealEdu(String edu) {

    if (edu.equals("不限学历")) {
        return "大专以上";
    } else {
        return edu;
    }
}

/**
 * @desc: 处理网站数据
 * @author: BigData
 * @date: 2022/8/12
 * @param:
 * @return:
 **/
public static String dealWebSite(String website) {

    if (website.trim().equals("")) {
        return "其他";
    } else {
        return website;
    }
}

public static Integer dealHitCount(String hitCount) {
    Integer newCount = 0;
    try {
        if (hitCount.contains("万")) {
            hitCount = hitCount.replace("万次浏览", "");
            float count = Float.valueOf(hitCount) * 10000;
            newCount = Math.round(count);
        } else {
            hitCount = hitCount.replace("次浏览", "");
            newCount = Integer.valueOf(hitCount);
        }
    } catch (Exception ex) {
        System.out.println(ex);
    }
    return newCount;
}

/**
 * @desc: 规范化发布时间
 * @author: BigData
 * @date: 2022/8/12
 * @param:
 * @return:
 **/
```

```
        public static String dealPublishDate(String updateTime, String collectTime) {

            if (updateTime.contains("于")) {
                return updateTime.split("于")[1];
            } else {
                return collectTime;
            }
        }
    }
```

接下来编写 MapReduce 代码实现数据的预处理，并且将处理后的数据保存到 HDFS。

首先通过 Mapper 类对数据进行初步过滤和清洗。具体代码如下所示。

```
package com.bigdata.process;
import com.bigdata.common.domain.Job;
import org.apache.hadoop.io.LongWritable;
import org.apache.hadoop.io.NullWritable;
import org.apache.hadoop.io.Text;
import org.apache.hadoop.mapreduce.Mapper;
import java.io.IOException;

public class ProcessMapper extends Mapper<LongWritable,Text,Text,NullWritable> {
    @Override
    protected void map(LongWritable key, Text value, Context context) throws IOException,
InterruptedException {
        if(key.toString().equals("0")){
            return;
        }else{
            String line = value.toString();
            Job job = DataProcessUtil.getByLine(line);
            if(job!=null){
                context.write(new Text(job.toString()), NullWritable.get());
            }
        }
    }
}
```

通过 Reducer 类去掉 Key 值相同的数据（如果不需要去重也可不使用 Reducer 类）。具体代码如下所示。

```
package com.bigdata.process;

import org.apache.hadoop.io.NullWritable;
import org.apache.hadoop.io.Text;
import org.apache.hadoop.mapreduce.Reducer;

import java.io.IOException;

public class ProcessReducer extends Reducer<Text, NullWritable,Text,NullWritable> {
    @Override
    // Reducer 会将具有相同 Key 的所有值聚合到一起，输出一次 Key 即可实现去重
```

```
        protected void reduce(Text key, Iterable<NullWritable> values, Context context) throws
IOException, InterruptedException {
            context.write(key,NullWritable.get());
        }
    }
```

为 MapReduce 作业的提交和执行设计一个统一的入口点，以便调用和管理数据处理流程。具体代码如下所示。

```java
package com.bigdata.process;
import org.apache.hadoop.conf.Configuration;
import org.apache.hadoop.fs.FileSystem;
import org.apache.hadoop.fs.Path;
import org.apache.hadoop.io.NullWritable;
import org.apache.hadoop.io.Text;
import org.apache.hadoop.mapreduce.Job;
import org.apache.hadoop.mapreduce.lib.input.FileInputFormat;
import org.apache.hadoop.mapreduce.lib.output.FileOutputFormat;

public class ProcessDriver {
    public static void main(String[] args) throws Exception {
        Configuration conf = new Configuration();
        System.setProperty("Hadoop_USER_NAME", "root");
        conf.set("fs.defaultFS","hdfs://master:9000");
        Job job = Job.getInstance(conf);
        job.setJarByClass(ProcessDriver.class);
        job.setMapperClass(ProcessMapper.class);
        job.setReducerClass(ProcessReducer.class);
        job.setOutputKeyClass(Text.class);
        job.setOutputValueClass(NullWritable.class);
        job.setMapOutputKeyClass(Text.class);
        job.setMapOutputValueClass(NullWritable.class);
//使用 args 参数指定输入路径和输出路径
        String sourcePath = args[0];
        String targetPath = args[1];

        FileInputFormat.setInputPaths(job, new Path(sourcePath));
        FileOutputFormat.setOutputPath(job, new Path(targetPath));
//        如果输出数据目录已经存在，则将其删除
        FileSystem fileSystem = FileSystem.get(conf);
        Path targetPathFS =   new Path(targetPath);
        if(fileSystem.exists(targetPathFS)){
            fileSystem.delete(targetPathFS,true);
        }
        boolean res = job.waitForCompletion(true);
        System.exit(res?0:-1);
    }
}
```

在 IDEA 主界面打开 "Run" 菜单，选择 "Edit Configuerations"，如图 11-2 所示。

输入路径和输出路径参数设置如图 11-3 所示。

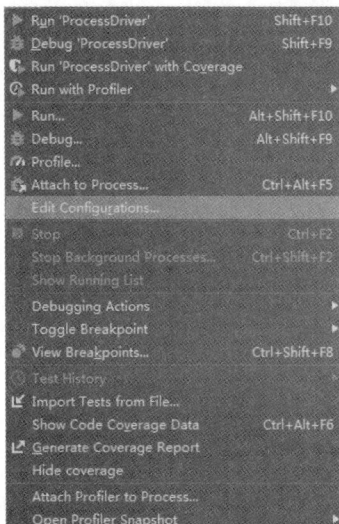

图 11-2 选择"Edit Configurations"

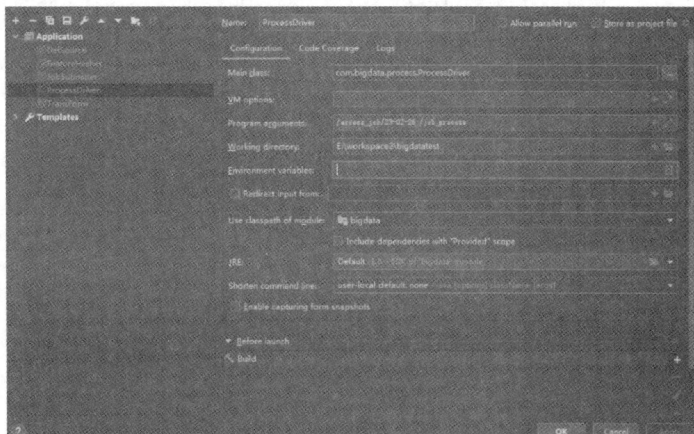

图 11-3 输入路径和输出路径参数设置

数据预处理完成之后，将处理结果存储至 HDFS，此时可以查看位于 HDFS 上的文件。预处理完成的数据位于/job_process 目录，查看预处理完成后的数据的命令如下所示。结果如图 11-4 所示。

```
hadoop fs –cat /job_process/*
```

图 11-4 查看预处理完后的数据

任务四 离线计算

数据预处理完成之后，可以对数据进行离线计算。在离线计算过程中，使用 HDFS 上的/job_process 目录作为数据源。这里使用 MapReduce 进行批量计算。本任务主要实现以下几个离线计算功能。

（1）查找工作地点为北京和上海的工作信息。

使用 MapReduce 查找出工作地点为北京和上海的工作信息，同时将查找到的信息输出到 HDFS 的/jobanaysis 目录下。Mapper 类首先将读进来的数据按照"，"进行切割，以获取城市字段，然后判断该字段中是否包含"北京""上海"。具体代码如下所示。

```java
package com.bigdata.workplace;

import org.apache.hadoop.io.LongWritable;
import org.apache.hadoop.io.NullWritable;
import org.apache.hadoop.io.Text;
import org.apache.hadoop.mapreduce.Mapper;

import java.io.IOException;

public class WorkPlaceMapper extends Mapper<LongWritable,Text,Text,NullWritable> {
    @Override
    protected void map(LongWritable key, Text value, Context context) throws IOException,
InterruptedException {
        String city = value.toString().split(",")[6];
        if(city.contains("北京")||city.contains("上海")){
            context.write(value,NullWritable.get());
        } else{
            return;
        }
    }
}
```

上述代码中的 value.toString().split(",")[6]为获取的城市字段。

在本案例中，直接由 Mapper 类实现获取城市字段的功能，不再编写 Reducer 类。

定义 WorkPlaceDriver 类为主程序入口类，该类为 Job 指定输入文件、自定义 Mapper 类、自定义 Reducer 类、自定义输出文件位置等信息。该类的代码如下所示。

```java
package com.bigdata.workplace;
import com.bigdata.process.ProcessMapper;
import com.bigdata.process.ProcessReducer;
import org.apache.hadoop.conf.Configuration;
import org.apache.hadoop.fs.FileSystem;
import org.apache.hadoop.fs.Path;
import org.apache.hadoop.io.NullWritable;
import org.apache.hadoop.io.Text;
import org.apache.hadoop.mapreduce.Job;
import org.apache.hadoop.mapreduce.lib.input.FileInputFormat;
import org.apache.hadoop.mapreduce.lib.output.FileOutputFormat;

public class WorkPlaceDriver {
    public static void main(String[] args) throws Exception {
        Configuration conf = new Configuration();
        System.setProperty("Hadoop_USER_NAME", "root");
        conf.set("fs.defaultFS","hdfs://master:9000");
        Job job = Job.getInstance(conf);
        job.setJarByClass(WorkPlaceDriver.class);
        job.setMapperClass(WorkPlaceMapper.class);
        job.setOutputKeyClass(Text.class);
        job.setOutputValueClass(NullWritable.class);
```

```
            String sourcePath = args[0];
            String targetPath = args[1];
            FileInputFormat.setInputPaths(job, new Path(sourcePath));
            FileOutputFormat.setOutputPath(job, new Path(targetPath));
//          如果输出数据目录已经存在，则将其删除
            FileSystem fileSystem = FileSystem.get(conf);
            Path targetPathFS =   new Path(targetPath);
            if(fileSystem.exists(targetPathFS)){
                 fileSystem.delete(targetPathFS,true);
            }
            boolean res = job.waitForCompletion(true);
            System.exit(res?0:-1);
        }


}
```

（2）分析岗位平均薪资。

使用 MapReduce 进行不同岗位平均薪资的计算，同时将计算结果输出到 HDFS 上的/avgsalary
目录下。Mapper 类首先将读进来的数据按照 "，" 进行切割，以获取薪资字段和岗位字段，然后将岗
位字段作为 Mapper 类输出中的 Key，薪资字段转换为 Double 类型作为 Mapper 类输出中的 Value。
具体代码如下所示。

```
package com.bigdata.salary;

import org.apache.hadoop.io.DoubleWritable;
import org.apache.hadoop.io.LongWritable;
import org.apache.hadoop.io.Text;
import org.apache.hadoop.mapreduce.Mapper;
import java.io.IOException;

public class SalaryMapper extends Mapper<LongWritable, Text,Text, DoubleWritable> {
    @Override
    protected void map(LongWritable key, Text value, Context context) throws IOException,
InterruptedException {
        String line = value.toString();
        String salary = line.split(",")[3];//获取薪资字段
        String jobName = line.split(",")[0];//获取岗位字段
        context.write(new Text(jobName),new DoubleWritable(Double.valueOf(salary)));
    }
}
```

Reducer 类的输入为 Mapper 类的输出，因此，Reducer 类的输入中的 Key 为岗位信息、Value
为薪资信息。Reducer 类将 Key 值相同的数据送到同一个 Reduce 任务中进行处理，将 Key 值相同
的 Value 值相加，并求取平均数。具体代码如下所示。

```
package com.bigdata.salary;

import org.apache.hadoop.io.DoubleWritable;
import org.apache.hadoop.io.Text;
import org.apache.hadoop.mapreduce.Reducer;
```

```
import java.io.IOException;
import java.math.BigDecimal;
import java.math.RoundingMode;

public class SalaryReducer extends Reducer<Text, DoubleWritable,Text, DoubleWritable> {
    @Override
    protected void reduce(Text key, Iterable<DoubleWritable> values, Context context)
throws IOException, InterruptedException {
        Double sum = 0.0;
        Integer count = 0;
        for (DoubleWritable avg : values) {
            sum += avg.get();
            count++;
        }
        Double value = new BigDecimal(sum/count).setScale(2, RoundingMode.HALF_UP).
doubleValue();
        context.write(key,new DoubleWritable(value));
    }
}
```

定义 SalaryDriver 类为主程序入口类，该类为 Job 指定了输入文件、自定义 Mapper 类、自定义 Reducer 类、自定义输出文件位置等信息。具体代码如下所示。

```
package com.bigdata.salary;
import com.bigdata.workplace.WorkPlaceMapper;
import com.bigdata.workplace.WorkPlaceReducer;
import org.apache.hadoop.conf.Configuration;
import org.apache.hadoop.fs.FileSystem;
import org.apache.hadoop.fs.Path;
import org.apache.hadoop.io.DoubleWritable;
import org.apache.hadoop.io.NullWritable;
import org.apache.hadoop.io.Text;
import org.apache.hadoop.mapreduce.Job;
import org.apache.hadoop.mapreduce.lib.input.FileInputFormat;
import org.apache.hadoop.mapreduce.lib.output.FileOutputFormat;

public class SalaryDriver {
    public static void main(String[] args) throws Exception {
        Configuration conf = new Configuration();
        System.setProperty("Hadoop_USER_NAME", "root");
        conf.set("fs.defaultFS","hdfs://master:9000");
        Job job = Job.getInstance(conf);
        job.setJarByClass(SalaryDriver.class);
        job.setMapperClass(SalaryMapper.class);
        job.setReducerClass(SalaryReducer.class);
        job.setOutputKeyClass(Text.class);
        job.setOutputValueClass(DoubleWritable.class);
        job.setMapOutputKeyClass(Text.class);
        job.setMapOutputValueClass(DoubleWritable.class);
```

```
        String sourcePath = args[0];
        String targetPath = args[1];

        FileInputFormat.setInputPaths(job, new Path(sourcePath));
        FileOutputFormat.setOutputPath(job, new Path(targetPath));
        //如果输出数据目录已经存在，则将其删除
        FileSystem fileSystem = FileSystem.get(conf);
        Path targetPathFS =   new Path(targetPath);
        if(fileSystem.exists(targetPathFS)){
            fileSystem.delete(targetPathFS,true);
        }
        boolean res = job.waitForCompletion(true);
        System.exit(res?0:-1);
    }
}
```

（3）分析不同岗位、不同城市、不同工作经验的平均薪资。

使用 MapReduce 进行不同岗位、不同城市、不同工作经验平均薪资的计算，同时将计算结果输出到 HDFS 上的/avgallsalary 目录下。Mapper 类首先将读进来的数据按照 "," 进行切割，以获取薪资字段、岗位字段、工作经验字段和工作城市字段，然后将岗位字段、工作经验字段和工作城市字段同时作为 Mapper 类输出中的 Key，薪资字段转换为 Double 类型作为 Mapper 类输出中的 Value。具体代码如下所示。

```
package com.bigdata.allsalary;

import org.apache.hadoop.io.DoubleWritable;
import org.apache.hadoop.io.LongWritable;
import org.apache.hadoop.io.Text;
import org.apache.hadoop.mapreduce.Mapper;

import java.io.IOException;

public class AllSalaryMapper extends Mapper<LongWritable, Text,Text, DoubleWritable> {
    @Override
    protected void map(LongWritable key, Text value, Context context) throws IOException,
InterruptedException {
        String line = value.toString();
        String salary = line.split(",")[3];//获取薪资字段
        String jobName = line.split(",")[0];//获取岗位字段
        String experience= line.split(",")[1];//获取工作经验字段
        String city = line.split(",")[6];//获取工作城市字段
        context.write(new Text(jobName + ''+ experience + '' + city),new
DoubleWritable(Double.valueOf(salary)));
    }
}
```

通过 Reducer 类计算平均薪资，并输出计算结果。具体代码如下所示。

```
package com.bigdata.allsalary;
```

```
import org.apache.hadoop.io.DoubleWritable;
import org.apache.hadoop.io.Text;
import org.apache.hadoop.mapreduce.Reducer;
import java.io.IOException;
import java.math.BigDecimal;
import java.math.RoundingMode;

public class AllSalaryReducer extends Reducer<Text, DoubleWritable,Text, DoubleWritable> {
    @Override
    protected void reduce(Text key, Iterable<DoubleWritable> values, Context context)
throws IOException, InterruptedException {
        Double sum = 0.0;
        Integer count = 0;
        for (DoubleWritable avg : values) {
            sum += avg.get();
            count++;
        }
        Double value = new BigDecimal(sum/count).setScale(2, RoundingMode.HALF_UP).
doubleValue();
        context.write(key,new DoubleWritable(value));
    }
}
```

定义 AllSalaryDriver 类为主程序入口类。具体代码如下所示。

```
package com.bigdata.allsalary;
import org.apache.hadoop.conf.Configuration;
import org.apache.hadoop.fs.FileSystem;
import org.apache.hadoop.fs.Path;
import org.apache.hadoop.io.DoubleWritable;
import org.apache.hadoop.io.Text;
import org.apache.hadoop.mapreduce.Job;
import org.apache.hadoop.mapreduce.lib.input.FileInputFormat;
import org.apache.hadoop.mapreduce.lib.output.FileOutputFormat;

public class AllSalaryDriver {
    public static void main(String[] args) throws Exception {
        Configuration conf = new Configuration();
        System.setProperty("Hadoop_USER_NAME", "root");
        conf.set("fs.defaultFS","hdfs://master:9000");
        Job job = Job.getInstance(conf);
        job.setJarByClass(AllSalaryDriver.class);
        job.setMapperClass(AllSalaryMapper.class);
        job.setReducerClass(AllSalaryReducer.class);
        job.setOutputKeyClass(Text.class);
        job.setOutputValueClass(DoubleWritable.class);
        job.setMapOutputKeyClass(Text.class);
        job.setMapOutputValueClass(DoubleWritable.class);
```

```
        String sourcePath = agrs[0];
        String targetPath = agrs[1];

        FileInputFormat.setInputPaths(job, new Path(sourcePath));
        FileOutputFormat.setOutputPath(job, new Path(targetPath));
        //如果输出数据目录已经存在，则将其删除
        FileSystem fileSystem = FileSystem.get(conf);
        Path targetPathFS =    new Path(targetPath);
        if(fileSystem.exists(targetPathFS)){
            fileSystem.delete(targetPathFS,true);
        }
        boolean res = job.waitForCompletion(true);
        System.exit(res?0:-1);
    }
}
```

动动手

本任务的各个 Job 有重复代码，会导致代码冗余，请尝试精简代码，提高代码的复用率。

本任务使用 MapReduce 分析 3 组数据，每一组数据分析都执行一遍 Job，请思考有没有一种方法，能够同时启动 Job。

任务五 数据分析

本任务主要使用 Hive 来对预处理完成的数据进行分析。在进行数据分析之前，需创建 Hive 外部表，数据源为 HDFS 上的/job_process 目录，外部表名为 t_job。创建表的命令如下所示。

```
create external table t_job(jobname STRING,expr STRING,edu STRING,salary
DOUBLE,company STRING,hitcount INT,city STRING,sourceweb STRING,publishdate STRING)
row format delimited
fields terminated by ','
location '/job_process';
```

根据创建好的 t_job 表，可以进行数据分析。本案例分析每种岗位薪资前三的记录和岗位平均薪资。

（1）查询出每种岗位薪资前三的数据，命令如下所示。查询结果如图 11-5 所示。

```
select jobname,expr,edu,salary,company,hitcount,city,sourceweb,publishdate
from
(select jobname,expr,edu,salary,company,hitcount,city,sourceweb,publishdate,
row_number() over(partition by jobname order by salary desc) as rank from t_job) tmp
where rank<=3;
```

（2）分析岗位平均薪资。在离线计算中已经使用过 MapReduce 进行过岗位平均薪资的计算。在本任务中，使用 Hive 完成对岗位平均薪资的分析，岗位平均薪资保留两位小数，命令如下所示。分析结果如图 11-6 所示。

```
select jobname,round(avg(salary),2) as avg from t_job group by jobname;
```

jobname	expr	edu	salary	company	hitcount	city	sourceweb	publishdate
AI工程师	null	本科以上	45000.0	捷普电子(广州)有限公司	1020000	广州	前程无忧	2021-12-12
AI工程师	3-5年	本科以上	30000.0	广州佰锐网络科技有限公司	16000	广州	猎聘网	2021-12-08
AI工程师	1-3年	本科以上	25000.0	中企网络通信技术有限公司	30000	广州	猎聘网	2021-12-12
BI工程师	1-3年	大专以上	52500.0	国药控股国大药房有限公司	65000	上海	前程无忧	2021-12-09
BI工程师	1-3年	本科以上	37500.0	北京每日优鲜电子商务有限公司	188000	北京	猎聘网	2021-12-12
BI工程师	1-3年	本科以上	37500.0	北京每日优鲜电子商务有限公司	188000	北京	猎聘网	2021-12-12
Java开发工程师	3-5年	本科以上	60000.0	无锡乐琦企业管理咨询有限公司	1061	上海	拉勾网	2021-12-07
Java开发工程师	3-5年	本科以上	55000.0	达内软件技术（杭州）有限公司北京分公司	1657	北京	猎聘网	2021-12-12
Java开发工程师	3-5年	本科以上	45000.0	中邮信息科技（北京）有限公司	36000	北京	拉勾网	2021-12-12
etl工程师	1-3年	本科以上	30000.0	上海亚朵商业管理（集团）有限公司	850	上海	猎聘网	2021-12-04
etl工程师	1-3年	本科以上	30000.0	横琴人寿保险有限公司	24000	北京	拉勾网	2021-11-28
etl工程师	3-5年	本科以上	30000.0	北京国双科技有限公司	106000	北京	猎聘网	2021-12-08
其它	3-5年	本科以上	52500.0	北京字节跳动科技有限公司	1919000	上海	猎聘网	2021-12-10
其它	3-5年	本科以上	50000.0	北京字节跳动科技有限公司	1919000	深圳	猎聘网	2021-12-12
其它	1-3年	本科以上	45000.0	深圳市腾讯计算机系统有限公司	2420000	深圳	猎聘网	2021-12-12
大数据开发工程师	3-5年	本科以上	50000.0	京东数字科技控股股份有限公司	881000	北京	猎聘网	2021-12-12
大数据开发工程师	1-3年	本科以上	45000.0	深圳市腾讯计算机系统有限公司	2420000	北京	猎聘网	2021-12-12
大数据开发工程师	1-3年	硕士以上	40000.0	上海兆言网络科技有限公司	34000	上海	猎聘网	2021-12-12
大数据运维工程师	1-3年	本科以上	35000.0	中信银行股份有限公司信用卡中心	50000	深圳	猎聘网	2021-12-08
大数据运维工程师	3-5年	本科以上	30000.0	国任财产保险股份有限公司	52000	深圳	猎聘网	2021-12-12
大数据运维工程师	1-3年	本科以上	30000.0	众安在线财产保险股份有限公司	125000	深圳	猎聘网	2021-12-12
数据仓库工程师	3-5年	本科以上	35000.0	中国电子系统技术有限公司	84000	北京	猎聘网	2021-12-12
数据仓库工程师	1年以下	大专以上	27500.0	北京平凯星辰科技发展有限公司	25000	北京	猎聘网	2021-12-12
数据仓库工程师	1-3年	本科以上	17500.0	雅居乐-建设集团	108000	广州	猎聘网	2021-11-23
数据分析师	3-5年	本科以上	60000.0	广东欧珀移动通信有限公司	679000	深圳	猎聘网	2021-11-23
数据分析师	3-5年	本科以上	45000.0	北京字节跳动科技有限公司	1919000	上海	猎聘网	2021-12-10

图 11-5　查询结果

jobname	avg
AI工程师	27916.67
BI工程师	21345.57
Java开发工程师	22934.38
ETL工程师	17968.47
其它	26574.88
大数据开发工程师	28426.83
大数据运维工程师	16244.05
数据仓库工程师	19166.67
数据分析师	23593.75

图 11-6　分析结果

通过该案例可知，有些数据处理可以通过 MapReduce 实现，也可以通过 Hive 来实现，不过，Hive 的命令相对更简洁。

知识拓展

本任务在用 Hive 分析岗位平均薪资时，采用了 Hive 交互式方式进行操作。这里演示如何使用 Java 来操作 Hive。

（1）在 pom.xml 文件中加入如下依赖。

```
<dependency>
    <groupId>org.apache.hive</groupId>
    <artifactId>hive-metastore</artifactId>
    <version>2.3.4</version>
</dependency>
<dependency>
    <groupId>org.apache.hive</groupId>
    <artifactId>hive-exec</artifactId>
    <version>2.3.4</version>
</dependency>
```

```
<dependency>
    <groupId>org.apache.hive</groupId>
    <artifactId>hive-jdbc</artifactId>
    <version>2.3.4</version>
</dependency>
```

（2）将 Hive 安装包中的 hive-env.sh 和 hive-site.xml 文件复制到项目对应的 resources 目录下，如图 11-7 所示。

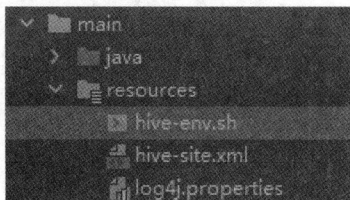

图 11-7　复制文件

（3）启动 Hive 服务，启动命令如下所示。

```
hive --service hiveserver2
```

（4）编写 Java 代码，实现分析岗位平均薪资的功能。具体代码如下所示。

Java 代码运行过程中，Hive 服务界面如图 11-8 所示。代码运行结果如图 11-9 所示。

```java
package com.bigdata.hive;
import java.sql.Connection;
import java.sql.DriverManager;
import java.sql.PreparedStatement;
import java.sql.ResultSet;

public class hive {
    public static void main(String[] args) throws Exception {
        //加载 Hive 驱动
        Class.forName("org.apache.hive.jdbc.HiveDriver");
        //获取连接
        //Connection connection = DriverManager.getConnection("jdbc:hive2://master:10000/bigdata", "root", "PassWord123$");=
        Connection conn = DriverManager.getConnection("jdbc:hive2://master:10000/bigdata", "root", "PassWord123$");
        String sql = "select jobname,round(avg(salary),2) as avg from bigdata.t_job group by jobname";
        PreparedStatement pstm = conn.prepareStatement(sql);
        ResultSet rs = pstm.executeQuery();
        while(rs.next()){
            String jobName = rs.getString(1);
            String salaryAvg = rs.getString(2);
            System.out.println(jobName+salaryAvg);
        }
        rs.close();
        pstm.close();
        conn.close();
    }
}
```

```
WARNING: Hive-on-MR is deprecated in Hive 2 and may not be available in the future versions. Consider using a different execution engine (i.e. spa
rk, tez) or using Hive 1.X releases.
Query ID = hadoop_20230302101144_c87af265-3443-41a1-a8bd-e2c57c5d5ae2
Total jobs = 1
Launching Job 1 out of 1
Number of reduce tasks not specified. Estimated from input data size: 1
In order to change the average load for a reducer (in bytes):
  set hive.exec.reducers.bytes.per.reducer=<number>
In order to limit the maximum number of reducers:
  set hive.exec.reducers.max=<number>
In order to set a constant number of reducers:
  set mapreduce.job.reduces=<number>
Starting Job = job_1653051910691_0042, Tracking URL = http://hdp-01:8088/proxy/application_1653051910691_0042/
Kill Command = /usr/local/src/hadoop//bin/hadoop job  -kill job_1653051910691_0042
Hadoop job information for Stage-1: number of mappers: 1; number of reducers: 1
2023-03-02 10:12:06,082 Stage-1 map = 0%,  reduce = 0%
2023-03-02 10:12:18,682 Stage-1 map = 100%,  reduce = 0%, Cumulative CPU 2.52 sec
2023-03-02 10:12:32,776 Stage-1 map = 100%,  reduce = 100%, Cumulative CPU 6.44 sec
MapReduce Total cumulative CPU time: 6 seconds 440 msec
Ended Job = job_1653051910691_0042
MapReduce Jobs Launched:
Stage-Stage-1: Map: 1  Reduce: 1   Cumulative CPU: 6.44 sec   HDFS Read: 90970 HDFS Write: 560 SUCCESS
Total MapReduce CPU Time Spent: 6 seconds 440 msec
OK
```

图 11-8　Hive 服务界面

```
2023-03-02 10:11:41,792 INFO [org.apache.hive.jdbc.Utils] - Supplied authorities: hdp-01:10000
2023-03-02 10:11:41,793 INFO [org.apache.hive.jdbc.Utils] - Resolved authority: hdp-01:10000
AI工程师27916.67
BI工程师21345.57
Java开发工程师22934.38
ETL工程师17968.47
其它26574.88
大数据开发工程师28426.83
大数据运维工程师16244.05
数据仓库工程师19166.67
数据分析师23593.75
```

图 11-9　代码运行结果